U0333862

上海合作组织环境保护研究丛书

上海合作组织
环保合作构想与展望

CONCEPTION AND PROSPECT ON ENVIRONMENTAL
PROTECTION COOPERATION OF SCO

周国梅　李菲　谢静　王语懿　编著

社会科学文献出版社
SOCIAL SCIENCES ACADEMIC PRESS (CHINA)

编委会

前　言

　　上海合作组织（以下简称"上合组织"）是由中华人民共和国、哈萨克斯坦共和国、吉尔吉斯共和国、俄罗斯联邦、塔吉克斯坦共和国、乌兹别克斯坦共和国于 2001 年 6 月 15 日在中国上海宣布成立的永久性政府间国际组织。2017 年 6 月 8 ~ 9 日，上合组织成员国元首理事会第十七次会议在阿斯塔纳召开，会议决定给予印度和巴基斯坦两国成员国地位。这是上合组织成立以来的首次扩员，至此，上合组织包括 8 个成员国（印度、哈萨克斯坦、中国、吉尔吉斯斯坦、巴基斯坦、俄罗斯、塔吉克斯坦、乌兹别克斯坦）、4 个观察员国（阿富汗、白俄罗斯、伊朗、蒙古）和 6 个对话伙伴国（阿塞拜疆、亚美尼亚、柬埔寨、尼泊尔、土耳其和斯里兰卡）。

　　自成立以来，上合组织在政治、安全、经济、人文等领域开展了富有成效的合作。其中，生态环保领域合作取得重要进展。2018 年 6 月上合组织青岛峰会和 2019 年 6 月上合组织比什凯克峰会相继通过《上合组织成员国环保合作构想》和《2019 - 2021 年〈上合组织成员国环保合作构想〉落实措施计划》，为各国开展务实环保合作奠定了坚实基础。

　　生态文明建设是关系中华民族永续发展的根本大计。在习近平生态文明思想的指导下，中国大力推进生态文明建设，解决生态环境问题，坚决打好污染防治攻坚战。作为全球生态文明建设的重要参与者、贡献者、引领者，在解决自身环境问题的同时，中国也深度参与全球环境治理，推动生态环保国际合作，打造绿色"一带一路"。

　　中国是上合组织的创始国和成员国之一，高度重视上合组织框架下的生态环保合作，并在推动该领域合作方面发挥了重要作用。中方积极组织上合组织框架下的环保政策对话与技术交流，开展环保合作问题研究，建设上合组织环保信息共享平台，得到上合组织各国的积极响应和支持，合作成果丰硕。

　　《上海合作组织环保合作构想与展望》收录了 22 篇政策专报，旨在梳理上合组织发展历程和上合组织国家在各领域，尤其是生态环保领域的合作形势和合作进展，分析研究上合组织环保合作焦点问题。全书分为总体合作形势和生态环保合作两部分，第一部分对上合组织总体发展历程和发展现状进行了回顾与系统梳理，并分别介绍了上合组织在安全、经济、科技和人文领域的合作和对未来的展望；第二部分聚焦上合组织在生态环保领域的合作，系统阐述了上合组织框架下的多双边环保合作进展和合作形势，深入研究了上合组织国家的环保政策，重点分析了生态环保合作中的焦点问题，为下一步推动上合组织环保合作提供政策建议和参考。

本书在中国生态环境部国际合作司的指导下，由中国－上海合作组织环境保护合作中心整理完成。在本书内容组织和编写过程中得到了中国社会科学院俄罗斯东欧中亚研究所、商务部国际贸易经济合作研究院、中国国际问题研究院欧亚所、中国－上海合作组织地学合作研究中心、上海国际问题研究院、北京师范大学、首都师范大学等单位的大力支持，在此表示衷心感谢。

CONTENTS 目 录

上篇 总体合作形势

下篇 生态环保合作

❖ 合作进展综述

❖ 环保政策研究

※ 生态环境专题研究

上 篇

总体合作形势

上海合作组织发展历程回顾、评价与展望

李进峰[*]

摘 要 上海合作组织的发展经历了初创阶段、合作领域拓展阶段、稳步发展扩员阶段。上海合作组织成立 18 年来不断推进理论创新和实践探索，开创了区域合作新模式，成为当今世界新型国际关系的典范，成为促进世界和平发展、维护国际公平正义、完善全球治理的重要力量。上海合作组织未来的发展将以"一带一路"倡议为契机，发挥重要平台作用，继续引领区域合作与推动建设新型国际关系，应对扩员等因素带来的新挑战。深化成员国在各个领域的务实合作，造福成员国人民，将自己打造成人类命运共同体的示范区。

关键词 上海合作组织 "一带一路" 扩员 人类命运共同体

1991 年 12 月，苏联解体，分裂为 15 个国家，中苏边界就顺理成章变成了中俄、中哈、中吉、中塔边界。中俄双方举行"五国两方"谈判，俄、哈、吉、塔四国作为一方与中国谈判。1996 年 4 月 26 日，"上海五国"机制正式建立，中俄签署《关于在边境地区加强军事领域信任的协定》。1997 年，"上海五国"元首第二次会晤，中俄签署《关于在边境地区相互裁减军事力量的协定》。这两个协定是建立"上海五国"机制的重要基础。

一 上海合作组织发展历程

2000 年，"上海五国"元首第五次会晤在杜尚别举行。江泽民主席提出了"睦邻互信、平等互利、团结协作、共同发展"的十六字"上海五国"精神，为国际社会寻求超越冷战思维，探索新型国家关系、新型安全观和新型区域

---

* 李进峰，中国社会科学院上海合作组织研究中心执行主任、中国社会科学院俄罗斯东欧中亚研究所党委书记。

合作模式，提供了重要经验，为"上海精神"的形成奠定了基础①。按照时间和重大事件发生的顺序，可以将上海合作组织（以下简称"上合组织"）划分为三个发展阶段。

（一）上合组织初创阶段

上合组织初创阶段（2001~2006年）：创建以"上海精神"为指导的区域合作新模式。在"上海五国"举行元首第六次会晤期间，乌兹别克斯坦以平等身份加入"上海五国"机制。2001年6月15日，中国、俄罗斯、哈萨克斯坦、吉尔吉斯斯坦、塔吉克斯坦、乌兹别克斯坦六国元首签署《上海合作组织成立宣言》，标志着上合组织正式成立。

1. 组织建设

成立初期组织建设包括理念建设、机制建设、功能建设和形象建设，其间，顺利完成了机制和法律建设任务，确保本组织有效发挥作用。上合组织最高决策机构是成员国元首理事会，下设政府首脑（总理）理事会，成员国外长理事会，议长、安全会议秘书和其他各部长会议等机制。在各部长级会议机制下，还设立了海关、质检、电子商务、投资促进、发展过境潜力、能源、信息与电信七个重点合作领域的专业工作组。2002年，成员国签署《上海合作组织宪章》，奠定了组织的法律基础。2004年，开始陆续成立上海合作组织秘书处、地区反恐机构、实业家委员会、银联体和上海合作组织论坛等机构。上合组织与联合国、独联体、欧盟等国际组织相继签署了谅解备忘录并建立了关系。

2. 安全与经济"双轮驱动"合作

冷战结束后，非传统安全问题逐渐成为影响中亚地区安全的首要因素，尤其是"三股势力"在中亚地区不断滋生、肇事。2001年，成员国签署《打击恐怖主义、分裂主义和极端主义上海公约》，首次对"三股势力"进行定义，上合组织成为第一个制定恐怖分子标准的地区性国际组织。

在安全合作基础上，成员国逐步增强经济合作共识，出台了一系列推动经济合作的文件，如2003年签署的《上海合作组织成员国多边经贸合作纲要》，明确了成员国多边经贸合作的优先方向和"长期、中期、短期"分三步走的战略目标，逐步构建安全与经济"双轮驱动"合作。经济合作的

---

① 江泽民在"上海五国"元首第五次会晤期间发表《携手共进继续推动"上海五国"进程向前发展》重要讲话，提出"上海五国"精神（新华网，2000年7月5日）。

主要原则是：平等互利；遵循国际通用规则；实事求是，稳步推进；以双边合作推进多边合作[①]。

3. 面临的挑战和主要问题

成立初期的第一个五年，是国际形势风云变幻，上合组织发展曲折艰难的五年。上合组织经受了2001年美国"9·11"事件和2005年中亚地区"颜色革命"两次考验[②]。"9·11"事件后，美国开始大规模反恐，并借"反恐"之名进入中亚，在中亚国家建立了若干军事基地。中亚国家独立以后，开始推进政治体制转型和经济转型，政治上按照"西方民主"的三权分立体制建立新政权，经济上建立"市场经济"体制，美国趁机在中亚输出其"西方民主"价值观，干涉中亚国家政权，策划"颜色革命"[③]。2005年以后，经历"颜色革命"后的中亚地区其形势对上合组织建设提出了两大挑战。第一，中亚国家发生的"颜色革命"有西方国家干预的背景，中亚国家如何加强自身的执政能力建设？[④] 第二，在中亚地区出现社会动荡时，上合组织在不干涉内政的原则下，应如何积极主动发挥作用？[⑤]

上合组织存在的主要问题有三个方面：自身功能与定位不明确；安全合作与经济合作的关系问题没有理顺；上合组织需要处理好与外部的关系，即上合组织与中亚周边国家的关系，与独联体、集体安全条约组织的关系，与美国等西方国家的关系。自美国发动反恐战争以来，大国战略博弈和地缘争夺在上合组织区域凸显[⑥]。2005年，上合组织要求美国限期撤离在中亚的两个军事基地[⑦]，以此事件为分水岭，此后，美国对上合组织开始警惕，

① 邢广程：《上海合作组织的新发展》，《求是》2003年第14期。
② Eugene Rumer, "The U. S. Interests and Rules in Central Asia after K2," *The Washington Quarterly*, Summer, 2006, pp. 145 – 147.
③ 孙壮志主编《独联体国家"颜色革命"研究》，中国社会科学出版社，2011。
④ 赵常庆主编《"颜色革命"在中亚兼论与执政能力的关系》，社会科学文献出版社，2011。
⑤ 赵华胜：《上海合作组织：过去和未来的5年》，《国际观察》2006年第2期。
⑥ Alec Rasizade, "The Specter a New 'Great Game' in Central Asia," *Foreign Service Journal*, Vol. 79, No. 11, Nov. 2002, pp. 48 – 52; Subodh Atal, "The New Great Game," *The National Interest*, Issue81, Fall 2005, pp. 101 – 105; Pham J. Peter, "Beijing's Great Game: Understanding Chinses Strategy in Central Eurasia," *American Foreign Policy Interests*, No. 28, 2006, pp. 53 – 67; Bobo Lo, *Axis of Convenience: Moscow, Beijing, and the New Geopolitics*, Washington, D. C. : Brookings Institution Press, 2008, pp. 91 – 115.
⑦ Matthew Crosston, "The Pluto of International Organizations: Micro-Agendas, IO Theory, and Dismissing the Shanghai Cooperation Organization," *Comparative Strategy*, No. 9, Jul. 2013, pp. 283 – 294; Stenphen. Aris, *SCO: Challengy to China's Leadership*, 2013.

西方媒体对上合组织的偏见和质疑也增多①，一些西方学者对上合组织的定位与功能也有一些误解②。实际上，"上海精神"是国际社会寻求新型的、非对抗性的国际关系模式的先行者，这种模式摒弃了冷战思维，超越了意识形态差异③。成员国面对这些机遇与挑战要加强安全与经济合作，努力把本地区建设成为持久和平、共同繁荣的和谐地区④。

（二）合作领域拓展阶段

上合组织机制完善与合作领域拓展阶段（2006~2011年）：从"经济、安全"合作拓展到"政治、安全、经济、人文"四大领域合作。为应对2008年世界金融危机，成员国加强双边和多边合作，在推动经济合作和区域经济"一体化"方面共识明显增多。经过"颜色革命"的考验，除吉尔吉斯斯坦外，中亚国家普遍加强了总统的权力。在构建"和谐地区"理念推动下，上合组织发挥了成员国应对各种威胁的"防火墙"作用。同时，加强经济合作，成员国GDP从2001年占世界的4.8%提高到2011年的13.5%⑤。

1. 加强政治互信

世界金融危机的爆发，客观上促使成员国政治互信加强，为共同应对世界经济危机，成员国的合作意愿明显增强。2009年前后，中亚地区"恐怖暴力事件"频发。针对中国新疆2009年发生的"7·5"事件和吉尔吉斯斯坦2010年发生的民族冲突骚乱等事件，成员国发出了一致的声音，表示谴责并打击一切形式的恐怖主义。

2. 构建综合安全体系

重点加强安全防御能力建设。上合组织通过扩大安全合作领域逐步完善综合安全体系，明确安全合作、经济合作、人文合作三者的关系，即经济合作是开展多边安全合作的重要基础，从更宽泛的视野看，文化合作也是多边安全合作的重要内容。2007年，成员国签署《上海合作组织成员国

---

① Thomas Ambrosio, *Catchingthe "Shanghai Spirit"*: *How the Shanghai Cooperation Organization Promotes Authoritarian Norms in Central Asia*, pp. 1321 – 1323.

② 美国卡耐基基金会主席 Jessica T. Mathews 认为，上合组织成立的目的之一是对抗北约东扩。Jessica T. Mathews, "September 11, One Year Later: A Word of Change," *Policy Brief*, Special Edition 18, Camegie Endowment for Intermatonal Peace, c. 5.

③ 《上海合作组织五周年上海宣言》，《人民日报》2006年6月15日。

④ 胡锦涛主席在上海合作组织成员国元首理事会第六次会议上发表题为《共创上海合作组织更加美好的明天》的重要讲话（新华网，2006年6月15日）。

⑤ 国际货币基金组织（IFM）数据库（2017）。

政府间文化合作协定》，营造"大文化"合作氛围。该组织建立了包括军队、警察、情报、检察院、法院等强力部门在内的多渠道、多层次、多领域和多功能的安全合作机制，有效打击"三股势力"。这些安全合作机制对维护地区治理平衡，协调成员国安全利益，维护地区安全稳定发挥了重要作用。

3. 经济合作务实推进

尽管上合组织从 2003 年就签署了《上海合作组织成员国多边经贸合作纲要》，但是成员国之间多边合作进展实际上处于缓慢或停滞状态。2008 年以后，应对世界金融危机是成员国对多边经济合作的重要性达成共识的转折点。2011 年，成员国政府首脑（总理）会议通过了《上海合作组织政府首脑关于世界和上合组织地区经济形势的联合声明》。2012 年，成员国政府首脑（总理）会议批准了《2011—2016 年上海合作组织进一步推动项目合作的措施清单》。这一系列措施加强了成员国间经济合作的协调与管理，推动成员国在基础设施、经贸、金融、能源、交通、农业等领域开展务实合作并取得了重大成果。

4. 拓展人文合作内涵

上合组织不断拓展人文合作内涵，明确经济合作是人文合作的基础。在普京总统倡议下，成立了上合组织大学。开展具有上合组织特色的文化年、旅游年活动等。成员国认为人文合作在上合组织定位中占有重要地位，人文合作不断加强，促进了成员国人民的心灵沟通和不同文化、文明间的对话与相互理解。

本阶段上合组织走过了从建章立制到建立各领域有效合作机制的成功之路，已成为建设亚太地区多边组织伙伴网络的重要一员①。上合组织稳步推进区域经济合作和人文合作，坚持睦邻友好，努力构建"和谐地区"②。

（三）稳步发展扩员阶段

稳步发展与推动扩员阶段（2011 ~ 2018 年）：规划中长期发展战略，发挥"一带一盟"对接平台作用，推动区域"一体化"进程。

1. 政治互信进一步增强

成员国加强政治互信，构建"命运共同体"意识增强。2012 年，成员

---

① 《上海合作组织十周年阿斯塔纳宣言》，《人民日报》2011 年 6 月 5 日。
② 胡锦涛主席在上海合作组织成员国元首理事会第十一次会议上发表题为《和平发展世代友好》重要讲话（新华网，2011 年 6 月 15 日）。

国签署《上海合作组织中期发展战略规划》，规划了未来 10 年的发展方向。2015 年，制定《上海合作组织 2025 年发展战略》，这是第二次制定中长期发展战略，显示出上合组织自身建设已经成熟，组织发展的战略性、前瞻性、科学性增强。2015 年，中俄签署"丝绸之路经济带"与"欧亚经济联盟"对接合作联合声明，明确上合组织作为"一带一盟"对接的主要平台，要以此为契机加快推进区域多边合作和自贸区建设。上合组织 2015 年乌法峰会打开扩员大门，2017 年，印巴正式加入上合组织，首次扩员成功。2018 年是上合组织扩员后进入新阶段发展的第一年。中国作为轮值主席国，主办上合组织青岛峰会。习近平主席主持元首理事会会议并发表题为《弘扬"上海精神" 构建命运共同体》重要讲话，提出五点建议，为全球治理提供了"中国方案"，为上合组织发展提供了"中国智慧"①。

2. 安全合作持续推进

安全合作不断深化。2014 年，中国新疆和中亚国家有关城市相继发生多起恐怖袭击事件。2014 年，美军撤离阿富汗，导致阿富汗局势出现新的动荡，"伊斯兰国"极端组织在中亚地区活动猖獗，宣称要在中亚开辟"新的战场"②。其间，成员国多次组织联合军演，并开展边防合作，从网络管理等层面加强对恐怖分子的监控。成员国加大参与阿富汗问题的力度，在阿富汗重建方面积极发挥作用。

3. 经济合作进入"快车道"

2013 年，习近平主席在访问中亚和东盟期间先后提出建设"丝绸之路经济带"和"21 世纪海上丝绸之路"倡议（以下简称"一带一路"倡议）。2014 年，成员国签署了《上海合作组织成员国政府间国际道路运输便利化协定》，标志着多边经贸合作机制建设取得突破性进展③。各成员国以"一带一路"倡议为契机推动经济合作进入"快车道"。第一，上合组织成为"一带一盟"对接的主要平台，也成为"丝绸之路经济带"与沿线国家发展战略对接的主要平台。成员国之间的交通网、能源网与通信网建

---

① 习近平主席在上海合作组织成员国元首理事会第十八次会议上的讲话，《弘扬"上海精神" 构建命运共同体》（人民网，2018 年 6 月 10 日，http://cpc. people. com. cn/n1/2018/0610/c64094 - 30048403. html）。

② 李进峰：《上海合作组织 2016 年形势分析与展望》，李进峰等主编《上海合作组织发展报告（2016）》，社会科学文献出版社，2016。

③ 上海合作组织成员国元首理事会第十四次会议签署了《上海合作组织成员国政府间国际道路运输便利化协定》（新华网，2014 年 9 月 17 日）。

设已经取得明显成果，高新技术领域的合作成为新的亮点①。第二，在"一带一路"倡议推动下，2015年，成员国签署《上海合作组织成员国区域经济合作》，标志着上合区域经济一体化取得重大进展。第三，"一带一路"倡议推动中俄合作达成更多共识、获得更多成果，中俄实施"一带一盟"对接，将加速推进中国与"欧亚经济联盟"谈判和上合组织自贸区建设。上合组织经济合作明确了产能合作、互联互通、金融合作、经贸合作四个重点领域。

4. 教育、科技、环保成为人文合作重点

人文合作主要成果是上合组织大学建设和科技合作。成员国举办艺术节，开展文化产业交流。成员国之间双边和多边的科技合作和环保合作加强。2013年9月，成立中国－上海合作组织环境保护合作中心，主要任务是落实上海合作组织领导人会议共识，推动中国与上海合作组织各成员国的环境保护合作与交流，共同应对全球环境挑战，促进区域绿色发展。2016年，习近平主席在乌兹别克斯坦提出打造绿色、健康、智力、和平的丝绸之路，强调我们要着力深化环保合作，践行绿色发展理念，加大生态环境保护力度，携手打造"绿色丝绸之路"②。2017年，习近平主席在上合组织成员国元首理事会第十七次会议上提出"扎实推进环保领域合作"。2018年，上合组织青岛峰会，成员国签署了《上海合作组织成员国环保合作构想》，习近平主席在讲话中强调要用"安全观、发展观、合作观、文明观、全球治理观"化解全球治理热点问题。习近平主席近年来历次上合组织峰会重要讲话精神，为深化各成员国环保合作和文化合作注入了新动力，为推动上合组织环保合作带来了新机遇，也为上合组织环保合作明确了方向。

二　如何客观评价上合组织

18年来，上合组织从确立"上海精神"到提出区域新安全观、新合作观、新发展观，从打造区域"安全共同体""利益共同体"到打造"命运共同体"，从打击"三股势力"到构建安全稳定与和谐地区，在不断的理论创

---

① 李克强总理在上海合作组织成员国总理第十二次会议上发表的重要讲话（新华网，2013年11月29日，http://news.xinhuanet.com/politics/2013－11/29/c_118357974.htm）。

② 习近平主席在乌兹别克斯坦最高会议立法院发表题为《携手共创丝绸之路新辉煌》的重要演讲（新华网，2016年6月22日，http://www.xinhuanet.com/world/2016－06/23/c_11190949 00.htm）。

新和实践中应对各种挑战，实现了持续发展壮大，使本地区逐步走向安全、稳定、和谐、繁荣的正确发展道路。首次扩员后上合组织青岛峰会的成功召开，上合组织新八国的亮相，显示了上合组织不断焕发出旺盛的生命力。

（一）上合组织的"四大作用"

18 年来，上合组织已经实现了"三个跨越"：第一，组织功能跨越，从成立初期主要应对"三股势力"到开展政治、安全、经济、人文四大领域合作；第二，组织区域跨越，从成立初期的"中俄 + 中亚 4 国"，以中亚为中心，拓展到南亚、印度洋、欧亚大陆，形成成员国、观察员国和对话伙伴国三个层次共 18 个国家的朋友圈；第三，组织议题跨越，从成立初期主要应对现实挑战和问题到实施成员国的未来发展战略对接，从中亚地区及周边的议题，拓展到欧亚大陆地区及周边的议题。

上合组织主要发挥了"四大作用"。一是上合组织是保障我国西部安全的重要国际合作机制。二是上合组织在推动成员国经济发展、改善民生方面发挥了重要作用。三是区域安全合作范围越来越大，解决安全隐患的能力越来越强。上合组织已经成为成员国之间安全合作和协调交流的有效平台。上合组织在构建和谐地区方面起到中流砥柱作用。四是上合组织在推动构建公平、合理的国际政治经济新秩序方面作用越来越明显①。

（二）上合组织不断推进理论创新

上合组织在 18 年的发展历程中，随着地区和国际形势的新变化以及自身的功能定位的新拓展，经历了四次理论创新和实践突破。

第一，上合组织以"上海精神"为宗旨，以《上海合作组织宪章》《上海合作组织成员国长期睦邻友好合作条约》为遵循，成员国共同构建了不结盟、不对抗、不针对第三方的建设性伙伴关系，这是对国际关系理论的创新。这一理论摒弃传统的冷战思维的"联盟"模式，坚持竞争与合作，反对"零和博弈"。

第二，上合组织的新安全观是理论创新，是对传统安全观的扬弃。要坚持"共同安全、综合安全、合作安全和可持续的安全观"②。成员国认为

---

① 李进峰：《上海合作组织 15 年：发展历程回顾与展望》，社会科学文献出版社，2017。

② 习近平主席在上海合作组织成员国元首理事会第十四次会议上发表题为《凝心聚力　精诚合作　推动上海合作组织再上新台阶》的重要讲话（新华网，2014 年 9 月 12 日，http://www.xinhuanet.com/world/2014 - 09/12/c_1112464703.htm）。

安全是相对的，不是绝对的、孤立的、零和的，不追求绝对安全。上合组织始终没有将自身定位成一个与美国等西方国家抗衡的"地缘政治集团"。

第三，上合组织开创了自冷战结束以来的区域合作新模式，是对区域合作模式的创新。上合组织把"时代友好、永保和平"的思想以法律形式确定下来，创造出了新型国际关系模式①。上合组织是践行以"合作共赢为核心"的新型国际关系的典范②。上合组织的合作理念融入了中国传统文化"和为贵"的"基因"，"大道之行，天下为公"。

第四，上合组织谋求的共同发展，是可持续发展和绿色发展，是对发展观的创新，是坚持创新、协调、绿色、开放、共享的发展观。强调发展的前提是互信互利、平等协商、共同发展。这种发展尊重各国的文明，尊重各自的发展道路，是一种超越了文明冲突的合作共赢的发展。

（三）上合组织是新型国际关系的典范

上合组织属于国际新型合作模式范畴，如果按照西方国际关系理论视野下"联盟或欧亚地区主义"理论评价上合组织的功能与成效，难免会得出一些令人费解的、片面的结论。如一些西方学者用有关地区安全合作机制与合法性评估的中层实证方法分析框架③，评价上合组织的功能与作用时，认为上合组织在"良性治理和民主建设方面相对滞后，上合组织容易被成员国用作镇压本国民众的工具"；认为由于上合组织的成员国关系不具有强制性，合作模式也不是霸权模式，因此，很难判断组织的合法性和有效性④。

传统的西方国际关系理论，如新自由主义、现实主义、建构主义理论等，哪一种能够解释上合组织呢？实际上，这些理论都不能全面解释上合组织。因为从本质上讲这些理论是建立在第一次世界大战、第二次世界大战以后，是以世界东西方阵营对立为前提的国际组织理论，例如，北约、华约、欧盟等。这些联盟组织都有其针对性，都有其对应的"敌人"。而上合组织的

---

① 胡锦涛主席在上海合作组织成员国元首理事会第十一次会议上发表题为《和平发展 世代友好》的重要讲话（新华网，2011年6月15日）。

② 习近平主席在上海合作组织成员国元首理事会第十八次会议上发表题为《弘扬"上海精神" 构建命运共同体》的重要讲话（新华网，2018年6月10日，http://www.xinhuanet.com/world/2018-06/10/c_1122964013.htm）。

③ A. J. K. Bailes and A. Cottey, *Regional Security Cooperation in the Early Twenty-First Century*, p. 215.

④ A. J. K. Bailes, V. Baranovsky and P. Dunay, *Regeional Security Cooperation in the Former Soviet Area*, pp. 188-189.

理论基础主要有两个来源。一是来自中国传统文化，"和为贵""和合"理念，"大道之行，天下为公"。二是来自对冷战后国际关系的新思考，在没有传统意义上战争的"对立面"或"敌人"的情况下，周边国家以增加国家之间信任和加强应对非传统安全为目标，建立新的伙伴关系。在组织形式和体系上借鉴了传统联盟的组织结构，但在国际组织核心理念方面又与传统联盟组织有本质区别，是对传统联盟理念的扬弃，主要体现在"三不原则"，即上合组织建立的是不结盟、不对抗、不针对第三方的国际组织。

从上合组织的实践看，第一，上合组织是合法的，其合法性来自成员国的共同认可，以及包括联合国等在内的国际组织和地区组织的认可。第二，上合组织是有效的。仅从安全和经济功能两方面来讲：一是它有效应对了本地区的"三股势力"冲击等非传统安全威胁，确保了中亚地区安全与稳定；二是在2005年以后，它有效化解了西方"颜色革命"的进一步冲击，保证了中亚国家的政权稳定；三是成员国经贸合作、经济增长、社会民生有了长足发展和改善。第三，由于上合组织的存在确保了中亚区域安全，才形成了我国西部新疆比较稳定的区域，为西部发展创造了良好的外部稳定环境。第四，中亚区域稳定，有效保证了俄罗斯的传统势力范围不受挤压，防止北约的继续东扩，使中亚地区形成相对稳定和发展的区域。在中东、西亚、北非地区动荡不定的局势下，上合组织为中亚区域稳定，为世界的区域稳定和发展做出了积极贡献。

上合组织属于地区性国际组织，其建立与成长过程首先符合一般地区组织的运作规律，同时，上合组织的发展理念和理论基础又不同于传统的西方"联盟"组织，它强调成员国结伴而不结盟。因此，其成长与发展不能简单照搬传统的"联盟"组织的经验。上合组织只有不断坚持并创新、改革自己的发展模式、理念和理论，才能实现自身可持续发展。

三 工作重点及未来展望

2018年6月，上合组织第十八次元首峰会在青岛成功召开，习近平主席在讲话中深刻阐述了全球治理面临的风险和挑战，倡议弘扬"上海精神"，用"五观"来化解当前全球的热点问题，即创新、协调、绿色、开放、共享的发展观，共同、综合、合作、可持续的安全观，开放、融通、互利、共赢的合作观，平等、互鉴、对话、包容的文明观，共商、共建、共享的全球治理观。该讲话为全球治理贡献了中国智慧，为上合组织未来发展提供了中国方案。

习近平主席在讲话中，着眼于上合组织的机制建设和未来发展，提出五点建议：强调要凝聚团结互信的强大力量，不断增强组织的凝聚力和向心力；筑牢和平安全的共同基础；落实青岛峰会签署的一系列文件，提高上合组织的执行力；拉紧人文交流合作的共同纽带；强调密切同联合国等国际和地区组织的伙伴关系，为推动化解热点问题、完善全球治理做出贡献①。习近平主席重要讲话对上合组织未来发展提出了新任务和新要求。下一步本组织应处理好一些重点工作。

（一）上合组织"磨合期"的三大任务

从区域和国际组织扩员经验和上合组织首次扩员后自身面临的风险看，扩员后需要一个"磨合期"，主要有三个任务，即"增强成员国政治互信、完善调整现有制度机制、谋划新阶段实现新发展"。

第一，增强成员国政治互信，提高凝聚力。严格落实"上海精神"和《上海合作组织宪章》，增强新老成员国之间的团结互信，促进新老成员国之间建立互利互信、平等协商的成员国关系。汲取东盟、欧盟扩员的一些教训，及时、妥善化解新老成员国之间存在的边境纠纷等矛盾与问题。如东盟扩员时，在吸收越南加入东盟后，也曾经遇到类似的情景，之后，是东盟制度的约束力和"东盟意识"的凝聚力化解了越南引发的相关问题②。

第二，完善制度机制，提高执行力。本组织成立以来一些签署的条约、协议等执行不理想，应分析根源，结合新阶段新任务制定有效措施，持续抓落实。一方面，上合组织在制度建设上，还存在一些制度和机制上的缺失，需要进一步完善，以增强上合组织的行动能力建设。另一方面，随着扩员后成员国增加、议题增多等诸多方面发生变化，上合组织的现有制度规定需要做相应的调整，需要完善在扩员方面的相关制度规定，包括如何引导和约束新成员国履行本组织法律和有关条约等。比如，如何制定区域合作新的制度性安排等。

第三，谋划未来发展，扩大影响力。近几年，逆全球化和区域碎片化加剧，贸易保护主义抬头，特朗普当选美国总统，英国脱欧，乌克兰危机，

---

① 习近平主席在上海合作组织成员国元首理事会第十八次会议上发表题为《弘扬"上海精神" 构建命运共同体》的重要讲话（新华网，2018年6月10日，http://www.xinhuanet.com/world/2018 - 06/10/c_1122964013.htm）。

② 李进峰：《上合组织扩员与东盟扩员比较借鉴》，《俄罗斯学刊》2016年第3期。

中国提出"一带一路"倡议，俄罗斯提出"欧亚全面伙伴关系"倡议，本组织实现首次扩员，中国特色社会主义进入新时代。这些重大事件的发生表明上合组织的外部和内部环境都发生了一系列深刻而复杂的变化。因此，有必要在上合组织步入新阶段时，完善和修改上合组织的未来发展战略。主要有三个层面的任务：一是登高望远，以天下为公、世界胸怀推动构建人类命运共同体；二是以区域视野，推动上合组织进入新的发展阶段；三是继续在四大领域有重点地推动具体工作，落实青岛峰会签署的各类文件及达成的共识。

（二）将上合组织打造成人类命运共同体"示范区"

18 年来，上合组织经历了风风雨雨，在解决问题、应对挑战和超越传统思维中不断创新与发展。当前，仍面临许多新问题、新挑战。从外部看，逆全球化和区域碎片化加剧，贸易保护主义抬头；美国把中俄视为竞争对手；美国等西方国家对上合组织的干扰和质疑增多；地区内外多个机制之间依然存在一些矛盾和掣肘现象等。从内部看，中俄在上合组织发展与定位功能方面存在认识差异；中亚国家在大国博弈中的多元化选择倾向；上合组织内部机制建设还存在一些掣肘现象。例如，如何在坚持不干涉成员国内政的原则下，发挥上合组织维护成员国主权安全的作用；如何既坚持"协商一致"基本原则，又能提高组织的决策效率；如何妥善处理中俄在战略合作大方向上的一致性与具体行动上的差异性等问题。总体来看，"一带一路"倡议为上合组织发展提供了新机遇、开辟了新前景，西方主导的国际政治经济秩序的失衡与失序，为上合组织发挥地区机制作用提供了更大的实践空间。当前，基于共同的安全威胁、共同的利益诉求、共同的发展愿望、共同的命运环境等，可以说成员国面临的"公共产品"需求比任何时候都多。成员国只有持续坚持打造"区域命运共同体"，将上合组织打造成人类命运共同体"示范区"，才能推动上合组织在扩员后进入新阶段、实现新发展。

（三）坚持区域组织定位

具有地理性和共同利益是区域组织的特点。区域组织与全球组织的区别在于，区域组织是由本区域国家组成的，主要解决本区域问题，而不是全球性问题，区域组织是由本区域大国主导、由本地区成员国组成的国家联合体。从这个定义来考察上合组织的成员国、观察员国和对话伙伴国，就会发现本组织在吸收对话伙伴国时在区域上有泛化的趋势。印巴加入后的上合组织，在地理区域、发展定位以及功能定位方面应该坚持"有所变，有所不变"①。尤其是，上合组织应坚持区域组织的定位不变，不能向泛区域组织方向发展，要防止自身衍化为"论坛化"机制。在扩员后的近两年，乃至更长一段时间，上合组织的议题仍以中亚为主兼顾南亚。鉴于首次扩员带来的问题和挑战，在"磨合期"本组织应暂缓扩员进程。下一步，扩员对象应从成员国周边选择并考虑区域上的连通性。

（四）推进区域贸易便利化落实

2018 年是《上海合作组织成员国多边经贸合作纲要》签署 15 周年，应该认真总结教训和经验，立足长远发展，进行本区域合作新的制度安排。以推进上合组织自贸区建设为长期目标，发挥上合组织在"一带一路"建设中的平台作用，以深入实施"丝绸之路经济带"与"欧亚经济联盟"对接为契机，促进自贸区建设，要注重实效、循序渐进、水到渠成，不必急功近利，但要积极推进一些基础性工作，可以先从较低层次的货物贸易做起，用合作共赢取得实实在在的成果以消除个别成员国对建立上合组织自贸区的一些疑虑与担心。

（五）有关领域的合作重点

在安全领域，继续以打击"三股势力"为重点，深化综合安全合作。充分发挥印度和巴基斯坦在打击"三股势力"方面的作用，使中亚与南亚形成协调的整体的安全区域，构建安全稳定的欧亚地区。在经济领域，发挥上合组织的"六大平台"作用。务实推进成员国在互联互通、经贸、产能合作、金融、能源、科技、环保、农业等领域的合作。深化本地区经济合作，践行"绿色丝绸之路"理念，推动成员国落实"创新、协调、绿色、开放、共享"的新发展理念。把发展与安全，发展与环保紧密结合起来。加强成员国间的环保合作，防止环境污染等，避免走传统发展的"先发展后治理"的老路。在人文方面，重点推进教育和科技合作，加强成员国人才培养和成员国青年人才交流，加强科技创新合作，加强智库合作，引领成员国共同创新，提高科技在经济发展中的贡献率。在合作理念方面，坚持共商共建共享原则，坚持绿色发展理念，让成员国的发展既造福当代人民，又造福未来子孙，实现可持续发展。

---

① 李进峰等主编《上海合作组织发展报告（2016）》，社会科学文献出版社，2016。

上海合作组织环保合作构想：进展与展望

周国梅　李　菲*

摘　要　2018 年 6 月 9 日至 10 日，上海合作组织成员国元首理事会会议在中国青岛举行。这次会议是上海合作组织实现扩员以来举办的首次元首峰会，也是历次峰会中规模最大、级别最高、成果最多的一次。会议发表的《上海合作组织成员国元首理事会青岛宣言》指出："成员国基于维护上合组织地区生态平衡、恢复生物多样性的重要性，为居民生活和可持续发展创造良好条件，造福子孙后代，通过了《上合组织成员国环保合作构想》。"这是上海合作组织框架下第一份关于生态环保合作的纲领性文件，确定了合作目标、合作原则、合作方向、合作形式等。文件磋商历经 10 余年，其通过势必将推动上海合作组织环保合作进入新阶段。2019 年 6 月上合组织比什凯克峰会通过《2019－2021 年〈上合组织成员国环保合作构想〉落实措施计划》，为环保合作指明了方向。为此，本文回顾了《上海合作组织成员国环保合作构想》的发展历程，解读了其主要内容，分析了其得以通过的原因和落实过程中面临的困难，并对推动未来环保合作提出建议。

关键词　上海合作组织　环保合作　环保合作构想

　　《上海合作组织成员国环保合作构想》（以下简称《构想》）磋商历经 10 余年，最终在青岛峰会上得到通过。这是各方迫切寻求环保合作共识的结果，也是互信、互利、平等、协商、尊重多样文明、谋求共同发展的"上海精神"的具体体现。《构想》是上海合作组织（以下简称"上合组织"）框架下第一份关于生态环保合作的纲领性文件，将有助于落实创新、协调、绿色、开放、共享的发展观，践行共同、综合、合作、可持续的安全观，推动构建上合组织命运共同体。

---

*　周国梅、李菲，中国－上海合作组织环境保护合作中心。

一 《构想》的发展历程

目前，上合组织框架下的环保对话机制是"上海合作组织成员国环保部门专家会议"（以下简称"环保专家会"），其成立之初主要是为了磋商《构想》文件，探索建立上合组织成员国环境部长会议机制的可行性。自上合组织成立至今，随着环保专家会的发展，《构想》的发展和磋商经历了探索阶段、起步阶段、停滞阶段、重启阶段和完善阶段。

（一）探索阶段（2001~2004年）

上合组织成立初期，各成员国着重于上合组织的机制建设和一系列文件的制定，把反恐和安全领域合作列为优先方向，环保合作尚处于酝酿和探索阶段。在该阶段，环保合作机制尚未建立，但各成员国已意识到环保合作的重要性，把其作为重要合作领域之一纳入上合组织的基础性文件中。2001年通过的《上海合作组织成立宣言》和2002年通过的《上海合作组织宪章》中均明确表示，鼓励开展环保领域合作是上合组织的宗旨和任务之一。

2004年6月17日，上合组织成员国元首在《塔什干宣言》中提出，"应当将环境保护及合理、有效利用水资源问题提上本组织框架内的合作议程。相关部门和科研机构可在今年内开始共同制定本组织在该领域的工作战略"。这是上合组织首次正式提出制定上合组织成员国环保合作文件，也是《构想》的由来。

（二）起步阶段（2005~2008年）

为落实《塔什干宣言》，推动上合组织环保合作，上合组织成员国于2005年启动环保专家会机制，开始磋商由俄方提出的《上海合作组织环境保护合作构想》草案。2005~2008年先后召开了5次环保专家会，但因各方在跨界水资源问题上分歧较大，所以历次会议未取得实质性成果。

在此期间，上合组织成员国高层领导多次重申了开展环保合作、制定环保合作文件的重要性。2006年9月，上合组织成员国总理会上，"六国总理认为，即将在莫斯科举行的首次环保部长会议，以及完成制定环境保护和合理利用自然资源构想草案，具有非常重要的意义"。2007年11月，在上合组织成员国总理会联合公报中"总理们指出，尽快完成《上海合作组织环保合作构想》草案的制订工作十分重要"。2008年8月，上合组织成员

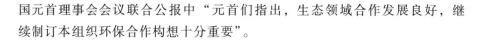

国元首理事会会议联合公报中"元首们指出，生态领域合作发展良好，继续制订本组织环保合作构想十分重要"。

（三）停滞阶段（2009～2013年）

2009～2013年，因各方对环保专家会的议题、召开时间等无法达成一致，环保专家会未能召开。2010年11月，上合组织成员国总理会联合公报指出"鉴于环保领域合作的重要性，成员国将继续商谈本组织相关构想草案"，随后各方就《构想》草案文本进行了多轮的书面磋商，但仍未有实质性进展。

在该阶段，虽然《构想》文件磋商停滞不前，但中方已经开始探索环保合作新形式，时任总理温家宝于2012年提出成立中国－上海合作组织环境保护合作中心的倡议，中方开始积极推动和促进上合组织环保合作。

（四）重启阶段（2014～2015年）

经过上合组织秘书处与各方积极协调，2014年，环保专家会重启，重启后的专家会主要内容就是磋商《构想》文件。2014年3月和2015年9月，在北京分别召开了第六次和第七次环保专家会，这两次会议期间，《构想》文件的磋商虽然有所进展，但会上各方就水资源问题仍僵持不下，最终各方同意会后就《构想》草案向秘书处反馈意见。

在此期间，除磋商《构想》草案外，各国根据各自关注领域又提出了一些新的内容和文件草案，导致《构想》的磋商成果有限。

（五）完善阶段（2016～2019年）

从2016年开始，环保专家会进入转型发展阶段，《构想》文件的磋商取得积极进展。各成员国普遍认为，为推动环保领域务实合作，应尽快就《构想》文件达成一致，并同意将构想文件进行概化。2017年3月，在第九次环保专家会上，除吉方外的五国就《构想》文本达成一致。2018年3月，在北京召开的第十次环保专家会上，印度、巴基斯坦作为新成员国首次参加环保专家会，在各方的积极推动下和中方的大力协调下，各国最终就《构想》文本达成一致。

至此，经过13年的磋商，《构想》最终在2018年6月的青岛峰会期间得以通过。2019年6月上合组织比什凯克峰会期间又通过了《2019－2021年〈上合组织成员国环保合作构想〉落实措施计划》。

二 《构想》的主要内容

在多年的磋商过程中，为满足各国需求，《构想》内容不断发生变化，并适时增加了各国关注的议题。为促进各方尽快达成一致，最终通过的《构想》，文件内容已相对简化，并删除了容易引发各方争议的水资源问题条款。

（一）合作目标与原则

根据《构想》，各成员国开展环保合作的基本目标是：（1）保持上合组织区域的生态平衡；（2）维护适于人类生存的良好环境；（3）可持续发展。合作的基本原则包括：（1）所有成员国一律平等；（2）遵守上合组织成员国认可的环保国际法原则和准则；（3）在各自国家法律和财政允许的情况下积极落实合作成果；（4）在全球和区域环保合作过程中考虑上合组织成员国的国家利益。

（二）合作方向与形式

《构想》规定，各成员国将重点在以下方向开展合作：（1）维护生态安全；（2）提高环境监测技术水平；（3）保护生物多样性；（4）适应气候变化；（5）废物管理，包括危险废物；（6）绿色发展；（7）环保科技合作；（8）专家培训；（9）环保教育和宣传；（10）促进环保项目的引资和融资；（11）研究在上合组织框架内建立环保服务、产品和技术市场的可能性。其中，适应气候变化、废物管理、绿色发展等都是经各国协商后在近几年新增的内容，可见各国对环保问题的关注方向也在不断发生变化。

合作形式包括实施联合规划项目、联合举办活动、开展专家协商等。各成员国环保部门将继续商定落实《构想》的行动计划。

三 《构想》通过的契机

《构想》的磋商历经 10 余年，为何能在青岛峰会期间得以通过？这是因为上合组织环保合作正面临着前所未有的机遇。

一是生态环保成为全球发展趋势。当前，随着世界经济的发展，生态环保、可持续发展、绿色发展、气候变化等问题已逐渐成为国际社会关注的焦点。相关国家和组织在环境保护领域的活动频繁，生态环保成为最具潜力的国际合作领域之一。独联体、欧亚经济联盟、南亚区域联盟等区域组织都将环保作为重要合作领域之一，这为推动上合组织环保合作提供了借鉴。

二是各成员国对环保工作日益重视。近年来，随着上合组织成员国经济的快速发展，地区环境污染和生态破坏加剧，大气和水体污染、固体废物处理等问题日益凸显，各国政府愈发重视生态环保工作，并把环保作为国家发展战略的重要内容。

中国国家主席习近平在2018年5月召开的全国生态环境保护大会上提出，"绿水青山就是金山银山"，坚决打好污染防治攻坚战，推动生态文明建设迈上新台阶；2018年3月俄罗斯总统普京发表国情咨文，要求解决大气污染、饮用水质量、生活垃圾处理等问题，并在5月签署的总统令中明确了生态环保领域在2024年以前的工作目标和任务；哈萨克斯坦提出在2050年以前实现向绿色经济成功转型，2018年1月，哈萨克斯坦总统纳扎尔巴耶夫发表国情咨文，对节能环保和资源开发领域提出新要求；2018年2月，乌兹别克斯坦总统米尔济约耶夫主持召开环保工作会议，要求制定《国家环境保护构想》；吉尔吉斯斯坦积极落实《吉尔吉斯共和国生态安全构想》，高度重视生物多样性保护；塔吉克斯坦制定《塔吉克斯坦共和国环境保护构想》，推动国际水资源合作；印度将环保工作内容列入国家五年发展计划，大力推动节能减排；巴基斯坦制定、实施《国家环境政策》，开展清洁大气项目等。

三是环保合作成为各成员国的内在需求。各成员国逐渐意识到，区域环境问题需各国协同治理，一些共通的环境问题可以通过合作来提高治理效率。如中俄正积极拓展固体废物处理领域合作，哈萨克斯坦向中国借鉴大气污染治理经验，哈、吉、乌三国联合申遗成功，俄罗斯与印度探讨虎豹保护合作等。加强务实环保合作日益成为各成员国的共同需求和愿望。且各成员国之间已有较好的环保合作基础，进一步拓展上合组织框架下的多边务实环保合作符合各成员国利益。

四是绿色"一带一路"为上合环保合作带来新机遇。上合组织国家是"一带一路"沿线重要国家，在"一带一路"建设过程中，生态环保是重要的合作领域之一。中国政府高度重视绿色"一带一路"建设，相继发布《关于推进绿色"一带一路"建设的指导意见》《"一带一路"生态环境保护合作规划》。未来，绿色"一带一路"建设将惠及上合组织各个国家，对推动上合组织环保合作发挥重要作用。

五是中方为推动上合组织环保合作打下良好基础。中方在推动上合组织环保合作方面一直发挥着积极作用。2014 年 6 月，中方成立中国 – 上海合作组织环境保护合作中心（以下简称"上合环保中心"），这是上合组织成员国中成立的首个专门从事上合组织环保合作事务的机构。自成立以来，在中方政府支持下，上合环保中心已成功举办十余次上合组织框架下的研讨交流会与培训活动，主题涵盖环境管理政策、绿色经济发展、环境信息化建设、固体废物处理、生态城市建设等多个领域，吸引了百余名上合组织国家政府官员、专家、企业代表参与，促进了各国之间的环保政策与经验分享、环保技术交流，增进了互信和友谊。上合环保中心举办的交流活动被各成员国列为落实《上海合作组织进一步推动项目合作的措施清单》的重要内容。此外，中方大力建设上海合作组织环保信息共享平台，积极推动实施"绿色丝路使者计划"，在促进联合研究、专家交流、能力建设等方面发挥重要作用。

在担任上合组织轮值主席国期间，中方积极协调各方立场，最终促成《构想》顺利通过。

四 《构想》落实的难点

随着《构想》的通过，切实落实《构想》将成为接下来环保专家会的主要任务，也将是上合组织环保合作的重要工作。就目前上合组织环保合作的进展和形势来看，落实《构想》依然面临一些困难。

一是《构想》的落实措施有待细化。现已通过的《构想》文件只是框架性的合作文件，《2019 – 2021 年〈上合组织成员国环保合作构想〉落实措施计划》虽也已通过，但各项措施计划未明确牵头实施部门、具体落实步骤等，实施起来有一定难度。因此，未来需进一步明确落实《构想》及其措施计划的形式，制定可操作性的具体措施和行动计划。

二是《构想》的落实机制有待完善。相比其他人文领域合作，上合组织环保合作机制依然不够成熟。十几年来，上合组织成员国环保部门专家会以磋商合作文件为主，讨论的议题单一。2019 年 9 月，第一次上合组织成员国环境部长会议在莫斯科召开，但环境部长会机制刚刚起步，合作机制有待完善。且各成员国在参与合作领域和推进程度上均存在差异，需进一步增进了解，探索具体合作形式与路径。

三是落实《构想》缺乏资金支持。目前，上合组织没有专门的资金用于支持开展环保合作，仅靠各国政府部门自愿出资开展相关合作活动。但上合组织成员国都是发展中国家，经济发展水平相对于发达国家不是很高，对环保合作的资金支持力度有限。一些成员国更倾向于与欧洲发达国家、国际组织等开展合作，以便获取援助和贷款，因此，部分国家参与上合组织环保合作的积极性不是很高。从当前来看，上合组织框架下的大部分环保合作和交流活动都是依靠中方资金来开展，缺乏长久、持续的资金机制。因此，资金来源将会是落实《构想》过程中需要解决的一个重要问题。

四是环保合作在上合组织中的地位有待提升。虽然环保合作是上合组织基础性文件中确定的重要合作领域之一，但上合组织目前仍以安全、经贸、能源等领域合作为主，对环保合作的重视程度相对较低。上合组织秘书处也没有设立专门的环保部门，开展环保合作的协调力度不够，导致环保合作进展缓慢。

五 展望与建议

上合组织是中国参与的重要区域组织，是中国全力营造睦邻友好周边环境的重要平台，也是推进绿色"一带一路"建设的重要机制。随着印巴的加入，上合组织的影响力和国际地位不断提升。虽然上合组织环保合作面临挑战，《构想》的落实还存在一些困难，但各国开展环保合作的意愿越来越强烈，且随着各国经济发展，合作需求也逐步扩大。开展务实环保合作是保护上合组织区域生态环境和保障人民福祉的必然要求，落实《构想》势在必行。

为推动中国"成为全球生态文明建设的重要参与者、贡献者、引领者"，我国要继续积极引领、稳步推进上合组织框架下的环保合作。作为上合组织主要成员国，中方应在落实《构想》中发挥更积极的作用。习近平主席在上合组织青岛峰会的发言中指出，"要积极落实成员国环保合作构想等文件"。为此，提出以下建议。

第一，依托现有机制，推动就优先领域开展合作。为尽快启动环保领域的务实合作，建议继续依托环保专家会机制，发挥中方在上合组织框架下的重要协调作用，推动各方尽快落实《构想》及其措施计划，制定具体合作措施。应根据各方需求，从各方共同感兴趣、有共同利益的合作领域着手，优先制定合作措施和项目，形成互利共赢的合作模式，使环保合作成果惠及各个国家。具体优先合作领域如下。（1）环保政策与信息交流。交换环保法律法规、政策规划、环境标准等方面的信息，增进相互了解。（2）环保技术交流与产业合作。优先推动在大气污染防治、固体废物处理、适应气候变化等方面的交流和合作，分享环境治理经验，推广先进的环境监测和环保技术与设备，互学互鉴，共同应对和解决区域环境问题。（3）生态恢复和生物多样性保护。建立生态监测系统，加强地方和保护区之间的合作，推动开展示范项目和联合研究。（4）环境信息化建设。交流环境信息化建设经验，共同建设环境信息共享平台，推动信息和数据共享。（5）环保能力建设。开展环境管理人员和专家之间的交流，组织人员培训，提升区域和国家环境管理能力。

第二，建立落实《构想》的合作机制。一方面，要加强多边合作机制建设。一是为更好地开展合作，建议根据工作需要，成立由各成员国相关领域专家组成的工作组，负责落实行动计划中的具体工作任务，推动环保合作更加高效务实。二是完善上合组织成员国环境部长会机制，加快环保合作进程，从而扩大环保合作在上合组织框架下的影响力。三是推动秘书处成立环保合作部门，协调落实领导人会议提出的合作任务，提升环保合作在上合组织中的地位。另一方面，要巩固双边合作机制。继续加强与上合组织其他成员国的双边合作，打造良好合作关系，为开展多边合作助力。发挥好中俄、中哈双边环保合作机制的作用，统筹推进官方和民间环保合作，筑牢合作基础，着力打造合作样板，为上合组织国家双边环保合作提供示范。同时，选取重点领域，积极探索与其他成员国开展双边环保合作。

第三，开拓资金渠道。从上合组织整体来看，建议推动与上合组织银行联合体的合作，争取在上合组织框架下设立环保合作专项资金；加强上合组织与其他相关国际机构的联系，争取资金支持。从中方来看，建议加大政府对上合环保合作的资金支持力度，争取对外援助资金，帮助上合组织其他成员国解决生态环境问题。同时，争取亚投行、丝路基金等的支持，并广泛吸引民间资本投入，推动企业参与合作进程。

第四，继续落实已有合作项目和倡议。目前，上合组织环保合作项目和倡议主要以我国为主开展，因此，应依托中国－上海合作组织环境保护合作中心，将继续落实重点合作项目和倡议，作为落实《构想》内容的重要工作。

首先，共商共建环境信息共享平台。环境信息共享是开展环保合作的基础，上合组织环保信息共享平台建设取得良好进展，平台网站已投入运行，但未来仍需开展大量工作。一是探索平台共建共享模式，通过官方机制与各成员国签署共建协议，推动平台成为开放共享、互利共赢的合作项目；二是要扩大平台影响力，在上合组织秘书处门户网站上和各类活动中加大宣传力度；三是积极探索在海外建立分平台，推动各国环境管理信息化进程。

其次，促进"绿色丝路使者计划"实施。继续实施"绿色丝路使者计划"，推动各方共同参与，打造能力建设旗舰项目，加大对上合组织国家政府官员、专家、企业代表和青年的培训力度，为上合组织环保合作和绿色"一带一路"建设培养人才。

再次，推动建立生态城市伙伴关系。加强城市间合作，落实中方提出的"共建绿色丝绸之路：发展生态城市伙伴关系"倡议，促进绿色基础设施建设，共同解决城市环境问题，逐步形成从中央到地方的立体合作局面。

最后，拓展环保产业合作项目。充分吸引地方政府、企业、金融机构参与，优先推动大气污染防治、水体保护、固体废物处理等领域示范工程和技术合作项目实施，促进环保技术交流与产业合作，推动环境标准"走出去"，促进务实合作项目落地。

参考文献

秦鹏：《上海合作组织区域环境保护合作机制的构建》，《新疆大学学报》2008 年第 1 期。

戎玉：《上海合作组织环境安全合作研究》，硕士学位论文，华东师范大学，2014。

李进峰：《上海合作组织扩员：挑战与机遇》，《俄罗斯东欧中亚研究》2015 年第 6 期。

白联磊：《上海合作组织扩员：新发展机遇与挑战》，《国际问题研究》2017 年第 6 期。

中国–上海合作组织环境保护合作中心编著《上海合作组织成员国环境保护合作研究》，社会科学文献出版社，2014。

上海合作组织安全合作：回顾与评价

孙壮志[*]

摘　要　安全领域的多边合作是上海合作组织诞生的重要原因和发展的主要动力，也是各成员国之间区域合作发展的重点领域和优先方向之一。回顾上海合作组织安全合作的历程可以发现，经过各方的共同努力，成员国安全合作的水平不断提高；上海合作组织积极践行全新的安全合作理念，在维护成员国的安全利益、推动欧亚地区乃至世界和平方面扮演着越来越重要的角色。上海合作组织在安全领域开展合作，有利于改善地区的安全环境，切实消除现实的或潜在的安全威胁，有助于联合应对地区、国家面临的各种安全挑战。上海合作组织从传统安全领域的互信与协作起步，很快扩大到非传统安全领域，如开展联合执法、交换情报信息、举行联合反恐演习，取得了很多务实成果，合作的范围不断延伸，功能日益显现。在国际安全形势日趋复杂的大背景之下，有必要提升各种机制的行动效率，使其保障地区稳定的能力能够不断增强。

关键词　上海合作组织　安全合作　反恐　联合执法　新机制

经过18年的发展，上海合作组织（以下简称"上合组织"）逐步走向成熟，已经成为一个有着重要国际影响力的区域性合作机制，各领域的多边合作稳步推进，在维护地区持久和平、促进成员国共同发展进程中发挥着不可替代的作用。要想保持这种务实发展的良好势头，需要进一步夯实成员国的利益基础，及时应对来自地区内外的现实挑战，明确下一步工作的重点和方向。上合组织从传统安全领域的互信与协作起步，很快扩大到非传统安全领域，取得很多务实成果，合作范围不断扩大，功能日益显现。在国际安全形势日趋复杂的大背景之下，有必要提升各种机制的行动效率，

　＊　孙壮志，中国上海合作组织研究中心执行主任，中国社会科学院俄罗斯东欧中亚研究所所长、研究员。

使其保障地区稳定的能力可以不断增强。

一 打造应对地区现实安全威胁的新机制

上合组织的前身是"上海五国"会晤机制（1996～2000 年），中国、俄罗斯以及中亚的哈萨克斯坦、吉尔吉斯斯坦、塔吉克斯坦三国在上海、莫斯科签署解决边境地区军事互信和相互裁军协议，五国领导人的会晤实现机制化，并开始探讨共同应对地区发展面临的复杂问题。一方面，五国之间彻底结束冷战时期遗留的军事对抗，真正走向睦邻友好；另一方面，关注中亚地区面临的安全压力和经济问题，准备在多边层面开展更为紧密的合作。五国积极探索以和平谈判方式解决争端的新路径，并关注威胁地区稳定的"三股势力"和跨国犯罪等问题。在启动外长会议机制的同时，还启动了国防部长会晤机制，建立了执法部门领导人会晤的"比什凯克小组"，吸纳中亚人口大国乌兹别克斯坦参加。到 2001 年 6 月上合组织正式成立时，反恐、执法、边防部门的合作已经经常化，并且已经确立了合作的基本任务和目标。

因此，上合组织成员国在军事安全领域交流与合作开始的时间，甚至要早于该组织建立的时间。2004 年上合组织常设机构秘书处在北京挂牌以后，另一个常设机构——上合组织地区反恐怖机构在塔什干宣告成立，这体现了安全合作对于上合组织的特殊意义。同时，在该组织成立的第二年，中国和吉尔吉斯斯坦就在两国边界地区举行了首次上合组织框架内的反恐军事演习。而上合组织成立的一个重要背景，恰恰是中亚地区非传统安全形势的恶化和阿富汗作为"地区热点"问题的长期存在。刚刚独立的中亚国家，难以依靠自身的防卫能力维护本国安全，寄希望于中、俄的帮助，而中亚的"三股势力"和阿富汗的毒品问题也影响着中、俄的安全利益，这就使得上合组织的安全合作很有针对性，具备较好的合作基础与内在的动因。上合组织也成为最早意识到国际恐怖主义危害并打出反恐旗帜的国际组织之一。

上合组织安全合作与地区安全形势的变化密切相关，成员国对多边安全合作的立场也往往出于对自身安全保障的主客观考量。影响上合组织安全合作进展的，既有成员国安全政策的调整，也有内外安全环境带来的压力。上合组织成立以来的安全合作，可以大致划分为以下几个阶段。

第一阶段（2001～2007 年），完善相关合作机制，同时重点应对地缘政治格局的复杂变化。这个时期上合组织通过了一系列重要文件，启动了安全领域合作的重要机制，建立了地区反恐怖机构及理事会。其中重要的文件包括与《上海合作组织成立宣言》同时签署的上合组织《打击恐怖主义、分裂主义和极端主义上海公约》、2002 年签署的《上海合作组织宪章》、2004 年签署的《上海合作组织成员国关于合作打击非法贩运麻醉药品、精神药物及其前体的协议》、2005 年签署的《上海合作组织成员国合作打击恐怖主义、分裂主义和极端主义构想》、2007 年签署的《上海合作组织成员国长期睦邻友好合作条约》等，这些文件为安全合作奠定了坚实的法律基础，提供了机制保障。2007 年 6 月，上合组织成员国国防部签署有关举行"和平使命"联合反恐军事演习的协议，并于当年 8 月举行首次多边反恐军事演习，不断提升安全合作的水平，增强威慑力。这个阶段上合组织于 2004 年 6 月建立了安全会议秘书的会晤机制，重视协调成员国的安全政策，进一步加大执法安全合作的力度。

"9·11"事件后美国在阿富汗迅速发动反恐军事行动，在中亚也一度实现军事存在，这引起将中亚视为"后院"的俄罗斯的担忧，也强化了其在该地区的影响力。中亚大国竞争的态势由以经济领域为主转向军事政治领域，这一方面对地区的稳定造成不利影响，另一方面也促使一些大国出台更加明确的相关政策，除继续注重经济利益，加大资金投入以外，对本国的军事安全利益，包括意识形态渗透也越来越重视。美国及其盟友在阿富汗发动反恐战争时得到中亚国家的支持，这也影响到了后者一段时间参与上合组织的热情。但随着"颜色革命"的接连发生，中亚国家对美国的战略越来越警惕。上合组织在 2005 年的阿斯塔纳峰会上明确要求美国撤出乌兹别克斯坦的汉纳巴德军事基地，这被西方某些媒体和学者作为上合组织要打造反对美国的"东方北约"的证据。这也说明大国的地缘政治博弈使上合组织的安全合作带有"非西方"甚至"反西方"的色彩，被俄罗斯作为阻止西方在中亚"渗透"的地缘政治工具。2007 年 10 月，上合组织与俄罗斯主导的集体安全条约组织签署合作协议，决定扩大双方在应对各种新威胁方面的合作。

第二阶段（2008～2014 年），关注成员国内部的安全威胁，签署反恐怖主义公约和反极端主义公约。2008 年 8 月，俄罗斯与格鲁吉亚的"五日战争"导致其与西方的对立，2014 年，又因克里米亚问题受到美、欧的全面制裁，对上合组织的诉求增多，希望强化上合组织在安全领域的影响力。这个时期是安全合作深化、扩展的重要阶段，签署和通过的文件包括《上海合作组织成员国政府间合作打击非法贩运武器、弹药和爆炸物品的协定》和《上海合作组织组织和举行联合反恐演习的程序协定》（2008年），《上海合作组织反恐怖主义公约》、《上海合作组织成员国保障国际信息安全政府间合作协定》、《上海合作组织关于应对威胁本地区和平、安全与稳定事态的政治外交措施及机制条例》、《上海合作组织成员国反恐专业人员培训协定》和《上海合作组织成员国打击恐怖主义、分裂主义和极端主义2010年至2012年合作纲要》（2009年），《上海合作组织成员国政府间合作打击犯罪协定》（2010年），《2011~2016年上海合作组织成员国禁毒战略》及其《落实行动计划》（2011年），形成了涵盖信息安全、联合执法、打击毒品和犯罪的完备、专业的法律体系①。值得一提的是，叶卡捷琳堡峰会通过的《上海合作组织反恐怖主义公约》，是国际上首部对恐怖主义及其行为、组织进行定义的公约，而《上海合作组织成员国保障国际信息安全政府间合作协定》在国际上首次对信息安全的相关概念进行了界定，为国际社会开展相关合作积累了经验。2009年5月，上合组织举行首次公安（内务部长）会晤，签署打击跨国犯罪、反洗钱、保障油气管道安全等决议。"和平使命"联合反恐军事演习也被确定为每两年举行一次，实现了机制化。

中亚国家逐步认识到，在维护本国经济和政治安全，遏制极端主义、恐怖主义的过程中，上合组织可以发挥重要的作用。2008年的全球金融危机使俄罗斯、中亚国家的经济受到沉重打击，国内政治和社会形势随之恶化，一些中亚国家的恐怖主义、极端主义出现"本土化"的倾向，并且与国际上的恐怖势力相呼应，严重威胁中亚国家的社会稳定。新形势下中亚国家遇到了一系列安全难题：先是哈萨克斯坦发生多起恐怖袭击事件，与国际恐怖组织"哈里发战士"有关，2011年年底发生"扎纳奥津事件"，大批失业者参与骚乱，这反映出社会矛盾已严重激化，动摇了国内长期稳定的社会政治局面；吉尔吉斯斯坦因为2010年6月南部的族际冲突，民族关系一直比较紧张，长期动荡造成吉尔吉斯斯坦的贫困问题难以解决，2012年，贫困人口的比例高达37%，比2010年增长6个百分点；塔吉克斯坦东部山区有不少非法武装盘踞，2010年，在拉什特地区曾袭击过政府军，2012年夏天，又发生了刺杀情报部门高官的恶性事件。为提高自身的安全保障能力，中亚国家希望包括上合组织在内的国际组织给予其支持和援助。

---

① 《公安部：上合组织执法安全合作成果显著》，凤凰网，2012年4月9日，http://news.ifeng.com/gundong/detail_2012_04/09/13739445_0.shtml。

第三阶段（2015年至今），随着扩员的完成，安全合作的区域扩大，上合组织着力打造更为有效的新平台。2015年，乌法峰会签署启动接收印度、巴基斯坦加入上合组织程序的决议，正式开启扩员大门。2017年，阿斯塔纳峰会批准给予印、巴成员国地位。2018年的青岛峰会，是上合组织完成扩员后的首次峰会，多边机制进入"八国合作模式"，合作的地理空间也扩大到南亚地区。除通过了打击"三股势力"年度合作计划以外，在安全领域还关注了更多的现实威胁。如西亚的"伊斯兰国"对地区带来的威胁以及生态安全、网络安全等问题。乌法峰会签署了《上海合作组织至2025年发展战略》《上海合作组织成员国边防合作协定》、阿斯塔纳峰会签署了《上海合作组织反极端主义公约》、青岛峰会签署了《2018～2023年上海合作组织成员国禁毒战略》以及打击"三股势力"未来三年合作纲要等，这使得新形势下各方开展合作有更加完备的法律和行动依据。

这个时期上合组织面临的安全难题增多，特别是叙利亚局势和"伊斯兰国"问题，引起成员国的普遍担忧。俄罗斯与西方对抗加剧，强势启动欧亚经济联盟，又出兵叙利亚，给地区合作和上合组织发展带来新的问题。与此同时，一些重大倡议的提出，为多边经济和安全合作又创造了有利条件，中国国家主席习近平在中亚提出的"一带一路"倡议于2015年全面铺开，俄罗斯领导人也随之提出"大欧亚伙伴关系"计划。中亚国家都非常重视与中国、俄罗斯的关系，上合组织成为解决地区安全难题的非常现实的一个优先选择。上合组织主张大小国家平等，通过协商解决矛盾冲突，尊重不同国家的历史传统和价值取向，推动互利合作以实现共赢，这些原则和理念适合地区的现实情况，得到了很多国家的认可，越来越多的国家希望参加上合组织框架内的合作。这也说明，上合组织作为一个新型区域多边机制是非常有前景的。

二　上合组织在维护地区安全方面的重要作用

安全领域的多边合作是上合组织诞生的重要原因和发展的主要动力，也是各成员国之间区域合作发展的重点领域和优先方向之一。回顾上合组织安全合作的历程可以发现，从解决传统安全威胁问题到应对非传统安全领域的新挑战，从奠定安全合作的法律基础到执法安全部门之间的合作，从建立常设的地区反恐怖机构到举行军队和政府部门的系列反恐联合演习，各成员国安全合作的水平不断提高；上合组织积极践行全新的安全合作理念，在维护成员国的安全利益、推动欧亚地区乃至世界和平方面扮演着越来越重要的角色①。上合组织在安全领域开展合作，有利于改善地区的安全环境，切实消除现实的或潜在的安全威胁，有助于联合应对地区、国家面临的各种安全挑战。

在新旧国际格局转换、交替的特殊时期，上合组织迎合了成员国的需要和顺应了时代的发展潮流，代表了区域合作的一个新的方向。作为一个冷战结束后新成立的地区性合作组织，上合组织受到了广泛的关注，具备以下基本特征：一是维护国际的和平与安全，协调地区大国之间的关系，消除危机、隐患；二是建立发展起一整套国际合作机制，通过设立新的组织机构来实施有关各方达成的组织契约、规则和具体选择程序，参与国际社会各种制度性安排的创建；三是提供多边外交的场所，为多边谈判提供体制上的主要框架，以"会议外交"创造一种合作的氛围；四是有助于国际法的进一步发展②。这些特质对在一个复杂地区建立新的秩序有利。

毋庸讳言，上合组织安全合作也存在不少困难。西方政界、学术界有一些对上合组织的质疑或偏见，认为上合组织只是"名义上"的多边机制，中、俄之间难免出现利益上的碰撞，难以在地区层面开展稳定而又广泛的合作；中亚国家之间，印、巴彼此矛盾重重，而且相对而言更重视与西方国家的关系，甚至以此为由"唱衰"上合组织。成员国安全体制、安全战略、安全利益都有较大差异，历史上遗留的问题并未彻底解决，有的国家之间无法实现充分的互信，乌兹别克斯坦拒绝参加上合组织的军事演习。另外，军事安全合作比较敏感，具体计划在实施过程中往往会打折扣，以保证组织的"非对抗性""非军事性"的特征。

实际上，对照国际组织应该具备的主要标准，上合组织不仅具有一般区域性组织的主要功能，而且准备承担更多的责任，在维护地区安全上发挥更加积极的作用。因为它具有独特的优势，成员国之间重视建立更坚实的政治与人文基础，坚持平等、互利、共赢的原则，以军事安全"互信"作为开端，体现了管控地区内部冲突的意愿和能力，又有经济和人文合作同时支撑，起点是比较高的。具体来说，上合组织框架内的多边安全合作，对保证地区的和平特别是中亚的稳定有以下重要作用。

第一，增进成员国间的政治和军事互信，提升国家间关系的水平。中

---

① 孙壮志：《上海合作组织反恐安全合作：进程与前景》，《当代世界》2008年第11期。

② 叶宗奎、王杏芳主编《国际组织概论》，中国人民大学出版社，2001，第49～50页。

国、俄罗斯、中亚国家要想建立长期睦邻友好的合作关系，需要有坚定的政治意愿和相互信任的政治基础，安全合作在这方面可以起到不可替代的作用。扩员以后由于印、巴之间长期处于对抗当中，中、印也有边界争议问题，建立和增进彼此的信任，对双边合作和地区稳定就更为重要。上合组织就具备这样的作用，可以为解决矛盾争端提供合适的平台。

第二，有利于构筑和平友好的新边界。上合组织成员国互为邻国，有漫长的共同陆地边界，安全合作涵盖了边防部队和警务人员交流的内容，要求及时沟通情报信息，开展联合执法，为贸易和人员往来提供有力的保障，促进成员国边境地区经济、人文领域的合作，充分发挥地缘优势。

第三，可以防止非传统安全的现实威胁，有助于消除地区的安全隐患。促进成员国在联合打击恐怖主义、极端主义、分裂主义和毒品走私、跨国犯罪活动及维护国际信息安全等方面进行切实合作，不断加强执法安全领域的互动。上合组织针对国际恐怖主义采取了很多有效的预防和打击措施，发表过共同打击国际恐怖主义的声明，在协调各成员国反恐合作、预防和打击恐怖活动、斩断恐怖组织资金来源等方面发挥了重要作用。中亚国家在 20 世纪 90 年代末期痛感恐怖主义、极端主义的威胁以及阿富汗内战的安全挑战，希望俄罗斯、中国能给予其安全上的援助，这才使上合组织从成立伊始就对"三股势力"等地区安全威胁提出明确的立场。具体来说，上合组织的成立与进一步发展，不仅因为成员国地缘上唇齿相依，有密切的历史文化交流和经济贸易联系，还因为在政治安全领域选择了成员国都关心的安全目标，并且不断取得重大合作成果，从而为开展其他方面的地区合作奠定了坚实的基础。

第四，有助于维护成员国的国防安全，抵御外部威胁。通过开展军事安全领域的交流，成员国可以不断提升自身的防御能力和装备水平，在面对外部威胁时采取一致立场和必要行动，这对国防建设较薄弱的中亚国家尤为重要。经过 10 余次的联合军演，规模已经从最初连级的战术性演练发展到集战略磋商、战役准备和实施为一体的诸军兵种联合作战演练。演习地点从边境口岸、边界地区和沿海地带扩展到战略纵深和腹地，参演兵力从步兵、特种部队拓展到陆军、海军、空军各个军种[1]。联合军演巩固和深化了上合组织各成员国在反恐领域的防务安全合作，增强了上合组织的凝

---

[1] 《新闻背景：上海合作组织框架内的历次联合军演》，网易新闻，2012 年 6 月 10 日，ht-tp://news.163.com/12/0610/09/83KLFNSV00014JB5.html。

聚力，增进了成员国之间的战略互信。

第五，加强成员国在维护国内稳定方面的合作。中亚一些国家内部存在较严重的政治和社会风险，需要上合组织及时给予帮助。通过建立应急磋商机制，协助中亚国家采取必要措施预防和应对突发的危机和事件，恢复国内的社会和安全秩序，保证其他成员国人员和财产安全。

第六，有助于形成一种新的安全观念和安全合作模式，应对变幻莫测的国际局势。上合组织倡导以合作促安全，以发展促稳定，用和平方式解决争端，尊重每个成员国的利益，坚持平等合作；不谋求建立军事同盟，合作不针对第三方，代表了一种维护地区长期和谐与安宁的新力量。

三 未来多边安全合作的重点方向和主要任务

上合组织作为新型区域合作机制，其安全合作具有一些自身鲜明的特征：一是倡导新型合作观念，主张秉持共同、综合、合作、可持续的安全观，反对冷战思维和零和博弈；二是安全合作开放、透明，结伴而不结盟，不针对第三方；三是安全合作多渠道、多层次同时展开和进行，既有军队的交流，也有警察、安全、司法领域的合作；四是关注"大安全"问题，除一般意义上的传统安全、非传统安全威胁以外，还包括信息安全、粮食安全、金融安全等问题；五是积极参与地区热点问题的解决，主张以和平和外交方式，保证地区国家的权利，比如在阿富汗问题上主张"阿人治阿，阿人所有"，反对外部势力武力干涉。针对自身特征，上合组织未来多边合作的重点方向包括以下几个方面。

第一，在安全合作中，打击"三股势力"和毒品走私等跨国犯罪始终是重点方向。这是因为极端主义、恐怖主义和分裂主义长期威胁地区各国的安全和稳定，而且具有复杂的国际背景。上合组织各种演习的假想敌往往设定为极端组织和恐怖分子。塔什干的上合组织地区反恐怖机构设有"三股势力"的资料库、信息库，成员国开展信息情报交流，进行联合执法合作。与阿富汗问题相关的毒品走私也是困扰成员国的一大难题，成员国对此高度重视，召开国际会议，提出解决阿富汗问题的倡议，推动阿富汗的和平重建。阿富汗已经成为上合组织的观察员国。除军队参加的"和平使命"演习以外，上合组织有关部门还组织开展"天山"、"东方"和"团结"系列的反恐演习、边防联合执法行动，持续深化上合组织框架下边境管理、口岸查验、反恐、防范打击跨国违法犯罪等领域的双边、多边务实合作，增强相关机制的行动能力。

第二，随着合作的深入，范围不断扩展，涉及的领域也越来越多。如在保障国际信息安全方面通过了专门的文件，还关注生态安全、太空安全及军控等问题，准备启动环保部长会晤机制。成员国商讨建立联合安保机制问题，由重大活动的安保扩展到保证大型经济合作项目的安全运营。

第三，处理与其他安全机制的关系，也是上合组织面临的重要任务。上合组织已经与集体安全条约组织签署了合作文件。哈萨克斯坦总统纳扎尔巴耶夫倡议成立的亚洲相互协作与信任措施会议（以下简称"亚信会议"），中国在2014～2018年连续两次担任轮值主席国，2014年亚信会议第四次峰会在中国上海举行，习近平主席在讲话中首提亚洲安全观，并希望构建亚洲安全体系。同样的理念在上合组织青岛峰会上又被再次强调，并赋予了"上海精神"以新的时代内涵。上合组织与亚信会议形成了良性互动，中国在其中发挥了十分重要的作用。在一些广泛的安全议题上，上合组织也不排斥与西方主导的安全机制进行对话和磋商。

第四，在解决成员国之间的矛盾、化解冲突方面，上合组织可以发挥独特作用。地区内国家间的矛盾难以弥合，对一些共同的经济和安全难题难以形成必要的共识，缺乏应有的信任与合作，致使极端主义、恐怖主义和跨国犯罪等问题在新形势下长期难以解决，给地区安全造成的威胁非常严重。印、巴之间是如此，中亚国家之间也是如此，未来将根据已经签署的相关法律文件，促使过去已经存在的问题逐步得到控制，并且避免产生新的矛盾。

第五，针对地区热点，特别是在解决阿富汗问题方面要有更大作为。美国不断调整对阿富汗、巴基斯坦的反恐战略，特朗普执政以后一改前任"撤出"的政策，决定增兵阿富汗。而阿富汗形势的未来走向，牵动着相邻的中亚国家的神经。20世纪90年代后期，阿富汗内战的升级和塔利班的崛起给中亚的稳定带来直接的冲击。中亚国家担心美国及其北约盟友撤军后，阿富汗会再现军阀混战的一幕，而使美国10年清剿"劳而无功"的塔利班，有可能再度尝试在阿富汗建立伊斯兰极端主义政权。当地的专家普遍认为，如果美国和北约撤军，中亚受阿富汗的影响可能再度出现极端主义和恐怖主义的回潮。实际上美国戴着有色眼镜的"反恐"使国际恐怖主义到处"肆虐"，而且使阿富汗的毒品问题成为中亚国家安全的又一个"痼疾"，作为毒品外运重要"运输走廊"的中亚，是国际贩毒集团及被其收买的代理人非常看重的，在无法掌控的情况下就会尽可能制造混乱。阿富汗的周边都是上合组织的成员国和观察员国，帮助阿富汗走出内战"泥沼"，是一项紧迫的任务。上合组织峰会每次都针对阿富汗问题提出明确立场，成立了上海合作组织－阿富汗联络组，准备发挥更积极的作用。

从当前来看，面临百年未遇之大变局，人类社会面临的安全挑战更为严峻、复杂，针对国际、地区形势变化的特点和走势，上合组织在安全领域合作面临的任务非常繁重，关注的重点问题也越来越多。

中国国家主席习近平在青岛峰会上分别在小范围和大范围会谈上发表讲话，对安全合作做了系统阐述，强调要统筹应对传统和非传统安全威胁，有效打击"三股势力"，切实维护地区和平、安全、稳定[1]。指出要践行共同、综合、合作、可持续的安全观，摒弃冷战思维、集团对抗，反对以牺牲别国安全换取自身绝对安全的做法，实现普遍安全，筑牢和平安全的共同基础。要积极落实打击"三股势力"2019～2021年合作纲要，继续举行"和平使命"等联合反恐演习，强化防务安全、执法安全、信息安全合作。要发挥"上海合作组织－阿富汗联络组"作用，促进阿富汗和平重建进程。未来3年，中方愿利用中国－上海合作组织国际司法交流合作培训基地等平台，为各方培训2000名执法人员，强化执法能力建设[2]。

上合组织把中亚视为合作的重点区域。未来一段时期中亚的安全形势依然严峻，虽然发生大规模内战和武装冲突的可能性不大，但由于社会矛盾尖锐，出现局部不稳甚至深刻危机的概率很高。大国的地缘政治"游戏"和经济发展被"全球化"抛弃，转型带来的社会分化和政局当中存在的不稳定因素，都将长期威胁地区的安全。极端势力和恐怖势力在中亚还有市场，周边的热点问题不断升温，导致"国际性的"极端组织非常活跃。中亚所处的周边安全环境非常复杂多变，西亚、北非的局势将直接或间接地影响中亚地区的稳定。阿富汗的局势持续恶化，毒品种植和走私未能得到有效遏制，中亚将会受到来自阿富汗的更多的安全困扰。近些年，经济结构的畸形和资源分布的不均衡，使一些中亚国家的粮食安全、能源安全等问题开始不断冲击社会的稳定。面对这样的地区形势，上合组织任重道远。

---

① 《习近平主持上合组织青岛峰会小范围会谈　就上合组织发展提出四点建议》，中国新闻网，2018年6月10日，http://www.chinanews.com/gn/2018/06－10/8534604.shtml。

② 《习近平在上海合作组织成员国元首理事会　第十八次会议上的讲话（全文）》，人民网，2018年6月10日，http://cpc.people.com.cn/n1/2018/0610/c64094－30048403.html。

四　思考和建议

上合组织成立以来，安全合作稳步推进，并且始终处于所有领域的优先位置，取得的实际成果最多，无论是法律文件的数量和质量，还是成员国在联合行动方面体现出来的信心和决心，都是其他领域所无法比拟的。由于地区内外面临众多的威胁和挑战，上合组织框架内的安全合作始终不缺乏应有的驱动力。但成员国面临的安全威胁有较明显的差异，在没有外部强大压力的情况下，各方对安全领域相互协作、开展联合行动的迫切性有不同的认识，各自对多边合作的诉求也不一样。另外，域外大国的竞争以及主导建立一些带有明显地缘政治目的的安全框架，导致建立一个成熟的地区安全体系困难较多。上合组织也有自身的不足和功能方面的限制，如不能建立联合武装力量，中亚国家有学者希望能够与俄罗斯主导的集体安全条约组织加强合作，发挥各自优势，共同防止"伊斯兰国"和外部恐怖分子的渗透，防止阿富汗极端组织和毒品的"外溢"①。

未来上合组织在安全方面，要特别重视加强行动能力建设和组织机制保障，寻找新的合作方式，进一步强化联合执法领域的合作，加强情报交流和多边互动，共同维护成员国和所在地区的安全。针对形势的发展变化和中亚各国具体的利益诉求，上合组织应该考虑对合作的优先方向进行适当调整，尽快启动一些新的多边合作机制。面对新世纪的各种新挑战、新威胁，成员国有强烈的主观意愿，希望共同促进地区的经济繁荣，保障地区的长期稳定。对于上合组织来说，扩大共同利益是发展的基础，而途径只能是在继续进行安全合作的同时，加强经济、人文的合作和提升双边关系的水平，密切各方面的联系，增强相互之间的信任。具体到安全领域，可以着重做好以下几个方面的合作。

第一，拓宽领域。由反恐、反毒到应对更广泛的安全挑战，比如在经济安全、生态危机、流行性疾病、网络信息安全等问题上进行合作；打击"三股势力"和跨国犯罪活动，仍是最优先的合作方向。扩大合作的范围和领域，比如能源安全、粮食安全、金融安全、网络安全等应受到更多的关注。

第二，充实机制。除利用好已经启动的会晤机制以外，应考虑建立必

---

① А. Искандаров, "Безопасность и интеграция в Ценральной Азии: роль ОДГБ и ШОС," *Центральная Азия и Кавказ*, Том 16, Выпуск 2, 2013, Стр. 18 – 28.

要的工作机制，成立工作组，加强执法安全领域的联合行动。尽快启动应急管理机制。在2011年7月的阿斯塔纳峰会上，中国领导人提出要增强上合组织抵御现实威胁的能力，确保地区长治久安，建议加紧研究建立突发事件应急机制。2012年6月的北京峰会，批准了修订后的《上海合作组织关于应对威胁本地区和平、安全与稳定事态的政治外交措施及机制条例》，除发表声明、举行磋商、提供援助外，增加了联合预警、危机处置、护侨撤侨等措施，但基本上还属于政治层面的协调，应根据条例确定更为明确的保障措施和执行手段。

第三，完善法律。签署新的合作协议，充实原有多边文件的相关内容，使联合打击跨国犯罪、开展危机救援和地区维和行动有充分的法律依据。

第四，制定战略。应考虑制定上合组织的安全构想或共同战略，推进安全领域战略层面的合作，明确共同的利益和阶段性目标，为安全合作实践提供直接的指导。

第五，扩大联系。面对复杂的安全威胁，应加强对外合作，争取观察员国参与一些具体合作，比如在打击恐怖主义、极端主义、分裂主义势力和毒品走私方面开展协调一致的行动，同时要与其他国际组织在维护地区安全、消除传统热点等问题上开展对话与合作，达成更多共识。

上海合作组织区域经济合作迈向新阶段

王开轩　刘华芹[*]

摘　要　2017 年，上海合作组织扩员以后，成为全球面积最广和人口最多的综合性区域合作组织。随着区域经济合作的法律基础日益巩固、合作机制不断完善，上海合作组织区域贸易实现快速增长，区域贸易便利化水平不断提高。中国对其他成员国的投资也迅速扩大，基础设施建设与国际产能合作成为新的投资方向。扩员后，上海合作组织区域经济合作面临新的机遇与挑战，未来上海合作组织区域经济合作将迈向新阶段。

关键词　上海合作组织　区域经济合作　贸易便利化

上海合作组织（以下简称"上合组织"）自 2001 年成立以来，迄今走过了 18 年的发展历程。其间，各成员国遵循互信、互利、平等、协商、尊重多样文明、谋求共同发展的"上海精神"，全面推进安全、经济、人文等领域的合作；上合组织在国际和地区事务中发挥着积极的建设性作用，树立了相互尊重、公平正义、合作共赢的新型国际合作典范。

2013 年，习近平主席提出共建"一带一路"合作倡议，为上合组织区域经济合作注入了新动力。2017 年 6 月，上合组织实现首次扩员，吸收印度和巴基斯坦加入，至此，该组织成为全球面积最广和人口最多的综合性区域合作组织，近 30 亿的总人口和超过 16 万亿美元的 GDP，构成了欧亚大陆上规模庞大的区域市场，蕴藏着巨大发展潜力。2018 年 6 月，上合组织在中国青岛举行了扩员后的首次峰会，标志着该组织开启了合作新征程。

一　区域经济合作成为上合组织发展的重要支撑

自上合组织成立以来，政治安全合作、经济合作与人文交流构成了三

---

* 刘华芹，商务部国际贸易经济合作研究院研究员。

驾马车，齐头并进，推动该组织由小到大发展，区域经济合作成为不可或缺的力量。多年来，上合组织区域经济合作取得了令人瞩目的成就，其国际影响力和吸引力不断增强。

（一）区域经济合作的法律基础日益巩固

2001年9月，上合组织成员国签署了《上海合作组织成员国政府间关于区域经济合作的基本目标和方向及启动贸易和投资便利化进程的备忘录》，这是该组织第一个有关区域经济合作的文件，各方将贸易与投资便利化确定为未来区域经济合作的重要任务。

2003年9月，成员国共同签署了《上海合作组织成员国多边经贸合作纲要》，这是区域经济合作的纲领性文件。该文件首次确立了区域经济合作"三步走"的发展目标，即"短期内推进贸易投资便利化，改善合作环境；中期内加强经济技术合作，使各方受益；长期内实现区域内货物、资本、技术和服务的自由流动"。

2014年9月，成员国又共同签署了《上海合作组织成员国政府间国际道路运输便利化协定》，该协定于2017年1月正式生效，为深化地区互联互通合作，破除地区经济一体化瓶颈提供了重要保障。

上述文件奠定了上合组织区域经济合作的重要法律基础。

（二）区域经济合作机制不断完善

迄今，上合组织已建立经贸、交通、财政、央行、农业及科技等多个部长级协调机制。在经贸部长会议下设立了高官委员会和6个专业工作组，包括海关、电子商务、投资促进、发展过境潜力、贸易便利化、信息和电信工作组等。此外，还设立了实业家委员会和银行间联合体、上合组织地方领导人论坛、上合组织经济智库联盟等合作平台，为全方位推动区域经济合作提供了必不可少的机制保障。

（三）区域贸易实现快速增长

2001～2017年，成员国之间的货物贸易规模与服务贸易规模不断扩大，成为区域经济发展的重要动力。

1. 货物贸易规模迅速扩大

2001年，上合组织成立之初，中国与其他创始成员国的贸易总额仅为121.5亿美元，至2014年已达1298.1亿美元，增幅约高达10倍，高于同期中国对外贸易进出口平均 8.4% 的增幅。印度和巴基斯坦加入后，成员国间贸易规模进一步扩大。2017 年，中国与其他成员国（含印度和巴基斯坦）的贸易额总计 2176 亿美元，同比增长 18.9%，其中，中方出口 1503 亿美元，同比增长 15.1%，中方进口 673 亿美元，同比增长 28.5%。中国成为俄罗斯、乌兹别克斯坦、吉尔吉斯斯坦、印度和巴基斯坦的第一大贸易伙伴，哈萨克斯坦的第二大贸易伙伴，塔吉克斯坦的第三大贸易伙伴，成员国之间的贸易往来日益密切（见图 1）。

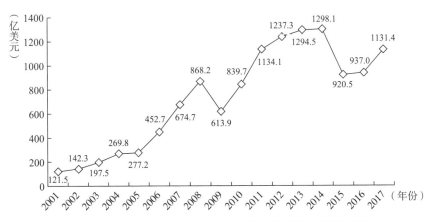

图 1　2001～2017 年中国与上合组织其他成员国双边贸易情况

资料来源：中国海关统计。

成员国之间的商品贸易结构持续改善。2017 年，在中方对其他成员国的出口中，机电和高新技术产品贸易增幅分别达到 16.8% 和 22.4%。农产品成为中国自其他成员国进口的新型大宗商品，并且贸易增幅呈逐年上升态势。跨境电商作为一种新型贸易方式在区域内得到快速发展，中俄跨境电商已占俄罗斯本国跨境电商的半壁江山。

2. 服务贸易保持快速发展

跨境运输高速增长。伴随共建"一带一路"的进程，中欧班列作为欧亚地区互联互通的重要标志实现突破性发展。截至 2018 年 8 月 27 日，中欧班列累计开行数量突破 1 万列[1]，到达欧洲 15 个国家的 43 个城市，覆盖中国 21 个省区的 27 座城市，成为贯穿欧亚大陆的大动脉。

旅游服务潜力提升。2017 年，中国赴俄罗斯旅游的人数达到 150 万人

---

[1] 《中欧班列累计开行数量突破 10000 列　返程班列占比稳步提升》，新华网，2018 年 8 月 26 日，http://www.xinhuanet.com/world/2018－08/26/c_1123329271.htm。

次①，中国已成为俄罗斯最大的外国客源地。同期，俄罗斯赴华旅游人数为200万人次，同比增长19.50%②，中国是俄罗斯游客出游的第二大目的地国。哈萨克斯坦被正式列为中国公民旅游目的地国，每年计划赴哈旅游的中国公民达20万人次。

金融服务亮点频现。中国与上合组织其他成员国不断扩大金融合作规模。截至2016年，中国与俄罗斯、哈萨克斯坦、吉尔吉斯斯坦、塔吉克斯坦和乌兹别克斯坦五国签署了有效的双边本币互换协议，总规模达1600亿元人民币。中国工商银行在莫斯科子行正式启动人民币清算服务。各国积极创新金融合作模式。2017年，俄罗斯铝业联合公司在中国上海证券交易所成功发行10亿元③人民币的熊猫债券，这是"一带一路"沿线国家企业在中国资本市场进行融资的有益尝试，进一步拓宽了各国企业的融资渠道。中哈签署《关于设立中哈农业发展基金的框架协议》并设立总额为20亿美元的中哈产能合作基金，为拓展两国农业合作和产能合作提供资金支持。中国国家开发银行与吉尔吉斯斯坦农业银行签署了150万美元和1200万元人民币④的融资贷款合作协议，采用融资租赁方式帮助吉尔吉斯斯坦农民购买中方农用机械。乌兹别克斯坦全国统一结算中心将中国银联国际支付系统与乌兹别克斯坦银行间支付系统联通，为中国与中亚五国在支付结算领域合作开辟了先河。人民币国际化步伐进一步加快，上海证券交易所入股哈萨克斯坦的阿斯塔纳国际交易所，中资银行收购哈萨克斯坦、乌兹别克斯坦金融机构的股份，哈萨克斯坦将人民币列为国家储备货币。亚投行、丝路基金、中国-欧亚经济合作基金的组建，极大拓展了中方对该地区的投资渠道，搭建了更多融资平台。

教育医疗服务稳步上升。截至2018年4月，中国在俄罗斯的留学生总计3万人、俄罗斯在华留学生总计1.8万人，两国短期进修学生达到3万人⑤，预计2020年将达到20万人。俄罗斯和哈萨克斯坦成为中国外国留学生的重要来源国。2013年，在吉尔吉斯斯坦的奥什市创建了奥什孔子学

---

① 《2017年中国游客位列所有外国游客人数榜首》，"今日俄罗斯"网，2018年3月11日。

② 《2018中国临沂市红色旅游推介会在圣彼得堡成功举办》，齐鲁壹点网，2018年7月8日。

③ 李丹丹：《首单"一带一路"熊猫债发行金额10亿元人民币》，《上海证券报》2017年3月18日。

④ 《"中国洛阳"成了当地农机金字招牌》，河南省人民政府网，2016年8月24日，https://www.henan.gov.cn/2016/08-23/613735.html。

⑤ 《俄罗斯成为2017年外国来华留学10大生源国之一》，你好网，2018年4月8日，http://www.nihaowang.com/news/news-82761.html。

院，该学院以"文化互动、情感交融"为办学理念，成为当时全球第一所以汉语本科学历教育为起点的孔子学院，是目前活跃在丝绸之路上的"文化使者"。

传统医学在促进民间交往方面发挥着积极作用。黑龙江省拟在中俄边境开设 20 个中医中心①，为俄罗斯毗邻地区的公民提供医疗服务。新疆将国际医疗中心列为"丝绸之路经济带"核心区建设的重要功能之一，不断拓展服务区域，提高国际医疗服务质量。截至 2017 年 4 月，5 年以来，在新疆医科大学就诊的外籍患者超过 1 万人次②。2018 年 6 月，上合组织成立了医院合作联盟，第一届联盟由中方 74 家医院和外方 7 家医院组成，各方将在建设跨境医联体、开展医疗旅游等领域开展务实合作。

（四）中国对上合组织其他成员国的投资迅速扩大

扩大相互投资是区域经济合作的重要方向，2003 年以来，中国对上合组织其他成员国的直接投资基本呈现上升态势（见图 2）。

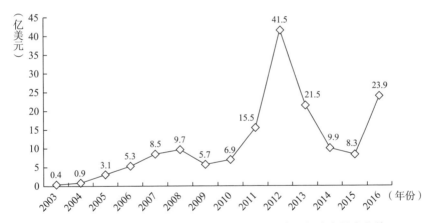

图 2　2003~2016 年中国对上合组织其他成员国直接投资存量变化情况
资料来源：相关年份《中国对外直接投资统计公报》。

1. 投资规模基本呈扩大态势

截至 2016 年底，在中国对外直接投资存量前 20 位国家排名中俄罗斯位居第 9，哈萨克斯坦位居第 17。截至 2017 年底，中国对上合组织其他成员

---

① 《中国黑龙江省年内拟在中俄边境城市开 20 个中医医疗中心》，gzt-sv 网，2017 年 3 月 27 日。

② 李岸：《新疆加快建设中亚国际医疗服务中心》，央广网，2017 年 4 月 29 日，http://news.cnr.cn/native/city/20170429/t20170429_523732127.shtml。

国（含印度与巴基斯坦）直接投资存量总额超过 830 亿美元[①]。新签承包工程合同额和完成营业额分别达到 245.1 亿美元和 192.1 亿美元，同比增长 12% 和 27.3%[②]。

2. 基础设施建设与国际产能合作成为新的投资方向

在"一带一路"合作框架下，上合组织成员国努力推动区域交通、能源、电信等领域网络型项目建设。中国企业参与实施的"中国西部—欧洲西部"公路建设快速推进，未来将使中国至欧洲的公路运输里程减少 2000 公里左右。中国与哈萨克斯坦共建的连云港物流运输基地，一期投入运营，二期启动实施，成为连接太平洋与大西洋、实现亚欧大陆陆海联运的重要节点，也使哈萨克斯坦从传统的内陆国家转变为亚欧大陆上重要的过境运输枢纽。中俄同江—下列宁斯阔耶铁路桥、中俄黑河—布拉戈维申斯克公路桥等建设项目进展顺利，黑瞎子岛开发合作项目、滨海 1 号和滨海 2 号国际交通走廊陆海联运合作项目正在积极推进。2018 年初，中—吉（吉尔吉斯斯坦）—乌（乌兹别克斯坦）国际公路正式运行，中国—中亚—西亚国际运输走廊的建设也迈出重要一步。中巴经济走廊建设，带动了巴基斯坦能源和交通等多领域的发展。在构建区域能源网络方面，中国—中亚天然气管线和中哈、中俄原油管线建成运营，中俄天然气东线管道正在加紧建设，中俄合作的亚马尔项目成为全球最大的液化天然气项目，这些工程极大地推动了区域内复合型基础设施网络的形成。

产能合作成为区域投资新的增长点。近年来，各成员国在农业和制造业领域的投资规模逐渐扩大，项目不断增加。中哈签署了总额为 270 亿美元[③]的 51 个产能合作项目清单，涉及能源加工、建材和装备制造等。中吉产能合作包括钢铁、水泥、铁路、建材、农产品加工等领域，中方在吉尔吉斯斯坦投产的炼油厂填补了当地产业空白。中国在塔吉克斯坦建成的热电站保证了当地用电和供暖。俄罗斯承建的田湾核电站为中国带来清洁能源，中俄联合研制远程宽体客机和重型直升机项目落户中国，海尔在俄罗斯鞑靼斯坦共和国建造年产 25 万台冰箱的生产厂。哈萨克斯坦在连云港建立的物流园区成为哈国重要的货物中转基地，中国有色金属建设股份有限

---

① 商务部、国家统计局、国家外汇管理局：《2017 年度中国对外直接投资统计公报》，中国统计出版社，2018。

② 商务部网站。

③ 《宁吉喆谈中哈产能合作：已形成总额 270 亿美元重点项目清单》，中国网，2017 年 5 月 12 日，http://finance.china.com.cn/news/20170512/4210804.shtml。

公司在哈萨克斯坦巴甫洛达尔建造了哈国最大，也是唯一的电解铝厂，为哈萨克斯坦实现产业升级创造了有利条件。

（五）区域贸易便利化水平不断提高

为了推动区域贸易便利化，2004 年以来，成员国签署了《上海合作组织成员国政府海关合作与互助协定》、《上海合作组织成员国海关对能源监管信息交换议定书》、《上海合作组织成员国海关培训和提高海关关员专业技能合作议定书》、《上海合作组织成员国海关知识产权保护合作备忘录》、《上海合作组织成员国海关关于发展应用风险管理系统合作的备忘录》和《上海合作组织成员国海关执法领域合作议定书》等一系列合作文件。2016 年，成员国签署了《上海合作组织成员国多边公路运输便利化协定》，为推进区域运输便利化创造了重要条件。经各方的共同努力，2008～2018 年成员国的贸易便利化状况得到不同程度的改善。根据世界银行发布的年度"全球营商环境报告"，在标志区域贸易便利化水平的"跨境贸易指数"上，成员国的贸易便利化状况评估指标明显好转。

在 2008 年参评的 178 个国家中，除俄罗斯以外，上合组织其他成员国的排名均位于最后 10 位，而 2018 年参评的 190 个国家中俄罗斯、哈萨克斯坦和吉尔吉斯斯坦已处于中等水平，塔吉克斯坦和乌兹别克斯坦处于中下水平。除乌兹别克斯坦外，上合组织其他成员国的排名均有不同程度的改善（见图 3）。

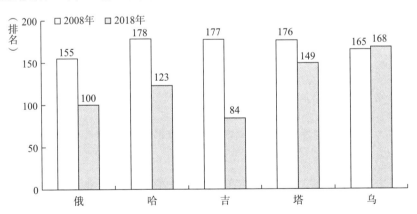

图 3　2008 年和 2018 年上合组织部分成员国"跨境贸易指数"全球排名

资料来源：The World Bank，Doing Business 2008 and Doing Business 2018。

2018 年俄罗斯、哈萨克斯坦、吉尔吉斯斯坦、塔吉克斯坦和乌兹别克斯坦五国的出口贸易成本较 2008 年明显下降（见图 4）。

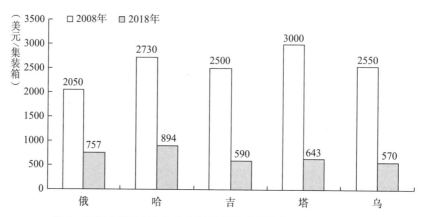

图 4　2008 年和 2018 年上合组织部分成员国出口贸易成本比较

资料来源：The World Bank，Doing Business 2008 and Doing Business 2018。

　　同期，中国、俄罗斯、吉尔吉斯斯坦、塔吉克斯坦和乌兹别克斯坦五国的进口贸易成本大幅度下降（见图5）。推进贸易便利化有利于降低贸易成本，为扩大区域贸易规模创造重要条件。

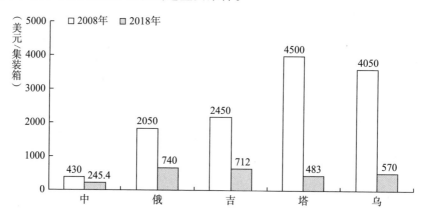

图 5　2008 年和 2018 年上合组织部分成员国进口贸易成本比较

资料来源：The World Bank，Doing Business 2008 and Doing Business 2018。

　　18 年来，各成员国不断优化贸易投资环境，通过产业互补，提升合作水平，推动区域经济合作不断发展，为各经济发展注入新动力，大大提高了各国人民的生活水平。2017 年与 2001 年相比，全球人均 GDP 的平均增幅约为 83%，而同期上合组织成员国的人均 GDP 增长了 2~8 倍，远远高于全球平均增幅，极大地增强了人民的获得感和幸福感（见图6）。上合组织也成为全球区域经济合作的典范，其国际影响力不断提升。

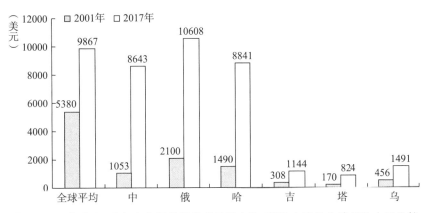

图6 2001年和2017年上合组织部分成员国人均GDP水平及全球平均水平比较
资料来源：List of countries by GDP（nominal），Wikipedia，the free encyclopedid。

二 扩员后上合组织区域经济合作面临的机遇与挑战

扩员后，上合组织成员国从中亚延展到南亚，形成广阔的区域合作组织，其未来发展既面临新机遇，也面临诸多挑战。

（一）上合组织发展机遇前所未有

扩员后上合组织8个成员国的人口、经济总量和贸易额分别占全球的42%、17.5%和30%。若涵盖观察员国和对话伙伴国总计18个国家，那么该组织占全球人口、经济总量和贸易额的比重分别为45%、26.1%和33.9%，市场潜力巨大。扩员对于区域经济合作将产生积极影响，这主要体现在以下方面。

1. 有利于提升区域内互联互通水平

扩员后，上合组织将中亚和南亚连为一体，并辐射西亚和独联体等区域。该区域是构建"一带一路"跨境能源网络、交通运输网络和通信网络的必经之地，是连接亚欧大陆的中心区。"一带一路"规划建设的6条跨境经济走廊中的4条，即中蒙俄经济走廊、新亚欧大陆桥经济走廊、中国-中亚-西亚经济走廊、中巴经济走廊均在该区域内，同时包括孟中印缅经济走廊的部分地段，这有利于构建亚欧大陆上的南北通道，为区域内各国加强经贸合作创造更为有利的基础设施条件。

2. 开辟了更广阔的市场，有利于拓展全方位经贸合作

扩员后，上合组织形成巨大的消费市场，尤其是巴基斯坦和印度两国

正处于工业化快速发展阶段，经济发展空间较大。据世界贸易组织秘书处预测，至 2035 年中俄印三国在全球经济中的比重将达到 25% ~ 33%[①]，该区域将成为全球经济的主要增长极，这为区域经济合作发展描绘了良好的发展前景，为密切成员国之间的经贸往来创造了新条件。此外，上合组织成员国之间经济互补性较强，俄罗斯和中亚的能源储量居世界前列，中亚地区探明的石油储量超过 113 亿吨，大约相当于全球石油探明总储量的 2.5%；天然气探明储量超过 23 万亿立方米，大致相当于同期全球探明总储量的 10.6%[②]。这可为区域内各国提供丰富的能源，为拓展能源贸易与投资提供了新机遇。根据印度政府预测，至 2025 年印度的服务业产值将达到 3 万亿美元[③]，占 GDP 的 60%。目前印度承接的软件外包业务约占全球软件外包市场的 2/3，因此印度被称为"世界办公室"，但印度的软件服务业主要针对发达国家市场，未来可向上合组织各国提供服务产品。中国是名副其实的"世界工厂"，在 220 种工业产品上产量居世界第一位[④]，可为各国提供大量的生产性技术以及相关产品。如果上合组织成员国发挥各自的产业比较优势，为中亚国家寻求能源消费市场，为印度拓展服务业消费市场，为中国开拓工业品销售市场，那么区域经济合作将具有更加广阔的发展空间。

3. 有利于提升区域贸易投资自由化与便利化水平

迄今，上合组织成员国虽然在贸易便利化领域取得了一定进展，但就建立自由贸易区的长远目标来说还未达成共识，这在很大程度上制约了区域经济合作的深化。扩员为此带来了新的希望与合作范例。中国与巴基斯坦先期已签署了自由贸易协定，目前进入升级版，从货物贸易延展到服务贸易与投资，中巴经济走廊的建设为此树立了典范。中国与印度正在推进区域全面经济伙伴关系（RCEP）谈判，推动 16 国达成一个现代、全面、高质量、互惠的一揽子经济伙伴关系协定，在本区域营造开放的、促进贸易和投资的环境。这些合作范例为推进上合组织框架下贸易投资自由化提供了新思路，也指出了未来的发展目标，并为提升区域经贸合作水平提供

---

① 世界贸易组织：《2013 世界贸易发展报告》。
② 胡建：《中国与中亚国家能源合作的现状与未来》，《中国信息报》（网络版）2017 年 3 月 12 日。
③ 《7 年内印度 GDP 将达到 5 万亿美元》，腾讯财经，2018 年 3 月 16 日。
④ 《李国斌：中国 220 种工业产品产量居世界第一》，人民网，2015 年 12 月 18 日，http://finance. people. com. cn/n1/2015/1218/c1004 - 27947503. html。

了新路径。

（二）未来上合组织发展面临的挑战

尽管扩员给上合组织的发展带来了新机遇，但是成员国的增加无疑对深化区域经济合作也构成了新挑战。

1. 成员国之间经济发展水平差异大导致利益诉求多样

图7显示，2017年上合组织8个成员国中，中国、哈萨克斯坦和俄罗斯为中高收入国家，吉尔吉斯斯坦、乌兹别克斯坦、印度和巴基斯坦为中低收入国家，而塔吉克斯坦为低收入国家[①]。各国经济发展水平不同表明各国所处的工业化发展阶段相异，产业发展方向不同，各国经济的开放度也千差万别。例如，中国处于工业化快速发展的后期，需要大力发展创新产业以及服务业，加大市场开放力度，采用准入前国民待遇和负面清单管理制度。中低收入国家还处于工业化起步阶段，需要大力推动基础设施建设，并在一定程度上扶持本国工业发展，因此其国内的市场开放度相对较低。因而各国在区域经济合作方向上难以达成一致，各方迄今仍未就建立自由贸易区达成共识就是一个佐证。

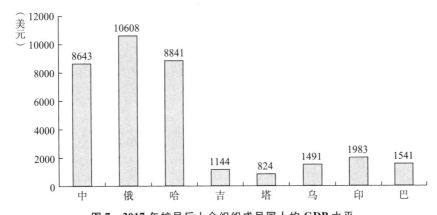

图7 2017年扩员后上合组织成员国人均GDP水平

资料来源：List of countries by GDP（nominal），Wikipedia，the free encyclopedid。

2. 协商一致原则制约合作进程

《上海合作组织宪章》明确规定：决议按"除有关成员国一票外协商一致"原则通过。这一原则虽然顾及所有成员国的利益，但由于各国经济发

---

① 中高收入国家（人均GDP为4126~12735美元）；中低收入国家（人均GDP为1046~4125美元）；低收入国家（人均GDP不高于1045美元）。此为世界银行标准。

展水平不同，利益诉求多样，各国通常根据自身的需要做出相关决策，导致部分重要决定难以通过，更难以付诸实施，上合组织开发银行迟迟未能组建就是一个事例。扩员后，成员国的增加进一步加大了协调工作的难度，协商一致原则亟须做出调整，否则区域经济合作将可能陷入停滞不前的困局。

3. 协调机制的效率亟待提高

上合组织建立了较为全面的区域合作机制，从元首会晤、总理会晤至部长级会晤等几十个机制，虽然保障了上合组织的正常运转，但决策程序的复杂冗长严重制约了机制运行效率。每年元首会晤或总理会晤之前，各类文件因协调时间过长而难以达成一致，故被迫搁置。扩员之前，6 个成员国中俄罗斯、哈萨克斯坦、吉尔吉斯斯坦、塔吉克斯坦和乌兹别克斯坦源于同一体制，体制相似易于达成共识。扩员后，印度和巴基斯坦与创始成员国的体制差异甚大，各国元首的权限范围不同，既有合作机制难以适应未来合作的客观需要，对于区域经济合作的制约更加凸显。目前在大力推动服务业、高新技术以及产能合作等以市场为导向的各领域的合作中，政府主导的合作机制难以迅速对市场需求做出反馈，常常贻误合作机遇，合作机制改革已迫在眉睫。

三　未来上合组织区域经济合作的发展方向

面对上合组织扩员后的种种挑战，各国应本着求同存异的原则，发挥各自优势，以包容互利的态度参与经济合作，力争为区域以及本国经济发展提供新动能。

（一）以新型合作观推进区域贸易投资自由化与便利化

在 2018 年 6 月份的上合组织青岛峰会上，习近平主席发表了题为《弘扬"上海精神" 构建命运共同体》的演讲，首次提出了新型合作观，"我们要秉持开放、融通、互利、共赢的合作观，拒绝自私自利、短视封闭的狭隘政策，维护世界贸易组织规则，支持多边贸易体制，构建开放型世界经济"。新型合作观倡导以世界贸易组织的多边贸易规则为区域经济合作的基本原则，推进贸易与投资自由化和便利化，为未来区域经济合作提出了新的合作理念，成为引领合作的重要指南。

（二）推动体制机制改革以提高协调效率

在上合组织区域经济合作方面，亟须转变政府协调机制的功能，将其转向制度建设、改善政策和营商环境、奠定合作的法律基础等。与此同时，充分调动民间（包括地方）和企业的积极性，促进其开展直接合作，减少政府的直接干预。在保证"协商一致"原则的前提下，可采用创始成员国模式开展合作。对于新的合作倡议可以小多边形式为起点，其他国家根据自身的意愿与发展水平随时加入，由此形成双边、小多边和区域相结合、多层级合作机制，增强合作的灵活性，提高合作效率。例如，推进以企业为主体的电子商务联盟、中小企业联盟，拓展地方合作平台等。此外，应大力吸收观察员国和对话伙伴国参与区域经济合作，拓展合作领域。

（三）探讨修订《上海合作组织成员国多边经贸合作纲要》

《上海合作组织成员国多边经贸合作纲要》是成员国开展区域经济合作的纲领性文件，旨在确定合作的近期、中期和远期发展目标，以及合作方向与合作机制。该纲要于2003年签署，已执行16年。16年来，上合组织区域经济合作取得了显著进展，尤其是中方"一带一路"倡议为区域经济合作指出了新方向，扩员也对合作内容和合作机制提出了新要求。因此，迫切需要根据区域经济合作的新形势及时修订纲要的内容，力争将实现区域内贸易与投资的自由化列为发展的最终目标。应将此项工作列入合作日程，力争早日启动。

（四）大力推进贸易便利化进程

在上合组织青岛峰会上各国领导人签署了《上海合作组织成员国元首关于贸易便利化的联合声明》，将贸易便利化作为未来区域经济合作的重要方向，强调了"简化海关程序，减少与货物进口、出口和过境相关的手续，提高透明度和加强包括海关在内的边境机构合作"等具体合作内容。为此，各成员国应以世界贸易组织《贸易便利化协定》为基础探讨商签《上海合作组织贸易便利化协定》等制度性文件，制定分年度、分领域的滚动实施方案，定期评估并提出完善建议，以保障贸易便利化取得预期成效。

应进一步加强海关合作，包括：加强并完善海关工作组的合作机制；吸收印度和巴基斯坦海关机构加入工作组；提升海关合作机制的级别，为深化贸易便利化提供强有力的机制保障。

与此同时，以差异化原则、由点带面推动贸易便利化合作。鉴于成员国经济发展水平的差异，可根据各国的情况，分层级渐进推进贸易便利化进程。一方面，积极落实已签署的《中华人民共和国与欧亚经济联盟经贸合作协定》，率先在签署国之间实施已达成的贸易便利化方案，为其他国家做出示范。另一方面，吸收有意愿参与合作的观察员国和对话伙伴国，包括白俄罗斯和蒙古国等，拓展合作区域。

加强贸易便利化的能力建设至关重要。上合组织成立 18 年来，各方签署了《上海合作组织成员国海关培训和提高海关关员专业技能合作议定书》，关员培训与相互交流对深化上合组织海关合作发挥了积极作用。未来该合作机制应吸收印度和巴基斯坦，同时考虑向观察员国和对话伙伴国开放，以全面提升区域贸易便利化能力建设水平。

综上所述，展望未来，全球经济仍处于缓慢复苏之中，单边主义和贸易保护主义升温，逆全球化潮流愈演愈烈，以世界贸易组织为核心的多边贸易体制面临严峻挑战，实现共同繁荣与发展，构建开放型世界经济是各国面临的艰巨任务。在这种形势下上合组织区域经济合作的外部环境日趋复杂，成员国经济发展存在更多的不确定性。在首次扩员后，上合组织需要制定符合新时代要求的合作纲领，确定未来合作的重点方向与领域，加强成员国之间利益的协调并维持利益的平衡，提高合作机制的运行效率，大力提升区域金融合作水平，加快区域贸易自由化进程等。

在机遇与挑战并存的形势下，由新兴经济体和发展中国家组成的上合组织，代表了未来世界发展的重要力量。只要各国秉持"上海精神"，坚持对话协商、共建共享、互利共赢，共同推进"一带一路"建设，在国际经济金融领域、发展合作领域、新兴领域、周边区域等领域深化合作，必将拉动区域经济发展，使其成为全球经济新的增长极，不断推动区域经济合作取得新成就，将其打造成构建人类命运共同体的典范。

中国与上海合作组织其他国家地学合作
进展与展望

李建星　马中平　吕鹏瑞　何子鑫[*]

摘　要　本着"促进地球科学理论与技术进步，助力绿色矿业经济健康发展，服务上海合作组织国家的经济和地球科学发展"之目的，中国－上海合作组织地学合作研究中心与上海合作组织其他成员国开展了广泛的地学合作与交流，在国际合作网络建设、基础地质、水文地质、工程地质、环境地质、灾害地质及人才培养与成果交流等方面取得了丰硕成果。同时，面临多边合作机制建设有待完善、合作经费有待保障及合作能力有待提高等诸多挑战。面向未来，上海合作组织国家间的地学合作将聚焦地球科学与技术前沿，结合区域发展需求，围绕古亚洲和特提斯两大构造域的重大资源环境问题和地球系统科学问题，进一步完善上海合作组织地学合作网络，并开展全方位、多领域的多（双）边国际地学合作研究，培养国际地学科技人才，促进成果转化，推动上海合作组织国家地学领域科技进步与经济社会发展。

关键词　上海合作组织　地学合作　地学合作研究机构

一　中国－上海合作组织地学合作研究中心概况

地理上，中国与俄罗斯、哈萨克斯坦等上海合作组织（以下简称"上合组织"）国家直接或间接相邻。大地构造上同属古亚洲及特提斯两大全球构造域，有着相似的地质演化历史、成藏与致灾条件。在不同国家间开展针对构造带演化的综合对比与研究，不但有利于深化对地质演化的认识，而且有利于不同国家的地学能力建设。在与中西亚、南亚国家前期合作的基础上，在中国外交部和自然资源部（原国土资源部）的直接推动下，2014年10月，"中国－上海合作组织地学合作研究中心"（以下简称"地学中心"）

---

* 李建星、马中平、吕鹏瑞、何子鑫，中国－上海合作组织地学合作研究中心。

依托自然资源部中国地质调查局西安地质调查中心正式成立。地学中心是继上合组织国际司法交流合作培训基地和上合组织环境保护合作中心之后设立的第三个上合组织国际合作中心。

地学中心的目标和宗旨是凝聚国内外地学领域一流科学家，开展地质－资源－环境等地学问题的国际合作研究，开展科技交流与人才培养，促进地球科学理论与技术进步，助力绿色矿业经济健康发展，服务于上合组织国家的经济和地球科学发展，丰富和拓展上合组织内涵，服务于"一带一路"建设，为构建人类命运共同体做出贡献。

自成立以来，地学中心始终秉持自身的发展宗旨，对外通过联合编图、基础地质对比研究、地球化学调查、国际会议举办等方式，与上合组织国家开展广泛而深入的合作交流。对内，努力完善自身建设。截至目前，地学中心已拥有独立展厅，集中展示了该中心的发展历程与系列成果；推出了涉及地学中心资讯、上合组织国家地学动态、矿业投资环境和矿业企业动态的《上海合作组织国家地学快讯》（双月刊）；编制了涵盖地质、地貌、气候等领域的《上海合作组织国家地学图集》；建设并实时更新门户网站板块；制作了地学中心宣传册与宣传片；编写了地学中心中长期发展规划。

二　地学合作主要进展

历经 4 年多的发展，地学中心与上合组织其他成员国开展了广泛的地学合作与交流，在国际合作网络建设、地球化学填图、基础地质、水文地质、工程地质、环境地质、灾害地质及人才培养与成果交流等方面取得了丰硕成果。

（一）凝聚共识，国际地学合作网络日趋完善

上合组织国家同处欧亚大陆，地理位置上毗邻，同属古亚洲和特提斯两大全球构造域，有着相似的地质演化历史。为推动中国与上合组织其他成员国间的地学合作，中国自然资源部、中国地质调查局已经与俄罗斯、哈萨克斯坦、吉尔吉斯斯坦、塔吉克斯坦、乌兹别克斯坦、巴基斯坦、印度、伊朗、蒙古国、柬埔寨、土耳其等 11 国地学机构签署了地学领域谅解备忘录、项目合作协议及意向书近 40 份，实施合作项目近 50 项，覆盖上合组织国家的国际合作网络正在形成。

利用中国国际矿业大会、国际地质大会、欧亚经济论坛、丝绸之路博览会等平台，积极搭建形式多样的多边合作平台，多领域推进上合组织国

家务实合作。会同联合国教科文组织国际岩溶研究中心、联合国教科文组织全球尺度地球化学国际研究中心、世界地质公园网络办公室等国际组织，与上合组织其他成员国在岩溶环境与气候变化、地球化学填图、地质遗迹和地质公园、地学人才联合培养等领域开展多边合作，进一步拓展上合组织国家地学合作网络，夯实中国-上合组织国家地学合作基础。

（二）基础先行，地质地球化学填图合作不断深入

为解决资源、环境、民生以及大量基础设施建设问题，需要夯实基础地质调查工作，提供基础地质信息支撑服务。近年来，本着互学互鉴、互利共赢的原则，中国与俄罗斯、哈萨克斯坦、吉尔吉斯斯坦、塔吉克斯坦、乌兹别克斯坦、伊朗、蒙古国、柬埔寨、土耳其等国家开展了地质地球化学填图合作，实施 1∶100 万比例尺低密度地球化学填图约 390 万平方千米，1∶25 万至 1∶20 万比例尺区域地质、地球化学填图约 4 万平方千米，在重要地质构造带开展联合地质考察、矿床学研究等工作。

编制各种比例尺的地质、地球化学系列图件及自然重砂系列图件、遥感影像图件近 1000 幅，采集野外样品 2 万余件，获取测试数据数十万条，加深了合作国基础地质调查工作程度，为合作国自然资源与环境开发利用可持续发展提供了基础地质数据支撑，提高了合作国引进矿业企业跟进投资的能力。

（三）科技引领，地球科学合作研究初显成效

中国与上合组织其他成员国具有相似的地质构造背景，解决区域构造演化过程对资源环境效应的制约等关键地质问题是上合组织国家地学机构的共同愿望。

中国与上合组织其他成员国在基础地质问题科学研究（例如，古亚洲及特提斯构造域关键地学问题研究 IGCP－662）、区域矿产资源成矿规律对比研究、遥感技术推广（例如，GF－5、ZY－3）等方面取得初步成效。与俄罗斯、哈萨克斯坦、吉尔吉斯斯坦、塔吉克斯坦、乌兹别克斯坦、巴基斯坦、蒙古国、柬埔寨等上合组织国家地学机构开展合作，编制完成 1∶500 万比例尺亚洲地质图、1∶500 万比例尺亚洲水文地质系列图，以及 1∶250 万至 1∶50 万比例尺地质矿产图、大地构造图、成矿规律图等图件 20 余幅，为解决关键地质问题、指导区域找矿、丰富区域地学理论提供了科学依据。

遥感卫星数据和遥感解译技术已被应用到上合组织国家基础地质研究，

获得了对上合组织国家地质构造演化的新认识。利用中外卫星获取的遥感数据,俄罗斯、哈萨克斯坦、吉尔吉斯斯坦、塔吉克斯坦、乌兹别克斯坦、巴基斯坦等9个国家开展了1∶100万至1∶25万遥感地质合作,编制了断裂构造、褶皱构造、环形构造、岩性地层、侵入岩、矿床、交通和水文地质环境等解译内容的专题图件。目前,中国 GF−1、GF−2、GF−5、ZY−3 等遥感卫星能够提供全球范围的 1 ~ 16m 遥感数据,足够为区域构造与成矿研究提供数据与技术支持。

(四)服务民生,水工环灾地质领域合作成效显著

随着社会经济的快速发展,经济建设与生态环境之间的矛盾日益突出,资源紧缺、环境污染、生态失衡等一系列问题,已成为人类经济社会发展的瓶颈。上合组织国家多地处内陆、远离海洋、高山环绕、生态脆弱、地质灾害频发,水文地质、工程地质、环境地质及灾害地质研究在改善生态环境、防灾减灾,以及重大工程部署过程中起着无可替代的作用。

中国与哈萨克斯坦、吉尔吉斯斯坦、塔吉克斯坦、乌兹别克斯坦、巴基斯坦、柬埔寨等国合作绘制了1∶500万至1∶50万比例尺水文地质图、地下水资源图、地下水质量图、地震分布图、崩塌灾害分布图、水土流失图、海岸带侵蚀分布图、岩溶地质图等专业图件20余幅,为上合组织国家在重大基础设施建设、土地开发规划等方面提供技术支撑,为社会经济发展与生态文明建设提供科学依据。

(五)共建共享,上合组织国家地质实验室援建逐步推进

地质实验室作为地学领域科技创新体系的重要组成部分,是各国组织高水平基础研究和应用基础研究、聚集和培养优秀地球科学领域科学家、开展高层次学术交流的重要基地。目前,中国与上合组织其他成员国积极推动地学基础设施建设合作,组织实施柬埔寨国家地质实验室、吉尔吉斯共和国国家中心实验室、中巴地球科学联合中心等的援助建设或升级改造。

2015 年 9 月,广西壮族自治区地质矿产勘查开发局与柬埔寨矿产资源总局签署了柬埔寨国家地质实验室建设的合作协议。实验室建成后将形成较完整的地质样品检测能力,可完成常规有色金属、贵金属、黑色金属、非金属等地质样品及1∶5万区域化探样品的检测工作,将为柬埔寨初步建立起地质实验测试体系。目前,已完成柬方10名检测骨干人员的技术培训,实验室基础设施正在建设中。

2016 年 5 月，陕西地矿集团有限公司（原陕西省地矿总公司）与吉尔吉斯斯坦地质矿产资源委员会签署了矿产资源勘查开发战略合作框架协议。根据协议，陕西地矿集团有限公司将与吉方建立矿产资源勘查开发合作机制，帮助吉尔吉斯共和国国家中心实验室进行改造升级。目前，双方已将相关工作及时列入计划安排，按照国家法律法规和相关工作程序，积极推进实施，力争使实验室升级改造项目早日落地生根。

2017 年 11 月，中国科学院与巴基斯坦高等教育委员会（HEC）就共建中巴地球科学联合中心达成共识。双方希望以共建中巴地球科学联合中心为契机，加强两国减灾、防灾科研力度，推进生态环境保护和绿色环保资源利用，深化中巴科技合作，打造"一带一路"科技合作的窗口与范式，促进巴基斯坦实现可持续发展，提升中巴全天候战略合作关系。目前，中国科学院成都山地灾害与环境研究所、中国地质调查局西安地质调查中心、巴基斯坦地质调查局、巴基斯坦国家灾害管理局、巴基斯坦国立科技大学、白沙瓦大学等单位正在积极推动"中巴地球科学联合中心"的筹建工作。

（六）以人为本，地学人才培养与交流成果突出

提升地学研究水平，人才是关键。中国以平等、互利、共赢为宗旨，中国地质调查局致力于与上合组织其他国家开展人才交流与合作，通过学历学位教育、短期研修、开展国际培训班、邀请高级访问学者、学术交流、项目合作等多种方式，与上合组织其他国家开展人才交流与合作，共同提升中国与上合组织其他国家地质调查能力与技术水平。

自上合组织成立以来，中国一如既往地支持上合组织国家间的教育合作，向各国提供中国政府奖学金名额，推动上合组织教育合作进一步发展。北京大学、中国地质大学（武汉）、中国地质大学（北京）、西北大学、长安大学、南京大学、兰州大学、吉林大学、中国科学技术大学、中国矿业大学、中国石油大学、成都理工大学、河北地质大学、昆明理工大学等中国地学类高校，分别为上合组织国家培养基础地质、矿产资源评价、环境地质、水文地质、灾害地质、能源地质、矿产资源开发、测试分析等领域各类专业人才。截至目前，仅中国地质大学（武汉）、长安大学、兰州大学三所高校就培养了地球科学、地质调查、矿产资源评价、测试分析等领域进修生、本科生、硕士、博士、短期生等 1312 名。

2014 ～2018 年，中国地质调查局邀请高级访问学者 30 余人次，邀请上合组织其他国家地质矿产领域政府部门官员、专业技术人员来华研修及短

期培训近 20 期，培训技术人员 300 余人次，培训内容涉及地理信息数字填图、跨境联合编图、矿产资源勘查技术、矿业管理、油气资源勘查、地球化学填图、地质灾害防控等领域；通过项目合作为吉尔吉斯斯坦、塔吉克斯坦、乌兹别克斯坦、巴基斯坦、伊朗、蒙古国、柬埔寨等国家培养地学专业技术人员 200 余名。

此外，中国与俄罗斯、哈萨克斯坦、吉尔吉斯斯坦、塔吉克斯坦、乌兹别克斯坦、巴基斯坦、白俄罗斯、伊朗、蒙古国、柬埔寨等上合组织国家举行交流互访 50 余次，举办、参加各类国际会议 40 余次，邀请上合组织成员国、对话伙伴国及观察员国参会，探讨地学领域热点问题及地学合作规划，进一步加强中国与上合组织其他国家地学领域的合作交流。

三 形势与挑战

经过几年的发展，上合组织国家间地学合作取得了一定的成果，国际合作已渐入佳境。但由于地域、经济、发展需求及各国地学能力的差异性，上合组织国家间的地学合作形势依旧严峻，面临诸多挑战。

（一）当前形势

虽然科学无国界，但上合组织国家政局（尤其是地学领域部门）是否稳定直接影响着地学领域的国际合作。对于许多国家的多双边合作来说，国家政策变动，甚至是部门负责人调整都会带来国际合作的"地震"。例如，为推动中哈合作，在年度中哈峰会框架下，两国地学部门举办"中哈合作委员会地质与矿产利用分委会会议"，但近年来该协调会被取消，这直接影响到区域地学合作。吉尔吉斯斯坦国家工业、能源与资源利用委员会（吉尔吉斯斯坦地矿主管部门）部门负责人的变动直接影响了中吉合作的领域及工作内容。2017 年，中国－乌兹别克斯坦政府间合作委员会科技合作分委会将地球科学纳入了两国科技合作范畴，中国科技部将地学领域合作纳入了国家重点研发计划政府间国际科技创新合作重点专项，但与乌方几经联系，乌方没有响应，最终导致项目流产。

上合组织国家内部经济发展状况差异较大，地学领域投入不一。近年来，上合组织成员国不同程度地陷入"增长困境"，对地质行业的主观态度和资金投入差异很大。虽然矿产资源较为丰富的塔吉克斯坦、吉尔吉斯斯坦等国也深知矿业发展在社会经济发展中的重要作用，但因国力有限对地学领域的投资也甚为有限。当下，两国尚无地学工作所需基本组成——地质实验室。因此，与这些国家合作，中国可能面临着出钱、出人、出技术全面输出的尴尬局面。

上合组织国家对资源能源以及自然灾害防治的认知不一，由此导致各方对地学合作利益诉求存在明显差异。如科技实力较强的俄罗斯和乌兹别克斯坦，倾向于面向地球科学与技术领域的合作；但资源较为丰富的塔吉克斯坦、吉尔吉斯斯坦、伊朗等国则更侧重于应用领域，希望通过地学合作将资源优势转化为经济优势；白俄罗斯等国则希望在环境保护方面开展合作。要设立同时满足不同国家需求的合作项目仍然困难重重。

（二）面临的主要挑战

多边合作机制有待进一步完善。就上合组织国家在地学领域的合作模式来看，上合组织框架内的合作主要包含双边和多边两种路径。处理好双边合作与多边合作的关系，使两者之间形成相互配合、相互促进的良性互动模式，是推动上合组织稳健发展、提高上合组织制度效率的重要保障。双边合作具有可操作性强、落实效率高、受第三方干预和影响的可能性低等特点。而对于地质行业而言，虽然地质特征有区域差异性，但是对同一构造单元演化进行多边合作能够更加有效地促进合作成果的转化。但从总体上看，现今合作主要都局限于双边合作，多边合作乏力。这与地学中心成立的目标及定位有一定差距。从目前来看，中国－上海合作组织地学合作研究中心并不直接隶属于上海合作组织，尚不是上合组织旗下的组织机构，而是以中国为主导发起的与上合组织其他国家开展多双边合作的组织，这与 CCOP（东亚东南亚地学计划协调委员会）及独联体国家政府间矿产资源勘查、开发利用与保护委员会等区域性地学组织的组织模式及运行机制存在明显的差异，这在一定程度上会影响总体功能发挥。影响多边合作的主要因素包括组织机构是否完善、运行经费是否稳定、各国需求是否存在差异、资源能源敏感度甚至对中国的崛起是否防备等诸多方面。

合作内容有待进一步深化。目前中国与上合组织其他国家间地学合作的领域包括基础地质、水文地质、工程地质、环境地质、灾害地质及人才培养等。各领域的合作目前多处在彼此相互了解阶段，如基础地质方面主要是开展了面向构造带的地质编图、开展了小比例尺的地球化学调查等；水文地质、工程地质及环境地质领域仅处于联合编图阶段，实质性的野外调查尚未铺开；人才培养虽然已经有了学位教育、访问学者及短期专业技能培训等不同级次，但是缺少人才培养的总体规划，尚未建立统筹利用大学人才优势与国家相关部委政策和资金优势的联合机制。联合实验室侧重前期基地建设和仪器设备购置，后期能力建设滞后。显然，各领域合作内容需要突出重点，深化合作。

能力建设有待进一步提高。苏联解体后，许多苏联国家的地质行业几乎在一夜之间陷入绝境。大量地质人才的流失，出现了严重的人才断代问题。这导致青年人才的发展出现困难，进而制约整个行业的发展，在某种程度上也影响着上合框架下的双边、多边合作。国内，中国地质调查局成立之前也经历了十年萧条，也出现了十年"人才断层"的尴尬局面。在各国侧重软实力建设的格局下，提高能力建设必将大大有助于地学领域成果深化。

四　未来展望

上合组织成立 18 年来，安全、经济、人文等领域的合作取得丰硕成果，为维护亚欧大陆和平稳定、促进地区发展繁荣做出了积极贡献。2018 年 6 月，上合组织青岛峰会通过了《青岛宣言》，描绘了上合组织迈入历史新阶段的发展蓝图。习近平主席同各国领导人就新形势下进一步弘扬"上海精神"、增进新老成员国团结互信、构建更加紧密的上合组织命运共同体、推动构建人类命运共同体达成共识，为上合组织未来发展注入了强劲动力。2017 年 12 月，李克强总理在出席上海合作组织成员国政府首脑（总理）理事会第十六次会议时表示："中方愿与各国加强创新政策对接，倡议各方落实好《上合组织成员国科技伙伴计划》，加强地学、航天等领域多边合作，以项目合作为依托，建立联合实验室、技术转移中心等长效合作平台。"2016 年 9 月，中国地质调查局与西安市人民政府签署共建"中国－上海合作组织地学合作研究中心"合作协议，提出要将地学中心建成面向上海合作组织国家的国际地学合作机构，打造上海合作组织地学名片。

地学中心积极把握难得的历史机遇，同时对未来的发展充满信心。展望未来，地学中心将充分发挥地质调查先行和科技引领作用，围绕"一带一路"建设的核心任务，面向世界地质科技前沿和国家重大需求，聚焦古亚洲和特提斯两大构造域的重大资源环境问题和地球系统科学问题，通过建立上合组织地学合作网络和开展全方位、多领域的多（双）边国际地学合作研究，培养国际地学科技人才，促进成果转化，推动上合组织国家经济社会发展与科技进步，服务中"一带一路"建设。同时，努力将上合组织地学中心打造成为具有国际影响力的地学合作研究中心、人才交流与培训中心、上合组织地学科技创新平台。

为实现这一宏伟蓝图，地学中心制定了相应的任务体系和落实举措，从合作机制、合作领域、服务社会等不同方面推动目标实现。

（一）主要任务

完善上合组织地学多边合作机制：充分利用欧亚经济论坛、国际矿业大会、国际地质大会等平台，举办上合组织国家地学合作论坛、圆桌会议，构建地学高层（地调局局长）对话机制，推动多（双）边、多层次国际地学合作。

开展地学科技合作：资源、生态与环境问题的综合性和复杂性研究，对未来地球科学发展至关重要，这要求地球科学研究与创新要立足于全球，从地球整体观、系统观和多时空尺度上，认识发生在地球系统及各圈层中的物理、化学、生物过程及其相互作用；发起面向上合组织国家的地学合作计划——古亚洲构造域地质演化及其资源环境效应，聚焦资源环境和地球系统科学问题，开展联合攻关。

人力资源培训：充分了解合作国需求，与西北大学、长安大学、中国地质大学、中国地质科学院等国内地学类高校、科研院所建立博、硕士联合培养基地；持续推进高级访问学者计划；利用商务部、外交部等专项资金，开展地矿管理官员研修班和专业技术人才培训，构筑完善的人才交流与培训体系。

组织召开国际地学计划年度学术会议：搭建国际地学合作交流新平台，将学术委员年度工作会议打造成交流国际合作项目研究进展、研讨地球科学前沿问题、促进国际地学合作交流的平台，提高国际地学计划的学术影响力；组织更多专家学者参加年度学术会议；尝试与中国地学联盟（CGU）等国内大型学术组织合作办会，设置国际地学计划年度学术会议分会场。

建设矿业权交易平台：充分发挥西安市人民政府、中国冶金科工集团有限公司、中国煤炭地质总局、中国有色矿业集团有限公司等的政府及企业职能，筹建"丝绸之路国际矿业权交易所"。

加强地学中心与其他国际地学组织的联系：调研可能与地学中心相关联的其他国际地学组织，包括职能、定位、性质、重点研究领域和运行机制，尝试建立与相关国际地学组织的联系，寻求开展或深化合作的切入点和方式，进一步提升地学中心的国际影响力。

（二）落实举措

实施"上海合作组织国家地学合作计划"：围绕并立足于丝路沿线古亚洲、特提斯两大构造域基础地质、能源资源、环境地质等领域地球系统科学重大问题，牵头策划、实施"上海合作组织国家地学合作计划"，深化对两大构造域地质科学问题的认识，推动上合组织国家间的国际交流与合作。

定期举办上合组织国际地学机构高层圆桌会议和国际学术会议：充分利用欧亚经济论坛、中国国际矿业大会、国际地质大会等平台机制，举办上海合作组织国家地学合作论坛、圆桌会议，构建地学高层（地调局局长）对话机制，推动构建双边、多边及多层次的国际地学合作；针对重大基础地质、资源能源与环境问题开展专题性学术研讨，推动地球科学创新发展。

推动国际地学联合实验室建设：充分利用科技部、商务部、外交部等多渠道资金，结合上海合作组织国家需求，积极吸收、汇聚国际创新力量和资源，推动建立国际地学联合实验室，通过承担重大科研项目，培养国际化人才，形成对科学研究、人才培养、学科发展的立体支撑，提升创新能力和国际影响力，使之成为开展国际科技合作与交流的学术中心。

建立上合组织国家地学数据共享平台：依托中国地质调查局在境外地质调查与研究的丰硕成果，与上合组织及"一带一路"国家通力合作，建立"丝绸之路经济带地学信息数据交流中心"，利用"地质云"技术建立"一带一路"地学数据共享平台，实现从资料信息、技术支持到法规政策咨询的"一条龙式"服务，盘活"一带一路"矿业经济。

建立"丝绸之路国际矿业权交易所"：基于"一带一路"沿线国家与我国矿产资源、能源互补的特点，根据中国地质调查局与西安市人民政府共建的协议，在中国－上海合作组织信息平台运行的基础上，立足西安市建立"丝绸之路国际矿业权交易所"，搭建国际矿业资源交易的综合平台，促进各国矿业经济发展。

五　结语

中国－上海合作组织地学合作研究中心成立以来，依托中国地质调查局西安地质调查中心，联合中国地质调查局其他局属单位和地方地质调查队伍，在建立国际合作网络的基础上，与上合组织其他国家开展了多领域的务实合作，在基础地质、水文地质等方面取得了丰硕成果，加深了彼此之间的了解，提高了技术水平，培养了具有国际视野的地学人才。当下及未来一段时间内，上合组织国家间地学合作形势总体向好，但也面临着多边合作乏力等挑战。面向未来，要坚守总体目标与合作原则，审时度势，适时调整阶段目标及任务，最终使地学合作能切实服务于推动上合组织国家地学领域科技进步与经济社会发展的目标。

上海合作组织人文合作：相知相亲的桥梁

李自国*

摘　要　上海合作组织成立18年来，人文合作内容不断丰富，范围越来越广，从文化、教育、救灾，拓展至卫生防疫、体育、旅游、媒体、环保、青年交流、文物保护等。各国人民相互认知水平越来越高，认同程度越来越深，不断夯实着上海合作组织合作的社会基础。当然，人文合作也存在一些问题，可以挖潜的空间很大。

关键词　上海合作组织　人文合作　文化交流

一　上海合作组织人文合作的发展历程

上海合作组织（以下简称"上合组织"）自成立之初，人文合作就是其重要合作内容。《上海合作组织成立宣言》开门见山地提出了组织的宗旨，就是"加强各成员国之间的相互信任与睦邻友好；鼓励各成员国在政治、经贸、科技、文化、教育、能源、交通、环保及其它领域的有效合作"。上合组织人文合作开始于文化、救灾、教育，后来逐渐向科技、卫生、体育、旅游、环保等领域扩展，贯穿了上合组织的整个发展历程，在潜移默化中改变着成员国间的关系。

2002年4月11~12日，上海合作组织第一次文化部长会议在北京召开，六国文化部门的高官与会，签署了《上海合作组织成员国文化部长联合声明》，确定了成员国文化合作的任务与方向，正式开启了上合组织的人文合作历程。2005年，在圣彼得堡举行了第二次文化部长会议，从此文化部长会议成为定期会晤机制，每年举行一次，到2018年已举行了15次。2007年8月16日，上合组织成员国签署了《上海合作组织成员国政府间文化合作协定》。

---

* 李自国，中国国际问题研究院欧亚所代所长。

2002 年 4 月 29 日，上合组织首次紧急救灾部门领导人会议在圣彼得堡举行，就灾害预防与紧急互助交换了意见。2005 年 10 月，在第三次上合组织总理会议期间，各国紧急救灾部门领导人签署了《上海合作组织成员国政府间紧急救灾互助协定》。

2006 年 6 月 15 日，上合组织成员国在上海签署《上海合作组织成员国政府间教育合作协定》，同年 10 月 19 日，上合组织举行了首次教育部长会议。会议决定成立教育专家工作组，以落实教育合作具体项目。教育部长会议每两年举行一次。最近一次是 2018 年 10 月 17 日在阿斯塔纳举行的第七次教育部长会议。

2010 年 5 月 11~14 日，上海合作组织成员国首届科技部长会议在北京举行，各方同意建立定期会议机制，并设立上合组织成员国科技常设专家工作组。2013 年 9 月 13 日，上合组织成员国在比什凯克签署了《上海合作组织成员国政府间科技合作协定》。2016 年 11 月，在第十五次上合组织总理会议上批准了《上海合作组织科技伙伴计划》。

2010 年 11 月 18 日，首次卫生部长会议在哈萨克斯坦首都阿斯塔纳召开。会议通过了《上海合作组织成员国卫生专家工作组工作条例》，批准了《上海合作组织成员国卫生领域重点合作计划》。2011 年 6 月 15 日，上合组织成员国在阿斯塔纳签署了《上海合作组织成员国政府间卫生合作协定》。2013 年 11 月 29 日，在塔什干签署了《上海合作组织成员国传染病疫情通报方案》。

2015 年 3 月 25 日，上合组织旅游部门领导人首次会议在莫斯科举行，会议签署了《上海合作组织成员国旅游部门领导人会议纪要》。2016 年 6 月 24 日，在塔什干签署了《上海合作组织成员国旅游合作发展纲要》。2017 年 6 月 9 日，在阿斯塔纳签署了《〈上海合作组织成员国旅游合作发展纲要〉联合行动计划》。

2005 年，上合组织环保部门专家会议启动，商讨环境保护合作问题，但部长级会晤机制一直没有建立。2018 年 6 月，在上合组织青岛峰会上通过了《上海合作组织成员国环保合作构想》，环境保护领域合作取得重大进展。

在短短的 18 年中，上合组织构建了全方位的人文合作机制，制定了年度或中长期合作规划，使人文各领域合作有序开展有了坚实的保障。

二　上合组织人文合作的主要内容

上合组织人文合作内容丰富，题材广泛，可以说包罗万象。涉及文化、教育、体育、旅游、卫生防疫、新闻媒体、环境保护等各个方面。

（一）文化交流

这是上合组织最早启动的合作领域，最初的合作方式有举办文化节、艺术展、绘画展、舞蹈会演、音乐节、电影节等，近几年合作的范围进一步扩展，在档案、图书馆、文物保护、艺术品复原、艺术鉴定、博物馆规划、民族手工艺、非物质文化遗产、民俗学、戏剧等领域的合作也越来越活跃。下面列举影响较大、举办较为频繁的活动。

首先是上海合作组织成员国文化艺术节。这是上合组织文化合作的最重要形式和交流平台。2002 年，成员国文化专家工作组拟定了《文化节章程》，规定在元首峰会召开期间同时举行"上海合作组织文化艺术节"，由各成员国轮流举办，每年举行 1 次，每次 6 天，文化节由峰会东道国承办，所有成员国和观察员国都可派团参加。2004 年 6 月，在乌兹别克斯坦首都塔什干举行了联合文艺晚会，这可以视为文化节的一次预演。2005 年 7 月，在上合组织阿斯塔纳元首峰会期间，举行了上海合作组织首届文化艺术节，成员国许多著名演员和艺术团体参加演出。2018 年中国作为上合组织轮值主席国，于 2018 年 5 月 29 日至 6 月 1 日在北京举办了上合组织文化艺术节。

其次是音乐。音乐是人类共同的语言，也是上合组织人文活动中最为频繁的活动之一。2008 年，为配合北京奥运会的举行，上海合作组织举办了"上合之夜"音乐会，各成员国均选派杰出艺术家参演。2017～2018 年，上合组织举办了"九个美妙乐章"的系列音乐会，上合组织国家的知名音乐家轮流举办专场演出。首演于 2017 年 9 月 26 日在上合组织秘书处启动。2018 年 6 月 26 日，"九个美妙乐章"系列音乐晚会闭幕式在中国国家大剧院举行，八国演员同台演奏，将这个系列音乐会推向高潮。

最后是绘画。这也是上合组织框架下最常见的文化交流方式之一。其中，持续时间最长、影响较大的是"画说西湖"论坛和"上海合作组织国际美术双年展"。"画说西湖"国际人文交流展始于 2006 年，国际美术展始于 2013 年，由上合组织首任秘书长张德广倡议成立，主要由上合组织国家的艺术家参加。论坛期间通常举办研讨会、画展等，画家还在西湖岸边当场创作。另一个多次举办的活动是"孩子画笔下的童话"，该活动由普希金国家美术博物馆发起，在多个上合组织成员国之间轮流展出，最后印制成册，名为《孩子画笔下的童话——上海合作组织六国民间故事儿童画展》。另外，在上合组织支持下的"和平之旅"采风活动等也有较大影响。

（二）教育合作

这是上合组织人文合作中最受关注、涉及面最广、与民众利益关联度最高的领域，是上合组织成员国提升相互认知水平、促进民心相通最有效的平台。该方向最初的合作方式主要有互派留学生，组建上海合作组织大学（以下简称"上合组织大学"），举办"教育无国界"教育周、"教育无国界"教育展等。近年来，各方在开展学术访问、知识竞赛、联合科研、语言教学、职业教育、青少年交流等方面的合作明显增加。教育合作中影响最大的项目是上合组织大学"教育无国界"教育周和青少年交流等。

其一，上合组织大学。上合组织大学是上海合作组织成员国高校间的非实体合作网络，旨在为各国培养各领域的复合型高端人才，是上合组织教育合作的里程碑。2007年8月，在上合组织比什凯克峰会上，普京提议成立上海合作组织大学，得到各方的积极回应。2008年10月，各方签署《上海合作组织成员国教育部关于为成立上海合作组织大学采取进一步一致行动的意向书》，上合组织大学开始筹办。2009年，中、俄、哈、吉、塔五国就专业方向、参与院校等达成一致，标志着上合组织大学正式启动。首批参与院校共53所，确定的优先合作专业有5个，分别是区域学、生态学、能源学、IT技术和纳米技术。后来不断有新的院校加入，目前已增至82所参与院校，7个专业方向，学生培养从硕士研究生已经拓展至本科生、博士研究生和中职学生。在上合组织大学框架内接受教育的学生，结束学业并通过相关考试后，可获得所在上合组织大学项目院校颁发的证书和上合组织大学颁发的学历证书。

其二，"教育无国界"教育周。这是上合组织成员国高校之间的对话、交流合作平台。旨在通过学术交流，落实上合组织框架内的教育合作计划和清单。2008年9月，在俄罗斯举办了首届教育周活动。2016年，第十届"教育无国界"教育周在中国举办，这是中方首次承办教育周活动，也是该活动首次在俄罗斯之外的其他上合组织国家举行。迄今，"教育无国界"教育周已举办了十一届。

其三，青年交流活动。加强青年交流是着眼于长远、构筑上合组织未来的大工程。上合组织历来重视青年的交流活动，上合组织秘书处不断组织成员国的青年学子到秘书处参观，了解上合组织及"上海精神"。2009年5月，上海合作组织青年委员会成立，这是上合组织框架内青年交流与合作的首个平台，在此之上开展了上合组织青年论坛、大学生艺术节等丰富多彩的活动。2011 年 12 月 21 日，中方主办了首届上海合作组织大学生艺术联欢节，来自上合组织各国的大学生踊跃参加。2012 年 10 月，俄方举办了青年论坛和跨境合作论坛，普京总统专门为论坛发去贺信。2016 年起，中国将连续 5 年举办上海合作组织青年交流营，每年邀请本组织国家 200 名青年代表来华参加活动。2016 年，举行了首届上合组织青年交流营，主题为"上合组织合作新未来"。上合组织青年交流营已连续举办了 3 届，每次有200 多名来自成员国和观察员国的青年代表参加。在 2018 年 6 月举行的上合组织青岛峰会上通过了《上海合作组织成员国元首致青年共同寄语》，各方表示将共同落实上合组织成员国青年政策，为青年创业、就业等提供更好的条件，使青年远离极端主义、恐怖主义思潮。

在上合组织教育合作中，中方做出了巨大贡献。2013 年 9 月，习近平主席在哈萨克斯坦纳扎尔巴耶夫大学讲演时表示，中国将在未来 10 年向上合组织其他成员国提供 3 万个政府奖学金名额，邀请 1 万名孔子学院师生赴华研修。目前，在双边框架下，中国已向上合组织其他成员国提供了大量的政府奖学金名额。得益于上合组织多边和双边合作，中国与各国相互派遣的留学生数量不断增多。2010 年，上合组织成员国中，俄罗斯在华留学生为 10596 名，哈萨克斯坦为 6497 名，分别位居来华留学生数量的第 6、第9[①]。到 2016 年，两国来华留学生数量分别增长到 17971 名和 13996 名[②]。

（三）新闻媒体和智库交流

为讲好上合组织故事，夯实发展基础，近年来，在传统智库合作基础上，上合组织越来越重视媒体合作。

上合组织智库合作，为组织发展出谋划策。成立最早、影响最大的是上海合作组织论坛。根据上合组织成员国元首达成的一致意见，各国都指定一家智库为本国的上海合作组织国家研究中心，该中心是论坛的主要参与方。中方的上海合作组织国家研究中心依托中国国际问题研究院，并会集了国内研究上合组织的主要专家学者。上海合作组织论坛设立于 2006 年，每年召开一次会议，是上合组织成员国智库交流的主渠道，各国专家就上合

---

① 《教育部：2009 年全国来华留学生人数首次突破 23 万》，中国政府网，2010 年 3 月 22 日，http://www.gov.cn/gzdt/2010-03/22/content_1562026.htm。

② 《2016 年度我国来华留学生情况统计》，教育部网，2017 年 3 月 1 日，http://www.moe.edu.cn/jyb_xwfb/xw_fbh/moe_2069/xwfbh_2017n/xwfb_170301/170301_sjtj/201703/t20170301_297677.html。

组织发展议程、面临的问题等充分交换意见，并上报各国的相关部门。2018年5月，上海合作组织经济智库联盟成立，来自中、乌、吉、印、巴等成员国和观察员国的代表与会，参会代表签署了《上海合作组织经济智库联盟合作框架》和《上海合作组织经济智库联盟北京共识》。经济智库联盟是上合组织首个专业性的智库合作机制，将成为上合组织经济合作交流的重要平台。

新闻媒体合作，打造上合组织统一信息空间。2009年8月，根据中国电视艺术家协会和中央电视台的倡议，在北京举行了上海合作组织电视合作论坛，这是上合组织首次开展媒体方面的合作。2013年5月24日，上海合作组织媒体俱乐部在北京成立，成员包括来自"上合大家庭"超过20家传媒机构的驻华代表。各方约定将共同规划合作和报道方向，弘扬"上海精神"。2015年7月，上海合作组织成员国主流媒体论坛——"上合组织走向共同信息空间"在莫斯科召开，探讨了如何构建多元包容的统一信息空间，以及媒体人职业操守等问题。2017年6月，习近平主席在阿斯塔纳峰会上表示，"中方倡议建立媒体合作机制，将主办本组织首届媒体峰会"①。该倡议得到各方的积极响应。2018年6月1日，首届上海合作组织媒体合作峰会在北京召开，习近平主席致贺信，上合组织媒体合作进入新时代。

（四）体育活动

上合组织体育活动开展较晚。2010年起，上合组织秘书处曾不定期举办小型的由秘书处官员与成员国驻华使馆外交官参加的上海合作组织杯足球赛。2016年12月，上海合作组织在云南昆明举行了首届上合组织国际马拉松赛，5万多名长跑爱好者递交了参赛申请，一下子打开了上合组织体育活动的视野。2017年8月，上海合作组织与"亚洲信任措施"会议在哈萨克斯坦首都阿斯塔纳联合举办了"上合-亚信"马拉松赛。2017年12月，上海合作组织在昆明又举办了第二届上合组织国际马拉松赛，参赛者们喊出"更亲、更近、更和谐"的口号。2018年5月18日至19日，在重庆举办了上合组织武术散打比赛。上合组织体育合作越来越火，参与者越来越多。

（五）旅游

上合组织国家旅游资源非常丰富，8个成员国均有悠久的历史、灿烂的

---

① 《团结协作　开放包容　建设安全稳定、发展繁荣的共同家园》（2017年6月9日，习近平主席在上海合作组织成员国元首理事会第十七次会议上的讲话），《人民日报》2017年6月10日，第3版。

文化，共有列入联合国教科文组织名录中的世界遗产 128 处，占名录总数的 12%。2013 年 1 月，中、哈、吉三国正式向联合国教科文组织递交了将 "丝绸之路：起始段与天山廊道的路网" 列入世界文化遗产的申请，2014 年 6 月 22 日，申遗成功，这成为首例跨国合作、成功申遗的项目。这也说明，上合组织旅游资源不仅丰富，还有明显的关联性，有利于激发游客的热情。目前，发展旅游业是所有上合组织成员国的重点，有很强的合作动力。旅游合作开始于双边，特别是 2012～2013 年，中俄互办 "旅游年"，推动了中俄旅游热。现在，中国已经成为俄罗斯第一大非独联体国家游客来源地，俄罗斯是中国第三大游客来源地，进入对方的游客数量均达到 150 万人左右。2017 年，哈萨克斯坦举办了 "中国旅游年"，中哈旅游合作进入新阶段。乌兹别克斯坦、白俄罗斯也有意与中国互办旅游年。2018 年 6 月，哈萨克斯坦议会上院国际关系、国防及安全委员会主席达利加·纳扎尔巴耶娃提议，为激发各国游客对中亚地区的兴趣，应仿效申根签证设立 "丝路签证"。2018 年 6 月 10 日，在青岛峰会上，各成员国旅游部门代表签署了《2019～2020 年落实〈上海合作组织成员国旅游合作发展纲要〉联合行动计划》，上合组织框架下的旅游合作明显加速。

（六）医疗卫生

这方面的合作内容非常广泛，包括健康、卫生、传染病与慢性病防控、居民卫生防疫保障、打击假冒医疗产品、防止传染病扩散、传统医药、医学教育与科研、医疗服务、医务人员交流、保障食品安全及质量、居民保健、专业人员培训等。医疗卫生直接面向各国民众，是能看得见、摸得着、感受得到的。2018 年 5 月 19 日，首届上海合作组织医院合作论坛暨上海合作组织医院合作联盟成立大会在京举办，74 家中方医院、7 家外方医院成为首批入盟的成员。论坛发表了《上海合作组织医院合作联盟北京宣言》，拟以联盟为平台，开展联合研究，进行学术交流，促进技术合作。

三　上合组织人文合作面临的问题与前景展望

上合组织人文合作取得了巨大成果，各国人民之间的认知水平与上合组织成立之初已大不一样，相互之间的认同感有明显的增强。但不可否认，上合组织人文合作也面临一些问题，需要进一步深化合作，使合作水平再上一层楼。

（一）面临的主要问题

第一，受众面不够大。长期以来，上合组织人文合作以展览、演出为主，受众面小，持续时间短。上合组织成员国之间相互建立文化中心的情况不太多，特别是中国与中亚成员国之间。

第二，媒体合作刚刚起步，亟待深入。上合组织各成员国在国际新闻传播上都是"弱者"，相互引用的新闻、评论不多，更多的信息来自西方发达国家的媒体报道，而这些报道中有不少偏见，甚至歪曲，如"中国威胁论"等。

第三，教育体系存在差别，对接不易。俄罗斯、哈萨克斯坦等国的国家教育体系相对接近。中国的教育体系、学制学历、教学模式、教学内容等与上述国家存在较大差异。印巴两国教育体系来自英国，与中国、俄罗斯等又有区别。在教育合作项目对接过程中，存在很多技术上的困难。另外，中亚国家有俄罗斯、英国、土耳其、美国的大学分支，但迄今没有一所中国的大学。

第四，市场化水平不足。上合组织人文合作主要靠政府推动，资金也来自政府，企业的参与度不够，市场化水平较低。如当前主要的演出活动多是依靠政府的组织和支持进行。多数演出活动非市场行为，可持续性差。

第五，文化产业化水平低。要使文化合作覆盖面更广，受益人群更多，就需要逐步引入市场元素，将文化合作提升到文化产业合作。但上合组织各国的文化产业都不发达，文化市场人才不足，特别是创意人才、管理人才、技术人才、营销人才匮乏。客观看，多数上合组织国家的经济尚处在工业化或"再工业化"阶段，还顾不上发展文化产业，换句话说对文化产业重要性的认知水平不高，这也影响了上合组织文化产业合作。

第六，旅游合作中存在签证难的问题。尽管上合组织各国都有开展旅游合作的强烈愿望，但不少成员国在签证问题上仍比较"保守"，获得签证难度大，费用高。"丝路签证"是个好建议，但尚未在上合组织框架下讨论。要使上合组织框架下的旅游合作活跃起来，还需要各国密切合作，联合制定有竞争力的多国旅游线路，而这方面的合作还没有真正启动。

（二）上合组织人文合作潜力巨大

尽管存在不足，但不可否认，上合组织人文合作已经取得了辉煌的成就，而且拥有巨大的潜力。

第一，有深化合作的客观动力。上合组织成员国来自不同的文化圈，有儒家文化、斯拉夫文化、印度文化、伊斯兰文化；宗教多元，有佛教、东正教、伊斯兰教等。来自不同文化背景的民众在思维方式、社会意识、文化认同上都有不小的差异。国家之间有友好交往的历史，也有历史积累的矛盾，包括比较尖锐的领土争端，这些都需要通过人文交流，增信释疑，增强认同感，巩固"上合大家庭"理念，逐渐形成命运共同体意识。

第二，有成熟的合作机制。上合组织各成员国都高度重视人文领域的合作，视之为增进互信、消除隔阂的重要平台。为推动人文合作，上合组织已经建立了成熟的人文合作机制，有元首峰会、政府首脑定期会晤机制为人文合作定方向，有部长级会议负责制订行业行动计划，还有司局级的工作组负责起草和落实达成的文件。上合组织人文合作有一套良好的运作机制，能够确保合作项目落实到位。

第三，高度契合各成员国的利益。这是上合组织人文合作不断推进的最根本动力。人文合作虽然不能立竿见影地带来切实的物质利益，却是各方合作中分歧最小、利益契合度最高的领域。如教育合作可为各国培养急需的人才；卫生防疫可及时通报疫情，采取联合行动，及时消除疫情，保证各国民众的健康；紧急救灾合作可使各成员国在灾害发生时守望相助，共度时艰；科技合作可取长补短，提升成员国技术水平。这些领域的合作，所有成员国都非常需要，不会因国家大小、经济发展水平、文化背景不同而存在"温差"。

（三）对上合组织人文合作的几点思考

首先，在文化交流中要善于发现文化相同点。尽管因文化背景、历史传统不同，上合组织成员国间表现出一定的文化差异性，但各国之间有数千年的交往史，相互的文化影响和渗透明显。如中国的佛教是经中亚各国传入中国的，反过来中国的历史文献对印度佛教研究至关重要。特别是与西方国家对比，上合组织国家的文化相似度更高，如上合组织各国的文化中，都有家庭观、家族观。发现文化的共同点可以增进各国人民之间的亲切感，增强文化认同感。

其次，注重挖掘人文交流的载体。上合组织框架下的合作内容很多，载体也很多。人文交流不仅仅是官方组织的、有具体名称的活动，它实际包含在所有的交流活动中，包括个人的一次旅行。这里，要重点挖掘三个方面的载体。一是日益增多的留学生。这一群体长期在对方国家生活，对所在国文化有切实的感受，是民心相通的桥梁。需要搭建一些平台，让这些亲历者讲出来，介绍对方国家鲜活的文化。二是日益增多的跨国企业。随着"一带一路"建设的推进，经济合作越来越深入，"走出去"的企业越来越多。这些企业贴近所在国的百姓，是承载本国文化、本国形象的重要载体。三是日新月异的新媒体平台。随着互联网的快速发展，上至总统，下至车夫，都成为"网民"，人们获取信息的渠道日益多元，传统的平面媒体等影响力下降，网络媒体越来越成为年轻人获取信息的主要方式。通过新媒体合作，快速、准确传递关于成员国的信息，防范极端主义传播非常重要。

最后，旅游与文化遗产保护相结合。旅游横跨经济和人文两大领域，不仅可以增加交流，加深认知，增进了解，还可以带动就业，改善民生。而历史古迹、文化遗产则是最重要的旅游资源。有些历史古迹有待发掘，有的则亟待保护，上合组织应把发展旅游业与文化遗产保护、民族手工艺、传统饮食文化等相结合，使之成为一个有机的整体。而要深入推进旅游合作，还需要进一步"解放思想"，简化签证制度，完善服务设施，推出有竞争力的联合旅游产品，使之成为各国经济的"亮点"。

| 下 篇 |

生态环保合作

中俄环保合作回顾与展望

谢　静　张　扬　王语懿*

摘　要　近年来，中俄全面战略协作伙伴关系进一步发展。2017年，两国元首签署的《中华人民共和国和俄罗斯联邦关于进一步深化全面战略协作伙伴关系的联合声明》指出，"双方将进一步加强跨界水体保护、跨界自然保护区建设、环境灾害应急、应对气候变化不良影响等合作，合力拓展在废物处理等领域的多层次互利合作"，为两国环保合作指明了方向。2018年6月，两国元首签署的联合声明再次强调，要确保两国务实合作，"保持两国尤其是两国边境地区在环境和生态保护方面的沟通协作"。在中俄总理定期会晤委员会环境保护合作分委会统筹领导下，经双方共同努力，两国边境地区生态环境质量显著改善，并积极拓展固废处理领域合作，落实两国元首在环保和可持续发展领域达成的长远共识。同时，通过中俄友好、和平与发展委员会生态理事会推动民间务实环保合作，交流环保法规和政策，为企业搭建合作平台。

关键词　转型升级　中俄环保合作　固废合作

一　中俄双边环保合作机制与进展

自2006年中俄总理定期会晤委员会环境保护合作分委会（以下简称"中俄环保分委会"）第一次会议以来，俄方高度评价两国在环保领域的合作，跨界水体水质和流域生态系统显著改善，并认为这些成果是在两国边境地区经济、社会快速发展的条件下取得的。2012年，在亚太经合组织（APEC）环境部长会上，俄罗斯自然资源与生态部部长东斯科伊作为东道

---

* 谢静、张扬、王语懿，中国－上海合作组织环境保护合作中心。

主在发言中指出，中俄跨国界水体环保合作是世界典范，值得 APEC 各经济体学习。这是中俄环保分委会统筹指导、中央与地方联动的成果，是跨界水体水质监测与保护、污染防治与环境灾害应急、跨界自然保护区和生物多样性保护合作机制日益成熟，以及双方人员不懈努力的结果。

（一）跨界水体水质联合监测在增进两国互信、促进水质改善方面发挥关键作用

一是签署合作备忘录，统筹联合监测合作机制。2006 年 2 月，中俄两国环保部门签署了《关于中俄两国跨界水体水质联合监测的谅解备忘录》，启动《中俄跨界水体水质联合监测计划》。双方成立联合监测协调委员会和专家组，在分委会下设工作组机制下开展工作，并加强专家层面的交流。

二是持续开展联合监测。2006 年 5 月，中俄制定《中俄跨界水体水质联合监测计划》，明确黑龙江、乌苏里江、兴凯湖、绥芬河与额尔古纳河为联合监测对象，在以上水体开展地表水及沉积物样品的采集，并对监测频次、采样方法及质量保证措施和数据交换进行了规定。

三是双方启动跨界河流污染溯源和生物监测合作。2012 年，启动达兰鄂罗木河研究性监测工作；2014 年，启动额尔古纳河污染成因分析及信息交换工作；2015 年，启动水生生物指标监测。同时，双方建立专家交流机制，进行深入技术交流，增进彼此互信。

（二）水污染防治与环境应急、环评合作，保障两国边境生态安全

一是签署合作备忘录，建立突发环境污染事件应急联络机制。双方于2008 年正式签署《中俄关于建立跨界突发环境事件通报和信息交换机制的备忘录》（以下简称"应急备忘录"）。应急备忘录就跨界突发环境事件的界定、通报事件的等级标准、通报内容与方式、通报程序、通报语言、联络机构与联络员等做了具体规定。

二是根据边境生态安全管理需求，开展应急演练。应急备忘录签署后，中俄双方分别于 2009 年 8 月和 2011 年 11 月就"中俄消除阿穆尔河石油污染""港区水域中俄界河应急"举行高层次、全方位、大规模、多科目的应急联合演练。两次演习为双方共同行动打下坚实基础，共动用海事、航道水文、环保及社会船艇 60 余艘，人员 500 余人。自 2010 年起双方每年开展跨界信息通报环境应急演练，检验双方信息联络渠道，双方还在"秸秆焚烧""石油泄漏"等领域开展应急演练。

三是开展环评信息交换，更大范围控制环境风险。2013 年，双方就"关于起草'相互交换可能对另一方造成跨界重大不利影响的工程项目环评信息'文件的路线图"达成共识，按照试点案例交流讨论、关键问题识别研究、合作文件起草磋商三个阶段开展工作。目前，双方结合共同确定的典型案例对两国环评体系、管理程序等进行了比对分析，完成第一阶段工作。

（三）跨界自然保护区和生物多样性保护合作取得丰硕成果

一是审议通过并实施《中俄黑龙江流域跨界自然保护区网络建设战略》。2012 ~ 2017 年，中国在黑龙江流域新建保护区 69 处，其中国家级 26 处，面积增加了 302 万公顷。截至 2016 年底，黑龙江流域共建立自然保护区 330 处（其中国家级保护区 67 处），总面积 1418 万公顷。包括形成东北虎保护区网络，逐步恢复东北虎栖息地。十九大会议召开期间，习近平总书记亲自主持审定了三江源（12.31 万平方公里）、东北虎豹（1.46 万平方公里）等 4 个国家公园体制试点方案，要求保护这些区域自然生态系统的原真性、完整性。

《中俄黑龙江流域跨界自然保护区网络建设战略》的制定和实施是协商自然保护领域空间规划方案务实工作的重要先例，符合"欧亚经济联盟"方案与"丝绸之路经济带"倡议相协调的要求。为推广已有经验，双方还决定在报告的基础上共同编制中文、英文、俄文宣传手册，并在参加《生物多样性公约》相关工作中进行发放。

二是积极落实《中蒙俄关于达乌尔国际自然保护区协议》《中俄关于兴凯湖自然保护区的协定》。双方各自成立达乌尔国际自然保护区混委会和中俄兴凯湖国际自然保护区混委会，多年来在该机制框架下分享了监测、宣传教育、学术交流等领域的信息和经验，合作富有成效。

三是积极开展中俄边境地区自然保护区之间的合作，探索建立良好的沟通模式。多年来，中国边境自然保护区（八岔岛自然保护区、三江自然保护区、洪河自然保护区、珲春自然保护区和汪清自然保护区）与俄罗斯边境自然保护区（阿穆尔区域自然保护区、巴斯达克自然保护区、"豹地"国家公园）建立了结对合作模式，开展学生夏令营、春季候鸟迁徙监测、编制野生动植物电子图书等多种形式的合作，并形成"省—市—县"立体式边境环保合作网络，为中俄跨界保护区生物多样性保护奠定了良好的合作基础。

（四）中俄环保合作不断务实深化，固体废物处理领域合作成为新亮点

近年来，中俄双方合作关系日益密切，跨界水体水质和边境地区生态环境显著改善，互信程度显著增强。在此基础上，双方提出要推动两国环保合作转型升级，建立互利共赢的合作模式。双方部长多次在金砖会议、中俄环保分委会上提出开展固废合作，并于 2016 年在中俄环保分委会上商定开展固体废物处理领域的合作，2017 年，启动了具体合作计划的制订和初步磋商、交流。在 2017 年 4 月中俄固废合作交流会上，俄方表示，中国在固废处理方面有丰富经验和先进技术，希望中国企业能在俄罗斯市场上占领其应有的地位。中方表示，高度重视与俄罗斯的固废合作，希望将固废合作作为拓展中俄双边环保合作领域的新起点，进一步扩大合作。2017 年 12 月，中方派代表团参加第二届俄罗斯环保技术国际展览会暨论坛，中国企业代表联合布展，重点展示固废处理先进技术。2018 年 4 月，双方在莫斯科举办了固废研讨会，就生活垃圾处理、相关费率等议题进行了交流。

俄罗斯目前固体废物方面的污染问题比较突出，急需政策法规、技术等方面的支撑。特别是东斯科伊部长在第二届俄罗斯环保技术国际展览会暨论坛接受采访时强调，未来 10 年俄罗斯应系统地开启固废再利用工作，并指出从 2019 年开始，10 年之内全国要关闭和清理旧垃圾填埋场。由此也可以看出，与俄罗斯在固体废物领域开展务实合作潜力巨大。

二 中俄多边及民间环保合作

中俄环保合作已经成为当前我国所有双边环保合作中，涵盖事务范围最广、举行会议频次最多、合作成效最为明显的双边环保合作形式之一。2014 年以来，双方一再强调"继续加强双边环保合作，并在上海合作组织、金砖国家以及《中俄关于丝绸之路经济带建设和欧亚经济联盟建设对接合作的联合声明》框架下开展环保合作，包括环保政策的信息、技术与经验的交流，以推动可持续发展"。

（一）上海合作组织环保合作——领导人高度重视的多边官方平台

中国和俄罗斯均为上海合作组织（以下简称"上合组织"）的创始成员国，在上合组织事务中发挥着重要作用，并积极推动上合组织框架下的生态环保合作。

在机制建设方面，依托上海合作组织成员国环保部门专家会议，积极磋商上合组织环保合作文件，并推动建立上合组织成员国环境部长会机制。经过多方努力，《上海合作组织成员国环保合作构想》在 2018 年上合组织青岛峰会期间顺利通过。

在政策对话和技术交流方面，中方举办了环保政策法规、环保标准、绿色发展、绿色城镇化、生态城市、信息化建设、固体废物处理等领域的系列专题研讨会和高层对话，俄方均积极参会并分享经验。双方积极评价中国 – 上海合作组织环境保护合作中心在双边和多边合作活动中发挥积极作用。

在项目合作上，双方积极推动务实合作，针对双方共同感兴趣的环保问题，开展联合研究，具体包括固废管理、信息共享平台建设、中国在生态文明和低碳发展方面的理念和经验等。

（二）金砖国家框架下的环保合作——新兴经济体对话交流平台

金砖国家合作是指巴西、俄罗斯、印度、中国、南非等发展中大国间的合作，是新兴经济体之间的对话，具有开创性和探索性。在中俄双方积极推动下，金砖国家环境部长非正式会议于 2014 年 6 月在内罗毕组织召开。2015 年 1 月，首届金砖国家环境部长会议在莫斯科举行，中方倡议建立金砖国家环境合作伙伴关系，构建丰富的环境政策对话与合作体系，共同建设"绿色金融合作伙伴关系"，促进金砖国家国际环境公约履约合作。2016 年 9 月，第二次金砖国家环境部长会议在印度举行，通过《金砖国家环境合作谅解备忘录》，中方建议在改善环境质量、推动绿色发展等领域开展政策对话与务实合作，重点在城市空气质量、固体废物、水环境质量等领域开展对话与合作，构建金砖国家环境智库交流平台与网络。2017 年 6 月，在天津组织召开了第三次金砖国家环境部长会议。

环境保护是金砖国家的重要合作领域之一。中俄在金砖国家下加强协调和交流有助于形成区域与双边合作互补，即在区域层面加强政策对话，在双边层面推动具体合作项目。

（三）中俄友好、和平与发展委员会生态理事会——民间合作主渠道

中俄友好、和平与发展委员会（以下简称"委员会"）是两国元首于1997 年倡议成立的民间友好组织。前国务委员戴秉国和俄总统维护企业家权益全权代表季托夫分别出任委员会中俄双方主席。2015 年，在俄方倡议和中方积极响应下，委员会框架下增设生态理事会。生态理事会立足于促

进两国民间环保交流与合作，推动两国环保专家、科研机构、企业之间的交流，促进中俄环保合作升级，为"丝绸之路经济带"与"欧亚经济联盟"对接和绿色"一带一路"建设提供服务支撑。双方成员包括政府部门、科研机构和企业界代表。

目前，生态理事会双方不定期进行环保政策和法律法规交流、专家互访等，增进交流与互信。另外，双方企业之间的环保技术交流尤其值得一提，通过环保技术交流分享两国在工业污染治理技术和设备等方面的经验，能够进一步推动务实环保项目合作。未来应以此为抓手，逐步建立发挥企业主体作用的合作模式，推动环保合作务实发展。

（四）中国－俄罗斯博览会框架下的环保合作——国家与地方联动平台

2013 年 10 月，中俄总理定期会晤期间，李克强和梅德韦杰夫商定升级1990 年创办的"中国哈尔滨国际经济贸易洽谈会"并更名为"中国－俄罗斯博览会"（以下简称"中俄博览会"）。2014 年，中华人民共和国政府批准"中俄博览会"为国家级、国际性大型经贸博览会，由中国商务部、黑龙江省人民政府主办，两国副总理级领导人出席会议。

2017 年 6 月，在中俄博览会期间，双方组织召开中俄环保技术与产业合作论坛。俄罗斯代表团出席会议并介绍了俄罗斯的环保政策与战略，并期待中方参与俄罗斯环保项目，共同维护两国生态安全。

至此，中国与俄罗斯在政府、企业、科研机构、地方等层面均建立了有效的联络机制，拓展了合作渠道，拓宽了合作范围。

三 展望与未来工作建议

环保合作是中俄全面战略协作伙伴关系的重要内容之一，加强环保合作有助于维护边境地区稳定和提升区域绿色竞争力。中俄环保合作要统筹发挥好双多边机制作用，搭建立体式、全方位合作平台，打造中俄环保合作"升级版"。具体建议如下：

第一，夯实基础，不断开拓两国固体废物合作新领域。一是持续做好中俄污染防治和环境灾害应急联络、跨界水体水质监测与保护、跨界保护区和生物多样性保护等方面的合作。二是落实好《大气污染防治行动计划》和《水污染防治行动计划》要求，加大对边境地区环保管理能力建设的财政支持力度，确保污染防治等方面工作切实取得成效。三是努力推动废物处理、环保技术和产业方面的合作交流活动，为企业搭建政策沟通平台。中方应以中俄固废研讨会为契机，进一步加强固废领域的中俄环保合作，促进企业项目落地，实现互利共赢。

第二，主动作为，服务绿色"一带一路"建设。邀请俄方参与绿色"一带一路"建设和研究建设"一带一路"生态环保大数据平台的相关活动。建议：一是在"丝绸之路经济带"与"欧亚经济联盟"对接框架下进一步加强生态环保领域的统筹协调，促进两国在全球和区域环境治理中发挥更大作用；二是抓住机遇，继续邀请俄方参与绿色"一带一路"建设和共建"一带一路"生态环保大数据平台；三是推动中俄环保技术交流和产业合作示范基地和平台建设，建立以政府为引导、以企业为主体、科研机构支持的"联合走出去"新模式，开发俄罗斯环保市场，更好地支持绿色"一带一路"建设，为深化两国关系做出更大贡献。

第三，优势互补，全面推动中俄友好、和平与发展委员会生态理事会工作。生态理事会作为中俄民间生态环保领域友好交往的主渠道，对政府间环保合作发挥了重要的补充和支持作用。未来应做好以下四个方面的工作：一是继续开展环保法律法规、政策措施的对话和交流；二是继续开展专家互访，互邀专家和相关行业技术人员参加研讨交流活动，促进环保经验与技术分享；三是为双方企业搭建合作平台，推动双方企业建立联系并开展合作，积极推动固废领域项目合作；四是探索开展联合政策研究，提出政策研究报告。

第四，开拓创新，构建生态城市伙伴关系。推动开展生态城市建设方面的合作，不是仅包括固废、水、大气等领域，而是涵盖整个城市生态系统。与俄方联手发展生态城市伙伴关系，建立多元合作伙伴关系，互学互鉴，促进城市绿色发展合作，促进绿色基础设施建设，促进联合国2030年可持续发展目标的实现，共建绿色"一带一路"。

中哈环保合作回顾与展望

谢　静　张　扬　段飞舟*

摘　要　哈萨克斯坦是我国的重要邻国，是好邻居、好伙伴。在中哈两国领导人的关心和指导下，"一带一路"和"光明之路"新经济政策对接得以顺利推进。中哈关系当前处于历史最好水平，成为全面战略伙伴关系的典范，中哈环保合作是两国全面战略伙伴关系发展和绿色"一带一路"建设的重要内容。在两国元首的关切下和中哈合作委员会的指导下，中哈环保合作取得丰硕成果，迈上新台阶。接下来应进一步加强发展战略对接，深化重点领域合作，积极拓展合作领域，进一步加强"光明之路"同"一带一路"深度对接，确保中哈环保合作不断取得更大成效。

关键词　"一带一路"倡议　中哈环保合作　拓展合作领域

在中哈两国领导人的关心和指导下，"一带一路"和"光明之路"新经济政策对接工作顺利推进。2018年6月6～10日，习近平主席与时任哈萨克斯坦总统努尔苏丹·纳扎尔巴耶夫会谈时表示，愿同纳扎尔巴耶夫总统一道"为中哈友好事业这艘巨轮掌舵领航"。会谈后，两国元首共同签署了《中华人民共和国和哈萨克斯坦共和国联合声明》（以下简称《声明》）。《声明》指出，"双方将充分发挥中哈总理定期会晤机制在统筹规划和推动两国务实合作方面的重要作用，保持中哈合作委员会高效运转，推动两国务实合作提质升级"。双方同意继续提高合作水平，"加强并拓展环保领域合作"。同时，"双方将在平等、睦邻和互利原则基础上，巩固和深化两国跨界河流领域的保护和利用合作"。

中哈关系当前处于历史最好水平，成为全面战略伙伴关系的典范。中哈环保合作是两国全面战略伙伴关系发展和绿色"一带一路"建设的重要

* 谢静、张扬、段飞舟，中国－上海合作组织环境保护合作中心。

内容。2011 年，两国政府成立了由双方环保部门副部长任本方主席的中哈环保合作委员会（以下简称"中哈环委会"）统筹推进两协定的落实和实施①。2016 年 9 月，中哈环委会纳入中哈合作委员会②。中哈合作委员会作为两国政府间全方位、高层次、机制化的合作平台，对推动双边关系发展和各领域务实合作发挥了重要作用。在两国元首的关切和共同推动下，中哈环保合作取得丰硕成果，迈上了新台阶。接下来要进一步加强发展战略对接，深化重点领域合作，积极拓展合作领域，进一步加强"光明之路"同"一带一路"深度对接，确保中哈环保合作不断取得更大成效。

哈近几年更加重视生态环境保护。2018 年 1 月 9 日，纳扎尔巴耶夫总统发表的国情咨文阐述了哈萨克斯坦在第四次工业革命背景下新的发展机遇，其中对节能环保和资源开发领域提出了新要求，包括提高企业能效、开发清洁和可替代能源、引进信息技术平台、发展绿色技术、吸引中小企业参与生活垃圾处理等，这成为哈萨克斯坦国内环保工作的优先领域，也成为中哈环保合作的切入点和契合点。哈方关切绿色经济和绿色技术等领域的交流与合作，中方主动宣传"一带一路"高峰论坛环保成果，推动合作领域从跨国界水体环境保护扩展到大气污染防治、环保技术等方面的交流。双方强调要积极推动落实两国领导人达成的合作共识，在落实"丝绸之路经济带"倡议、哈萨克斯坦"绿色桥梁"伙伴计划和中国绿色发展理念框架下加强交流与合作，并在上海合作组织等多边框架下继续开展环保合作等。近期，双方又同意将环保教育与宣传、大气污染治理等作为新的合作内容，中哈环保合作已逐渐向多领域、多方位发展。

一　中哈环保合作背景和进展

2009～2011 年，中哈双方先后商定并签署《中华人民共和国政府和哈萨克斯坦共和国政府跨界河流水质保护协定》（以下简称《水质协定》）和《中华人民共和国政府和哈萨克斯坦共和国政府环境合作协定》（以下简称《环保协定》）。为落实和推动上述协定的实施，双方成立了由两国环保部门副部长任主席的中哈环委会，并于 2011 年 9 月召开中哈环委会第一次会议，

① 2015 年，哈环保部撤销，相关职能并入能源部；2018 年 8 月，哈能源部副部长努尔利拜·萨比特·努尔利巴耶夫任哈方环委会主席。
② 中哈合作委员会为副总理级机制，每年举行一次会议，该机制下目前共有 16 个领域的合作委员会。

通过《中哈环保合作委员会条例》，并下设两个工作组：跨界河流水质监测与分析评估工作组、跨界河流突发事件应急与污染防治工作组。

目前，中哈环委会已召开了七次会议，每次会议会审议上一次会议以来的合作进展，协商解决存在的问题，确定下一年度的合作事项。2014年，哈方政府机构调整后，由哈能源部牵头哈方环委会工作。2015年后，双方合作领域逐渐由最初的跨界河流水质情况扩展到大气污染防治、绿色技术等领域，双方结合中方绿色发展理念和哈方"绿色桥梁"伙伴计划，促进环保和绿色技术交流，推动两国绿色经济发展，并得到两国元首肯定。中哈环委会于2016年9月纳入中哈合作委员会，这是中哈环保合作的新阶段、新起点。

2018年6月，两国元首签署的《声明》指出，"双方将充分发挥中哈总理定期会晤机制在统筹规划和推动两国务实合作方面的重要作用，保持中哈合作委员会高效运转，推动两国务实合作提质升级"。同时，双方将"加强并拓展环保领域合作"，"在平等、睦邻和互利原则基础上，巩固和深化两国跨界河流领域的保护和利用合作"。

近年来，中方依托中国－上海合作组织环境保护合作中心，通过上合组织、欧亚经济论坛、亚信等区域环保合作平台，积极与哈方发掘在环保信息交流、绿色发展与转型等领域的双边环保合作潜力。中哈两国在跨界水、绿色技术、大气污染防治等方面的交流与合作均取得了丰硕成果，尤其是近两年，双方增加了绿色技术和大气污染防治的经验交流。近期，哈方又提出希望将环保教育与宣传作为新的合作内容。这是双方多年增进互信、务实合作的欣慰成果。

二 中哈环委会框架下的双边环保合作取得新进展

自2011年中哈环委会成立至今，双边环保合作成果越来越丰富和充实。2011～2015年中哈双方处于磨合阶段，中哈环委会框架下的合作主要聚焦跨界水问题。自2016年起，双方开始推动在绿色经济、大气污染防治等领域的合作，并探索在"绿色桥梁"伙伴计划、"一带一路"等框架下的交流与合作。

随着双方合作交流的不断深化，中哈环委会下设工作组框架下的专家研讨会每年定期召开，中哈互信逐步增进，中哈环保合作取得重要进展。

一是中哈环委会工作机制更加完善，形成中哈环委会和监测、应急两个工作组机制，适时召开工作组框架下的专家研讨会，在专家层面加强沟通与交流，签署并执行《中哈跨界河流突发环境事件应急响应联合机制》，为跨界河流水质联合监测和突发环境事件应急等交流合作活动的有序开展提供了机制保障。

二是跨界河流水质监测与分析合作逐渐实现常规化。跨界河流水质联合监测通过多轮数据交换和对比分析、实验室人员定期互访，促进了双方监测技术交流并加深了了解。

三是开展跨界河流突发环境事件应急演练，双方在应急联合机制下举行信息通报联合演练，并不定期进行联络渠道的测试，确保应急联络渠道畅通有效。

在第五次中哈环委会上，哈方主动提出绿色经济议题，并在会议纪要中明确双方"愿结合中方绿色发展理念和哈方'绿色桥梁'伙伴关系，促进环保和绿色技术交流"。同时在"关于两部门间其他环保领域的合作"中提到上海合作组织环保信息共享平台、研究机构互访及国际公约履约合作等多边框架合作内容。

中哈环委会于2016年9月纳入中哈合作委员会，中哈环委会第六次会议是中哈环委会正式纳入中哈合作委员会后的第一次会议。在此次会议上，双方强调作为"好邻居、好伙伴、好朋友"，将积极推动落实两国领导人达成的合作共识，在落实"丝绸之路经济带"倡议、哈萨克斯坦"绿色桥梁"伙伴计划和中方绿色发展理念框架下加强交流与合作，并在上海合作组织等多边框架下继续开展环保合作等。因此，此次会议具有重要意义，自此中哈环保合作步入新阶段。

三　多方位合作促进中哈环保合作迈上新台阶

随着双方在中哈环委会机制下务实合作常态化的推进，双方合作意愿不断增强，合作领域不断拓展、平台不断增多，在其他双多边机制下的交流合作也逐渐增多。

中方依托中国－上海合作组织环境保护合作中心，通过上合组织、欧亚经济论坛、亚信等区域环保合作平台，积极与哈方发掘在环保信息交流、绿色发展与转型等领域的双边环保合作潜力。

中方积极支持哈方举办以"未来能源"为主题的2017年专项世博会，派团参加了2017年7月12～13日在阿斯塔纳举办的"'绿色桥梁'伙伴计划"国际论坛,在推动绿色经济发展、推广绿色技术等领域加强国际经验交流与合作。近年来,中方邀请哈方参加上海合作组织、欧亚经济论坛、亚信等多边领域的活动,哈方均积极响应。在 2017 年欧亚经济论坛生态分会上,哈方同意中方提出的"共建绿色丝绸之路:发展生态城市伙伴关系"倡议,建立多元合作伙伴关系,互学互鉴,促进城市绿色发展合作,促进绿色基础设施建设,促进联合国 2030 年可持续发展目标的实现,共建"绿色丝绸之路",积极推动和深化政策对话、技术交流、投融资等方面的合作。

2018 年 1 月,哈方邀请我国派员参加由阿斯塔纳市政府组织召开的"制定阿斯塔纳市环境改善的战略和行动计划"圆桌会议,此次会议旨在探讨阿斯塔纳市环境质量状况和环境问题解决方案,为制定阿斯塔纳市环境改善战略和行动计划提出建议。主题包括:减少固定污染源大气污染物排放、减少移动污染源大气污染物排放、废物管理和城市绿化体系、水资源和环境状况监测。会上,哈方肯定了中方的环境治理经验,并表示愿意加强在大气污染防治领域的合作。

哈萨克斯坦国际绿色技术与投资项目中心与中国-上海合作组织环境保护合作中心于 2018 年 11 月签署合作备忘录,将在绿色技术等方面开展合作。双方商定,将在生态环境保护、气候变化和环保产业技术交流等方面开展合作,推动生态环境领域的信息化建设,推动建立生态城市伙伴关系,促进两国及区域绿色发展,加强能力建设,并将联合举办国际研讨会,开展项目务实合作。此外,哈萨克斯坦生态组织协会法人联盟也有意愿与中国-上海合作组织环境保护合作中心签署合作备忘录,并多次参加中方举办的上合组织框架下的国际研讨会,积极加入"一带一路"绿色发展国际联盟,并于 2019 年 4 月派员参加第二届"一带一路"国际合作高峰论坛绿色之路分论坛。

综上,中哈环保合作已逐渐向多领域、多方位发展。今后双方将在做好跨界水监测和突发事件应急通报工作的同时,加强生态城市伙伴关系建立方面的技术交流与合作,加强地方政府间政策沟通和推动项目落地,进一步深化中哈环保合作,服务"绿色丝绸之路"建设。

四 未来工作建议

环保合作是中哈全面战略伙伴关系的重要内容之一,加强环保合作有助于维护边境地区稳定和提升区域绿色竞争力。回顾中哈环保合作进程,对未来中哈环保合作的具体建议如下。

第一，落实好流域生态环境保护体制改革要求，强化中哈跨界流域生态环境风险管理。一是实施好流域生态环境保护的新机制，国家和地方尽快联合制定和实施跨界河流水污染防治专项规划；二是加强相关人员水环境风险管理意识，开展应急管理能力培训和应急演练；三是构建全流域水环境监测体系，加强跨界河流的监测能力，强化监测早期预警工作。

第二，扩展合作领域，继续推动、深化中哈环保合作。一是积极落实中哈环委会第六次会议达成的共识，在跨界水环境监测与应急等环保合作的基础上，继续在双边和上合组织、亚信等多边合作机制下开拓双方在大气污染防治、水环境保护、水源地保护、固废处理、清洁能源开发、环保技术和设备等方面的合作；二是将原来以政府谈判为主的合作模式提升为政府、研究机构、企业之间的多领域、全方位互利共赢的合作交流模式；三是充分发挥中国－上海合作组织环境保护合作中心的作用，积极推动与哈方相关机构建立密切合作关系，开展项目合作，为深化中哈务实环保合作提供有力支撑。

第三，稳步推进"一带一路"倡议下的生态环保合作。一是对接哈方需求，选取重点领域，促进环保技术交流与产业合作，可视情况拓展中哈环委会合作领域，将环保教育与宣传、大气污染治理等作为新的合作内容来讨论；二是推动建立生态城市伙伴关系，促进城市间合作，开拓与阿斯塔纳、阿拉木图等城市之间的环保合作；三是共建上合组织环保信息共享平台和"一带一路"生态环保大数据服务平台，邀请哈方参加相关国际活动，落实我国领导人倡议，服务和支撑绿色"一带一路"建设。

中俄跨界水体水质联合监测
合作现状与建议

魏　亮　国冬梅*

摘　要　中俄环保合作是我国参与的最务实的环保国际合作之一，中俄跨界水体水质联合监测作为优先合作领域之一，为发展和深化双边环保合作奠定了良好的基础。本文全面回顾了中俄联合监测的合作历程，介绍了中俄跨国界水体水质联合监测合作的体制机制，分析了自 2007 年首次联合监测启动以来黑龙江、额尔古纳河、乌苏里江、绥芬河及兴凯湖的水质变化。中俄双方水质联合监测数据显示，中俄跨国界水体水质总体呈稳定改善趋势。为进一步深化中俄跨国界水体水质联合监测合作，本文提出了优化联合监测合作机制，推动环境监测全面合作；加强环境监测技术交流，优化、完善环境治理体系；促进环境监测民间合作，构建立体式合作网络等对策建议。

关键词　中俄环保合作　跨国界水体　联合监测

一　中俄跨界水体水质联合监测合作机制和进展

（一）签署备忘录，成立联合监测协调委员会暨联合专家工作组，制订联合监测计划，中俄跨界水体水质监测启动实质性合作

松花江水污染事件后，中俄两国进入了全面务实合作的新阶段。2006 年 2 月，中俄两国环保部门签署了《关于中俄两国跨界水体水质联合监测的谅解备忘录》（以下简称《备忘录》），《备忘录》明确提出启动《中俄跨界水体水质联合监测计划》（以下简称《联合监测计划》）。《联合监测计划》内容涉及协商一致的监测方法与水质评价标准，包括河（湖）底泥成分及微生物评价标准、选定联合监测断面、实验室分析评价、对底泥和微生物进行联合调查分析、定期交换联合监测结果等方面。同时，成立了中俄跨界水体水质联合

---

* 魏亮、国冬梅，中国－上海合作组织环境保护合作中心。

监测协调委员会暨联合专家工作组（以下简称"协调委暨专家组"），负责《联合监测计划》的具体制定与组织落实，协调委暨专家组会议一般于年底召开，任务是总结本年度的联合监测工作和制订下一年度的工作计划。

在 2006 年 5 月召开的协调委暨专家组第一次会议上，双方制定了《联合监测计划》，明确将黑龙江、乌苏里江、兴凯湖、绥芬河与额尔古纳河纳入联合监测范围，其中水质联合监测项目有 40 项，底泥监测项目有 5 项，并对监测频次、采样方法及质量保证措施和数据交换进行了规定。目前水样联合采集为 1 年 4 次，沉积物样品联合采集为 1 年 1 次。2017 年 12 月，双方起草了新的《联合监测计划》，在黑龙江黑河上新设一个联合监测断面，联合监测的断面数量达到 10 个。除兴凯湖、绥芬河 1 年开展 3 次联合监测外，其余断面监测频次仍为 1 年 4 次。

（二）中俄跨界水体水质联合监测纳入分委会框架

根据《关于〈中华人民共和国政府和俄罗斯联邦政府关于建立中俄总理定期会晤机制及其组织原则的协定〉的议定书》设立的中俄总理定期会晤委员会环境保护合作分委会（以下简称"分委会"），下设跨界水体水质监测与保护工作组（以下简称"分委会监测工作组"）。2007 年 4 月，分委会监测工作组召开了第一次会议，明确了工作组职责，包括中俄跨界水体水质监测和保护的协调工作、协调委暨专家组提交的有关事项的审议工作、监测结果的信息交换、就预防跨界水体污染提出相关建议等，并将协调委暨专家组作为其下设机制，承担并落实分委会监测工作组的具体工作。分委会监测工作组会议每年于分委会会议之前召开。

（三）中俄跨界水体水质联合监测纳入联委会框架

根据 2008 年 1 月两国政府签署的《中华人民共和国政府和俄罗斯联邦政府关于合理利用和保护跨界水的协定》，设立中俄合理利用和保护跨界水联合委员会（以下简称"联委会"）。联委会中方主席是外交部部长助理，俄方主席是俄联邦水资源署署长。2008 年 12 月，联委会第一次会议召开，制定了工作条例。2009 年 10 月，联委会第二次会议决定在其下设立两个工作组——水资源管理工作组、跨界水质监测与保护工作组（以下简称"联委会监测工作组"），工作组组长分别由水利部国科司司长与环保部监测司司长担任，工作组组长同时任联委会副主席。联委会监测工作组职责包括：就开展跨界水体水质联合监测及保护提出建议；开展联合科学研究，探讨统一跨界水质评估标准、指标及其应用的可能性并就此提出建议等。联委会监测工作组每年召开一次会议，主要交流协调委暨专家组有关工作成果，与中俄跨界水体水质联合监测方法与实验室技术研讨会（以下简称"技术研讨会"）背靠背召开。

（四）中俄跨界水体水质联合监测机制不断完善，合作内容不断深化

自 2006 年签署《联合监测计划》起，为确保监测数据质量，2008 年起双方开始质控样品交换及分析工作；2012 年起双方启动达兰鄂罗木河研究性监测工作，同年，举办首届联合监测方法与实验室技术研讨会，目前技术研讨会已常态化，每年在两国轮流举行（与联委会监测工作组背靠背召开），就联合监测工作中的技术问题提出专家建议；2014 年，双方启动额尔古纳河污染成因分析及信息交换工作，工作重点从水质监测与评价开始转向污染溯源；2015 年，双方在黑龙江及乌苏里江启动水生生物指标（叶绿素 a）的监测工作，工作重点从化学监测转向生物监测。

综上，在分委会与联委会两大机制的统筹协调下，中俄跨界水体水质联合监测工作平稳有序推进。协调委暨专家组负责《联合监测计划》的具体制定和组织落实；技术研讨会为联合监测提供技术支持；分委会监测工作组负责具体监测合作的核心决策及执行；联委会监测工作组则主要定位于交流上述机制下的相关信息，并进行技术研讨。各个机制均由稳定的团队承担，各项工作有条不紊开展，对增进两国互信、促进水质改善发挥了不可替代的作用。

二 中俄跨界水体水质状况

基于中俄跨界水体水质联合监测数据，中俄双方分别采用各自的评价方法对跨界水体水质状况进行了评价，对比双方评价结果得出以下结论。

第一，中方数据评价结果显示，额尔古纳河的水质稳定，属轻度、中度污染；俄方评价结果显示，额尔古纳河水质呈恶化趋势。

第二，中方数据评价结果显示，黑龙江水质稳定，属轻度、中度污染；俄方数据评价结果显示，黑龙江水质呈改善趋势，特别是同江东港断面（松花江汇入后）水质明显改善，由污浊转为污染。

第三，中方数据评价结果显示，乌苏里江水质逐渐趋好，由轻度污染转为良好；俄方数据评价结果显示，乌苏里江水质由污浊转为轻度污染，水质显著好转。

第四，中方数据评价结果显示，兴凯湖水质状况良好，水质稳定；俄方数据评价结果显示，兴凯湖水质稳步改善，由污浊转为污染。

第五，中方数据评价结果显示，绥芬河水质呈恶化趋势，由良好逐渐向轻度、中度污染转变；俄方数据评价结果显示，绥芬河水质呈改善趋势，由污浊转为重度污染。

根据中方评价结果（见表1），2007～2017年中俄跨界水体水质总体较为稳定，乌苏里江水质轻微好转，绥芬河水质轻微恶化。根据断面多年水质类别统计，中俄跨界水体中Ⅲ类水断面约占22.2%，Ⅳ类水断面约占52.5%，Ⅴ类水断面约占23.2%，劣Ⅴ类水断面约占2.0%。黑龙江和额尔古纳河水质最差，乌苏里江和绥芬河次之，兴凯湖水质良好。中俄跨界水体水质总体为轻度污染，主要污染指标为：高锰酸盐指数和化学需氧量（变化趋势见附件）。

表1　中俄联合监测中方评价结果（2007～2017年）

河流名称	断面名称	2007	2008	2009	2010	2011	2012	2013	2014	2015	2016	2017
额尔古纳河	嘎洛托	Ⅳ	Ⅴ	Ⅴ	Ⅴ	Ⅳ	Ⅳ	Ⅴ	Ⅳ	Ⅳ	Ⅳ	Ⅳ
	黑山头	Ⅳ	Ⅴ	Ⅴ	Ⅴ	Ⅳ	Ⅳ	Ⅳ	Ⅳ	Ⅳ	Ⅳ	Ⅳ
	室韦	Ⅲ	Ⅳ	Ⅳ	Ⅳ	Ⅳ	Ⅳ	Ⅳ	Ⅳ	Ⅳ	Ⅳ	Ⅲ
黑龙江	黑河下	Ⅴ	Ⅴ	Ⅴ	Ⅴ	Ⅴ	Ⅴ	Ⅴ	Ⅴ	劣Ⅴ	Ⅳ	
	名山	Ⅳ	Ⅳ	Ⅳ	Ⅴ	Ⅳ	Ⅳ	Ⅳ	Ⅳ	劣Ⅴ	Ⅳ	
	同江东港	Ⅳ	Ⅴ	Ⅳ	Ⅳ	Ⅳ	Ⅳ	Ⅳ	Ⅳ	Ⅳ	Ⅳ	Ⅳ
乌苏里江	乌苏镇	Ⅳ	Ⅲ	Ⅳ	Ⅳ	Ⅳ	Ⅳ	Ⅲ	Ⅲ	Ⅲ	Ⅳ	Ⅲ
兴凯湖	龙王庙	Ⅲ	Ⅲ	Ⅲ	Ⅲ	Ⅲ	Ⅲ	Ⅲ	Ⅲ	Ⅲ	Ⅲ	Ⅲ
绥芬河	三岔口	Ⅳ	Ⅳ	Ⅳ	Ⅲ	Ⅲ	Ⅲ	Ⅲ	Ⅲ	Ⅳ	Ⅳ	Ⅳ

注：以上评价结果基于中方监测数据和评价方法得出；2015年双方开展了2次联合监测；2016年双方开展了1次联合监测；2017年双方开展了1次联合监测，中方独自开展其余3次监测。

根据俄方评价结果（见表2），2009～2015年（2016～2017年俄方监测数据不足，未开展水质评价）额尔古纳河、绥芬河水质污染较为严重，兴凯湖次之，黑龙江与乌苏里江污染程度相对较轻。乌苏里江、兴凯湖及黑龙江水质稳定趋好。主要污染指标：化学需氧量、高锰酸盐指数及BOD5。

表2　中俄联合监测俄方评价结果（2009～2015年）

河流名称	断面名称	2009	2010	2011	2012	2013	2014	2015
额尔古纳河	嘎洛托	污浊	污浊	污浊	极度污浊	非常污浊	污浊	非常污浊
	黑山头	污浊	污浊	污浊	污浊	非常污浊	污染	污浊
	室韦	污浊	污浊	污浊	污浊	非常污浊	污染	非常污浊

续表

河流名称	断面名称	2009	2010	2011	2012	2013	2014	2015
黑龙江	黑河下	污染	污染	轻度污染	污染	污染	污染	污染
	名山	污染	污染	重度污染	轻度污染	污染	轻度污染	轻度污染
	同江东港	污浊	污浊	重度污染	污染	污染	污染	轻度污染
乌苏里江	乌苏镇	污染	污浊	重度污染	轻度污染	轻度污染	轻度污染	轻度污染
兴凯湖	龙王庙	污浊	污浊	污浊	污染	污染	污染	污染
绥芬河	三岔口	污浊	污浊	污浊	污浊	污浊	重度污染	重度污染

注：1－相对纯净，2－轻度污染，3A－污染，3B－重度污染，4A－污浊，4B－非常污浊，5－极度污浊（此为俄罗斯的水质评价等级）。

综上，通过对比、分析双方评价结果，中俄跨界水体水质总体呈稳定改善趋势。受两国监测和评价方法不同影响，双方对个别水体的水质状况变化趋势分析存在一定差异。

三　对策建议

（一）优化联合监测合作机制，推动环境监测全面合作

一是统筹发挥好现有机制的作用。当前，联委会和分委会下设监测工作组的工作内容重叠度较高，可考虑对机制进行整合，提高工作效率。若存在并行设立的需要，可进一步区分两个工作组的工作职责，联委会下的监测工作组可侧重于具体的跨界水体水质联合监测，分委会下的监测工作组可侧重于环境监测领域的全方位对话。

二是加强环境监测政策对话。在水质联合监测工作的基础上，双方可就环境监测体制机制、政策法规等加强交流与对话，取长补短，推动两国环境监测体系更趋完备。

（二）加强环境监测技术交流，优化、完善环境治理体系

当前中俄环境监测技术研讨主要聚焦于《联合监测计划》修改和检测分析环节，建议进一步丰富技术交流的内容。

一是加强环境监测新技术交流。随着互联网、卫星遥感、无人机等新技术的发展，环境监测的技术手段日益丰富。双方可就如何加强高新技术在环境监测领域的应用开展探索对话，共同推进环境监测新技术和新方法研究。

二是加强环境监测技术规范交流。目前国内环境监测还存在技术规范体系不健全、不统一等问题，建议两国重点加强监测布点、监测和评价技术标准规范交流，促进国内环境监测标准规范体系的完善。

三是加强环境监测领域的联合研究。国家层面可围绕环境监测前沿问题和重难点问题设立专项，由中俄研究机构联合开展研究，推动环境监测技术的发展。

（三）促进环境监测民间合作，构建立体式合作网络

面向生态环境治理将是政府与社会多方共治的未来格局，建议两国可考虑在环境监测领域建立以政府为主导，企业、科研机构、社会组织共同参与的立体式合作模式。

政府层面，继续在既有政府间对话合作框架下，开展环境监测体制机制、法律法规等对话和交流，并开展例行的联合监测活动。

民间层面，充分依托中俄友好、和平与发展委员会生态理事会、中国－俄罗斯博览会等平台，拓展两国环境监测民间合作模式。一是为社会监测机构提供交流平台。国内正积极培育第三方环境监测市场，而社会环境监测机构水平参差不齐，为民间的监测机构提供参与中俄监测技术交流机会，有利于提升国内社会监测机构的水平。二是为环境监测产业交流提供平台。近年来，国内环境监测装备技术快速发展，可借助中国－俄罗斯博览会等平台，推动国内的环境监测产业"走出去"。

附件：

中俄跨界水体主要污染指标变化趋势

（2007～2017 年）

分析 2007～2017 年中俄跨界水体水质联合监测中方数据的变化趋势可见：

第一，中俄跨界水体主要污染指标为高锰酸盐指数和化学需氧量；黑龙江、乌苏里江存在铁超标情况，绥芬河存在氨氮超标情况。

第二，额尔古纳河化学需氧量超标情况显著；黑龙江高锰酸盐指数、铁污染超标情况显著，铁含量大体呈下降趋势。

第三，乌苏里江铁超标情况显著，并大体呈上升趋势；绥芬河个别年份氨氮超标情况显著，高锰酸盐指数大体呈上升趋势。

具体分析如下：

2007～2017 年，额尔古纳河各断面高锰酸盐指数、化学需氧量年均值的变化趋势相对稳定，上下游断面间水质变化规律不显著。受洪水影响，2013 年额尔古纳河高锰酸盐指数及化学需氧量年均值要显著高于其他年份（见图1）。

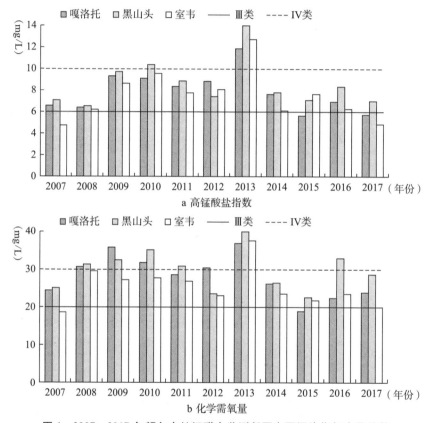

a 高锰酸盐指数

b 化学需氧量

图1 2007～2017 年额尔古纳河联合监测断面主要污染指标变化趋势

总体来看，额尔古纳河化学需氧量的污染程度要重于高锰酸盐指数。在多年联合监测中，3 个断面高锰酸盐指数年均值超过或达到《地表水环境质量标准》（GB3838－2002）Ⅲ类水质限值的达29 次，约占87.9％，超过或达到Ⅳ类水质限值的有4 次，约占12.1％；化学需氧量年均值超过或达到Ⅲ类水质限值的达31 次，约占93.9％，超过或达到Ⅳ类水质限值的有12 次，约占36.4％。

2007～2017 年，黑龙江各断面高锰酸盐指数、化学需氧量年均值的变化趋势相对稳定，上下游断面间水质变化规律不显著。由于 2016 年仅开展了一次联合监测，当月水质指标偏高，这导致该年年均值显著高于其他年份。各断面铁年均值普遍超标，其中名山断面铁超标情况最为显著，铁年均值在 2011 年达到最高值后，近年来呈现小幅下降趋势（见图 2）。

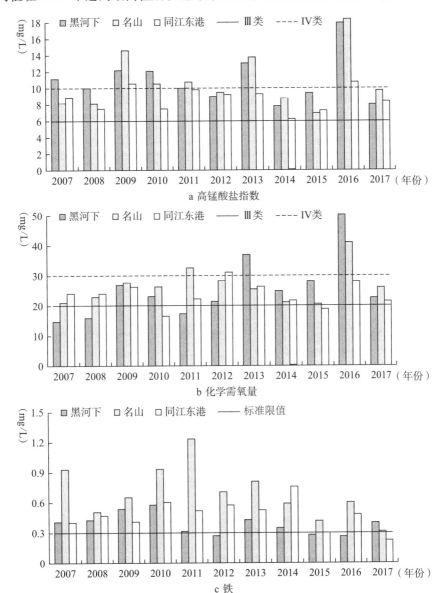

图 2　2007～2017 年黑龙江联合监测断面主要污染指标变化趋势

总体来看，黑龙江高锰酸盐指数的污染程度要重于化学需氧量，铁超标情况显著。在多年联合监测中，3个断面高锰酸盐指数年均值均超过或达到Ⅲ类水质限值，超过或达到Ⅳ类水质限值的有14次，约占42.4%；化学需氧量年均值超过或达到Ⅲ类水质限值的达28次，约占84.8%，超过或达到Ⅳ类水质限值的有5次，约占15.2%；铁年均值超过或达到标准限值的有29次，约占87.9%。

2007~2017年，乌苏里江乌苏镇断面高锰酸盐指数和化学需氧量较为稳定。乌苏镇断面高锰酸盐指数和化学需氧量超过或达到Ⅲ类水质限值的次数分别为5次和2次。除2009、2010年外，乌苏镇断面铁年均值均超过标准限值（见图3）。

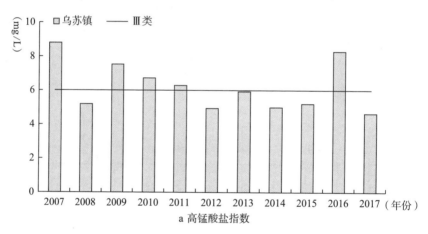

a 高锰酸盐指数

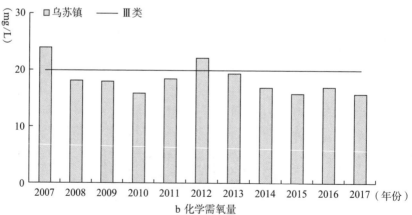

b 化学需氧量

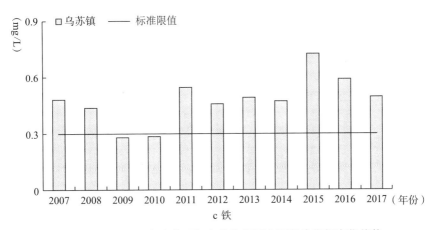

c 铁

图 3　2007～2017 年乌苏里江乌苏镇断面主要污染指标变化趋势

2007～2017 年，绥芬河三岔口断面化学需氧量呈小幅上升趋势，高锰酸盐指数较为稳定。三岔口断面化学需氧量和高锰酸盐指数超过或达到Ⅲ类水质限值的次数分别为 5 次和 4 次。其中，2015 年，化学需氧量年均值超过Ⅳ类水质限值。此外，2008 年、2012 年和 2015 年，绥芬河出现氨氮超标情况（见图 4）。

兴凯湖水质稳定，高锰酸盐指数和化学需氧量较为稳定，均未出现超过Ⅲ类水质限值的情况，水质状况良好。个别年份存在铁、磷酸盐超标情况。

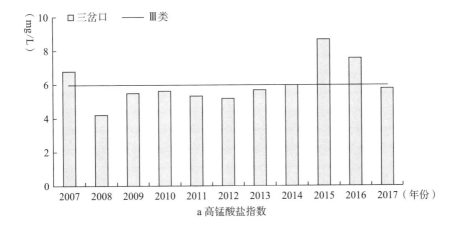

a 高锰酸盐指数

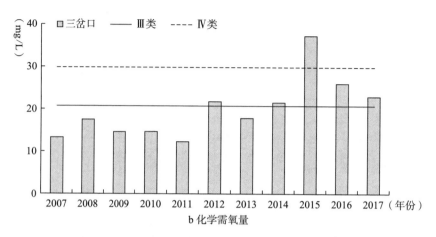

b 化学需氧量

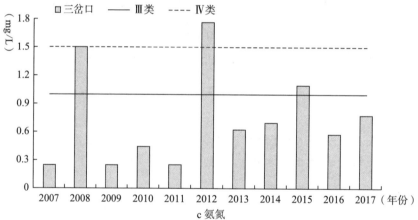

c 氨氮

图 4　2007~2017 年绥芬河三岔口断面主要污染指标变化趋势

上海合作组织国家战略研究
与环保合作形势分析

段光正　王语懿* 张玉虎

摘　要　新形势下，深化中国与上海合作组织其他成员国之间的战略对接、释放环保合作潜力是深入推进上海合作组织发展、促进区域一体化的内在要求，也是建设绿色"一带一路"和落实2030年可持续发展议程的重要体现。

本文通过研究上海合作组织成员国发展战略与环境政策间的关系、各国环保战略对接情况，分析了上海合作组织成员国环保合作前景。主要表现在四个方面：一是环保合作面临难得的机遇，如2030年可持续发展议程全面推进，绿色低碳发展时代潮流更加明显，上海合作组织地区环保合作日益活跃等；二是环保合作面临明显的挑战，如组织自身发展定位的限制，组织扩员带来风险及挑战等；三是环保合作具有突出的优势，如"一带一路"倡议带来新契机，产业规模和技术储备基础良好，生态环境保护市场需求旺盛等；四是环保合作存在的劣势，如各国环境问题存在差异，环保合作互补性弱，产业合作障碍较多等。

最后，对上海合作组织成员国环保合作提出对策建议：一是继续深化政策沟通，加强生态环保合作；二是共同推动落实《上海合作组织成员国环保合作构想》；三是开展绿色发展的务实合作；四是推动上海合作组织与"一带一路"沿线国家开展多边合作。

关键词　上海合作组织　环保战略　环保合作

＊　段光正、王语懿，中国－上海合作组织环境保护合作中心；张玉虎，首都师范大学副教授。

一　上海合作组织成员国国家战略与环境政策间的关系

（一）俄罗斯

俄罗斯国家战略与环境政策间的关系主要表现为三方面：一是国家战略导向下对环境保护的行政支撑与政策支撑；二是国家创新战略中对环保技术的规范和覆盖；三是国家能源可持续发展战略作用下的环境制度及相关指标的确立（见表1）。

表1　俄罗斯环境优先发展领域及措施

优先发展领域	措施
环境标准	1. 改善当局在环境保护领域的权力划分； 2. 制定有效标准，提高联邦和地区层面环境监督效率； 3. 引入风险识别和评估方法，提高管理决策的有效性
环境安全	1. 采取环境立法和公共环境政策来应对环境问题； 2. 采取可行性计划和方案进行环境战略评估； 3. 加强对违反联邦环境法行为的责任追究力度
技术创新	1. 建立生态环境经济发展模式，减少对环境的负面影响； 2. 提高环境技术创新效率，引进对环境无害的创新技术
预防	1. 构建高标准环境技术规范； 2. 强化国家的环境评估义务； 3. 改进环境影响评估的程序和方法
自然系统保护	1. 确定环境脆弱地区，建立全方位补救机制； 2. 建立自然保护区系统，保护物种的多样性； 3. 维护和修复自然保护区环境系统功能
废物管理	1. 充分利用原材料，减少废物的产生； 2. 实现废物的分类及再生利用； 3. 企业须使用废物低排放技术和设备
环境审计	1. 逐步实施环境申报和环境审计制度； 2. 生产商需对其生产的产品承担环境责任和社会责任
环境监测	1. 实现国家环境监测系统的现代化与自动化； 2. 根据监测结果制定有效政策
环境教育	将环境保护纳入教育标准，加强对环境保护方面的培训和宣传

（二） 哈萨克斯坦

哈萨克斯坦国家战略与环境政策间的关系主要表现为两方面：一是国家经济发展规划将可持续发展理念视为重点，切实推进以低碳为基础的绿色增长政策；二是将能源的可持续和自然生态环境保护放在经济发展的重要位置（见表2）。

表 2　哈萨克斯坦环境优先发展领域及措施

优先发展领域	措施
渔业	保护鱼类繁殖并合理利用鱼类资源
生物多样性	保护稀有和濒危物种，实施人工繁殖等保护措施
林业	主要包括植树造林、林业设计等
土地管理	提高土壤肥力；改善国家土地测量支持系统
水资源	改善灌溉和排水网络；减少水污染程度

资料来源：《哈萨克斯坦共和国农业部 2017～2021 年战略计划》。

（三） 吉尔吉斯斯坦

吉尔吉斯斯坦国家战略与环境政策间的关系主要表现为三方面：一是做好环境政策与国家战略的对接；二是确定新的环境安全概念；三是加强行政权力对环境政策的监管与法规建设。

2006 年以前，吉尔吉斯斯坦环境优先发展领域主要包括大气、水资源、土地资源、生物多样性、危险废物管理、环境监测、环境教育等七个领域。

吉尔吉斯斯坦的《2006～2010 年国家发展战略》将环境安全确定为国家发展战略的优先发展领域之一，并提出了实现环境安全目标的相关建议，包括加强经济手段、监测环境状况、简化自然使用许可制度、加强环境法规的执行、建立保护区网络保护生物多样性、恢复生态系统并防止其退化等。目前，吉尔吉斯斯坦正在确定新的环境安全概念。

（四） 塔吉克斯坦

塔吉克斯坦国家战略与环境政策间的关系主要表现为两方面：一是在全面转型中，强调可持续发展与环境保护对经济增长的重要意义，发展绿色能源是实现可持续发展的重要因素；二是动员全社会力量参与环境保护行动，加强环保宣传力度（见表3）。

表3　塔吉克斯坦环境优先发展领域及措施

优先发展领域	措施
水资源	中亚各国通过平等和相互理解的原则进行区域水资源管理； 引入先进的水资源利用技术； 加大水资源保护的社会参与力度
土地	防止土地退化和荒漠化
生物多样性	在特定保护区域实现退耕还林

资料来源：*Policies for a Better Environment：Progress in Eastern Europe，Caucasus and Central Asia*。

（五）乌兹别克斯坦

乌兹别克斯坦国家战略与环境政策间的关系主要表现为三方面：一是行政机构的强化和对环境政策的贯彻落实；二是国家战略条件下的环境政策导向与规划；三是与环境相关的行动规划与法规监督（见表4）。

表4　乌兹别克斯坦环境优先发展领域及措施

优先发展领域	措施
环境健康	1. 加强市政和危险废物管理； 2. 将空气污染问题纳入运输政策； 3. 逐步淘汰含铅汽油； 4. 改善食品质量； 5. 防止工业污染； 6. 改善能源部门的环境绩效考核制度，开发和引入可再生能源（太阳能、水、风、沼气等）
土地和水资源的使用	1. 改革农业部门； 2. 促进作物结构多样化； 3. 提高土地生产力； 4. 更好地维护灌溉和排水网络； 5. 开发综合土地，加强水和盐度管理； 6. 试点推广流域管理方法； 7. 改善环境保护和自然资源利用的经济机制
区域和全球环境问题	1. 保护生物多样性和控制荒漠化； 2. 改进保护区管理； 3. 制定和实施咸海流域区域水资源管理战略； 4. 加入多边公约并建立国内合规机制

资料来源：*Policies for a Better Environment：Progress in Eastern Europe，Caucasus and Central Asia*，p. 144。

（六）巴基斯坦

巴基斯坦国家战略与环境政策间的关系主要体现在国家战略层面解决空气污染、生物多样性减少及水资源短缺等环境问题的应对措施方面（见表5、表6和表7）。

表5　巴基斯坦提高空气质量的措施

实施阶段	具体措施
短期	1. 逐步将两冲程车辆和柴油车辆排除在公共服务交通工具之外； 2. 加强对各大城市环境的监测力度； 3. 停止进口以及生产制造两冲程车辆； 4. 限制车辆由汽油引擎转为二手柴油引擎； 5. 通过改善交通状况确定城市高污染区域并对其实施管控； 6. 定期检查市场上销售的燃油和润滑油质量； 7. 更新或替代原有的制砖技术； 8. 调查并制定室内空气质量标准
中期	1. 增强机动车检验员的能力； 2. CNG驱动的客车将享受特惠关税； 3. 公司合作建立车辆检查中心； 4. 重申《机动车车辆条例》，并按规定对私家车进行检查； 5. 禁止倾倒和焚烧农业废物； 6. 严格要求建筑工地避免污染空气； 7. 实施工业绿化工程
长期	1. 引进并推广低硫柴油； 2. 鼓励使用车辆污染控制装置及技术； 3. 在城市建立连续监测站，记录城市的空气污染水平； 4. 持续实施植树造林等绿化行动； 5. 采用先进技术，控制工业污染，处理固体废物

资料来源：《巴基斯坦清洁空气方案》。

表6　巴基斯坦生物多样性保护措施

序号	措施
1	建立可持续利用生物资源和保护生物多样性的政策框架
2	落实和推进国家生物多样性保护计划，开展国际和区域合作

序号	措施
3	为当地社区一级的生物多样性保护创造条件，并提供激励政策
4	应用和更新生物多样性保护工具和技术
5	加强生物多样性保护的环境教育和宣传工作

资料来源：《2017～2030 年巴基斯坦国家生物多样性战略和行动计划》。

表 7　巴基斯坦水资源综合管理措施

序号	措施
1	规划发展饮用水供应系统，修复、升级城市和农村现有饮用水系统
2	鼓励实施饮用水计量办法，监督饮用水浪费情况
3	推广使用节水管道设备和节水技术
4	鼓励水资源的回收利用
5	管制地下水抽取行为
6	开展水资源使用的环境影响评价
7	优先考虑贫民区、咸水区以及地下蓄水层缺少淡水地区的用水情况

资料来源：《巴基斯坦 2009 年国家饮用水战略》。

（七）印度

印度国家战略与环境政策间的关系主要体现在两方面：一是在"印度制造及智慧城市"战略下优先发展环境领域的产业，如优先实施垃圾处理、水处理、能源管理等环境政策；二是在"季风计划"战略下实施可持续发展战略，主要是为了实现《变革我们的世界：2030 年可持续发展议程》中环境领域的相关目标。

二　上合组织成员国环保战略对接 SWOT 分析①

上合组织自成立以来，持续推进环保合作，包括信息交流、环境监测、专家培训、生物多样性保护、适应气候变化、环保项目投融资、废物管理、环保技术合作、环保教育和宣传等诸多方面，取得了《上海合作组织成员国环保合作构想》（以下简称《构想》）等重要成果。同时因各成员国对上

————————

① SWOT 分析，即基于内外部竞争环境和竞争条件下的态势分析。

合组织的定位和利益诉求存在差异而面临挑战，所以需要进一步加强政策对话与交流，完善环保合作机制，维护上合组织区域生态平衡，实现区域可持续发展。

（一）机遇

1. 2030 年可持续发展议程全面推进

2015 年 9 月，联合国发展峰会通过了《变革我们的世界：2030 年可持续发展议程》，创建了"一个以可持续的方式进行生产、消费和使用从空气到土地、从河流、湖泊和地下含水层到海洋的各种自然资源的世界"的愿景，为未来 15 年各国发展和国际发展合作指明了方向。

上合组织各成员国均为联合国会员国，其中，中国、俄罗斯是联合国安理会常任理事国，中国、印度是世界上重要的发展中国家和新兴经济体。保护环境是各国发展的基本议程，上合组织各成员国均肩负着实现 2030 年可持续发展目标的重要责任和义务。

中国政府提出落实 2030 年可持续发展议程立场文件，明确了包括加强生态环境保护、积极应对气候变化、有效利用能源资源等在内的重点领域和优先方向，强调在做好自身发展工作的同时，将继续积极参与全球发展合作，并做出力所能及的贡献，不断深化南南合作。俄罗斯、中亚国家、巴基斯坦和印度亦将落实 2030 年可持续发展议程作为国内发展的重要内容，积极开展对外环保交流和合作，引进国际资金和项目。

2. 绿色低碳发展时代潮流更加明显

随着全球化持续深入发展，加强生态环境保护，提高绿色发展水平，抢占绿色发展制高点，已经成为越来越多的国家的长期战略选择。越来越多的国家为保护本国生态环境和公众健康设置了环境保护门槛，限制或禁止垃圾进口，实施绿色标志（签）和绿色采购措施，强化了绿色贸易壁垒。

随着各国经济持续发展和环境问题日益突出，各国认识到环境问题会对经济社会发展产生较大影响，要将环境治理作为国家发展战略的重要内容。

中国提出绿色发展理念，加强生态环境保护立法，将生态文明和美丽中国建设的要求写入宪法，深化生态环境监管体制改革，大力推进大气、水、土壤污染防治。

俄罗斯实施《2012～2020 年国家环境保护规划》，并将 2017 年定为"生态年"；俄罗斯总统普京在 2018 年度国情咨文中指出，改善国家生态环境将不会再被延迟,将积极进行垃圾场治理和饮用水质量改善。

哈萨克斯坦提出在 2050 年实现向绿色经济转型。乌兹别克斯坦发布《2016～2020 年自然环境监测规划》,加强环境管理。吉尔吉斯斯坦、塔吉克斯坦不断完善环境立法,寻求开展环保领域国际合作。巴基斯坦、印度正大力推进空气、水污染治理和低碳发展。

3. 上合组织区域环保合作日益活跃

俄罗斯积极参与全球和地区环境议程,并与美国、德国等 20 多个国家签订有环境保护合作协定,内容涉及环境信息的交流、联合开展科学研究、人员培训、举办研讨会和展览会等;还与韩国、朝鲜、蒙古国、伊朗、阿塞拜疆、哈萨克斯坦等国开展环境合作项目,并制定相关行动计划和方案。

中亚地区环保合作主要围绕三个领域。一是拯救咸海行动。1993 年 3 月,中亚五国首脑在哈萨克斯坦克孜勒奥尔达市召开咸海问题大会,针对咸海地区的生态危机和社会危机制订行动计划。会议签署了《关于合作解决咸海问题及保障咸海地区社会和经济健康发展的协议》,成立了咸海问题国际委员会和拯救咸海国际基金会。2018 年 9 月,哈萨克斯坦、乌兹别克斯坦达成共识,将联合对锡尔河水质进行监测。二是跨界水资源利用和保护。1997 年 4 月,中亚五国达成《关于在共同利用和保护跨界水资源领域合作的协议》;1999 年 12 月,在哈萨克斯坦就咸海流域跨界水资源问题召开第一次国际会议,旨在确定区域内跨界水资源组织机构并就信息达成协议,同时建立区域水资源数据库。三是防治土地退化。2003 年,中亚国家环境部长签订《中亚国家实施〈联合国防治荒漠化公约〉战略合作协定》。协定为期 10 年,预计投入资金 6 亿美元。制定《中亚国家土地管理倡议》,提出要实现土地可持续管理,扭转土地退化趋势。

近年来,联合国开发计划署在巴基斯坦的与环境相关的活动集中在对气候变化的适应和监测、降低冰湖溃决洪水的风险性和脆弱性、对自然资源进行可持续管理、保护生态系统、防治荒漠化的可持续土地管理等方面。在其帮助下,巴制定了《固体废物管理指导原则(草案)》,制定实施了《国家气候变化政策》。此外,欧盟也为巴基斯坦提供资金用于自然资源管理和保护、生物多样性保护、可持续资源管理等。

印度在气候变化、清洁能源和可持续发展方面一直同其他金砖国家保持密切合作并不断进行磋商。2009 年 11 月,"基础四国"在哥本哈根大会开幕前聚首北京,形成共同的基本立场。此外,印度也是亚太清洁发展和气候伙伴关系计划发起国之一。

（二）挑战

1. 上合组织自身发展定位的限制

上合组织前身"五国机制"聚焦处理边界问题和增进互信，成立后又将安全合作列为最优先议题，到目前为止尚未提出明确的政治、经济和社会领域区域一体化目标。这决定了上合组织在相当长时期内更多的是一个多边的合作协商平台，而不是迈向一体化的地区组织。

上合组织内部成员之间多样的国情、复杂的关系增加了多边环保合作的协调难度和成本，部分国家希望加强环保等领域的务实合作，但更多倾向于推进跨界水域和保护地方面的双边合作。此外，上合组织地区存在欧亚经济联盟、南亚区域合作组织等地区组织，均建立有区域性环保合作机制，与上合组织框架下的环保合作形成竞争。

2. 上合组织扩员带来风险及挑战

上合组织扩员是重大机遇，也是严峻挑战，随着印度、巴基斯坦的加入，上合组织的内部结构、议事日程发生重大变化。如果不能针对组织内部存在的问题进行相应调整，对外部环境没有正确的评估及应对措施，对新成员国与老成员国不能平等对待，那么扩员就有可能导致组织形式上扩大而实质上"一盘散沙"，出现区域扩大而安全与稳定没有得到增强、成员国增加而凝聚力没有得到增强的状况。对此，要始终秉持"上海精神"，坚持开放性与有效性相统一，通过积极应对内外部环境，推动机制改革，不断化挑战为机遇。

（三）优势

1. "一带一路"倡议下的新契机

与"一带一路"倡议的深度对接使上海合作组织有了蓬勃的生机，共建绿色"一带一路"也成为许多国家的共同愿望，上海合作组织其他成员国在"一带一路"倡议框架下与中国签订合作协议，二者间已产生了合作新契机。通过共建"一带一路"可持续城市联盟、绿色发展国际联盟及"一带一路"生态环保大数据服务平台，继续实施"绿色丝路使者计划"及"一带一路"应对气候变化南南合作计划等。如此，"一带一路"倡议将得以推进，上海合作组织的环保合作也将得到较大发展。

2. 产业规模和技术储备基础良好

近年来，受益于大规模的环境污染治理和生态修复工程投资，我国在水污染防治、大气污染防治、固体废物处置、环境监测、环境修复等领域诞生了创新技术，形成了一批大型环保企业，为我国环保产业"走出去"打下了坚实的基础。2017年，我国已在海内外上市的环保公司有150家左右，其中，A股上市环保公司119家。2017年，A股上市环保公司共实现环保业务营收1847.9亿元，同比增长23.2%；环保业务净利润197.4亿元，同比增长12.6%。环保行业有着良好的前景。

此外，中国、俄罗斯、巴基斯坦、印度均是上合组织区域内重要的核能开发国家，在核安全监管方面也积累了丰富的经验。

3. 生态环境保护市场需求旺盛

上合组织成员国均为发展中国家，环境污染问题较为突出，生态环境保护市场有着较大的需求。例如，俄罗斯和中亚国家核能开发较早，但核废物处理能力相对薄弱，所以长期深受核污染之害；中国、俄罗斯、巴基斯坦、印度均濒临大洋，是北极、南极和公海生态环境保护的重要参与者，均面临近海污染、海洋生态系统破坏、溢油等突出海洋污染问题的挑战；此外，中亚、南亚以及中国部分地区荒漠化较为严重。

（四）劣势

1. 环境问题差异明显

上合组织是全球覆盖面积最大的区域性国际组织，拥有全球1/5的陆地面积，既有广袤无垠的寒带针叶林和热带雨林，也有沙漠戈壁和高寒冻土；既有俄罗斯、哈萨克斯坦等转型国家，也有中国、印度等新兴经济体，生态环境问题的存量和增量均存在明显差异。

东亚和南亚资源消耗、空气污染和水环境问题严峻，中亚地区水资源短缺、湖泊萎缩、土地退化和荒漠化严重，北亚地区大规模农业和矿产开发的负面影响显现。各成员国的突出环境问题各异，减少了各国环保合作的契合点。此外，由于各国传统文化、政治体制、发展阶段和环保意识不同，各国环境治理模式存在明显差异。

2. 环保合作互补性较弱

上合组织地区环保合作主要聚焦在跨界水域保护、自然保护地等有限领域，由于各国经济发展水平总体不高，多为环保项目、资金、知识、技术和装备的输入地，环保领域的互补性不强，甚至存在国际资源竞争问题。此外，上合组织成员国间的多边环保合作有待进一步增强。

3. 环保技术滞后，产业合作障碍较多

上合组织成员国环保技术供给水平总体滞后于污染防治需求，环境科技基础研究和应用基础研究与发达国家存在较大差距，技术创新总体上处于跟跑状态，原创性、特有性技术不多，专利、核心产品和技术标准等重大创新成果较少。多数环保企业将工艺设计作为研发重点，技术创新能力有限，预研能力严重不足。

上合组织成员国虽然生态环境问题突出，中国、印度等国家环保市场潜力巨大，但环保企业"走出去"及"双向互动"渠道不畅。上合组织成员国中，对外援助主要来源于中国、印度，援外项目涉及环保项目的比例较低，环保企业依靠自身力量独立参与国际市场竞争的能力偏弱。

此外，境外融资困难，且海外欠发达国家的市场环境较差，给企业带来额外的时间和人力成本的消耗，例如，一些国家政局不稳，项目投资风险较大。

三　上海合作组织成员国环保合作形势分析

（一）上海合作组织框架内多边环保合作

环保、生态安全、应对气候变化消极后果、合理利用自然资源是上海合作组织成员国双多边人文合作的重要内容。上海合作组织成立伊始就宣言，"本组织的宗旨包括鼓励各成员国在环保等多领域的有效区域合作"。2018年，上海合作组织青岛峰会通过《上海合作组织成员国环保合作构想》，为上海合作组织地区深化环保合作指明了方向，提供了新的机遇。

（二）中国与各成员国的双边环保合作形势分析

1. 中俄环保合作形势分析

1994年5月，中俄签署《中华人民共和国政府和俄罗斯联邦政府环境保护合作协定》，正式启动两国环保合作进程。经过多年的合作，中俄建立了环保合作常态化机制。2005年，《中俄总理第十次定期会晤联合公报》提出，将在中俄总理定期会晤委员会下设立环境保护合作分委会。2006年3月，中俄两国元首签署的联合声明指出，同意共同加强双方边境地区的环境保护，积极预防环境事故，就签署跨界水保护和合理利用合作的协定加快磋商；同年9月，中俄总理定期会晤委员会环境保护合作分委会成立（以下简称"分委会"），标志着中俄环保合作机制建设迈出关键一步。分委会下设污染防治和环境灾害应急联络工作组、跨界水体水质监测与保护工作组、跨界自然保护区和生物多样性保护工作组。

中俄山水相连、环境相通决定了中俄环保合作的重点区域和优先领域。中俄拥有 4300 多千米的共同边界，共同拥有黑龙江、乌苏里江、额尔古纳河、松阿察河和兴凯湖（"两江、两河、一湖"），涉及 2500 个岛屿；两国许多陆地动植物存在天然的联系。目前，两国环保合作主要集中在中国黑龙江、吉林、内蒙古三省（区）与俄罗斯远东阿穆尔州、滨海边疆区、赤塔州、哈巴罗夫斯克边疆区；此外，双方还在中国西部新疆维吾尔自治区与俄罗斯阿尔泰边疆区开展自然保护区合作。

2007 年 3 月，两国元首签署的《中俄联合声明》明确指出，"中俄双方合作的优先领域是跨界水体的污染防治、跨界水体水质监测和生物多样性保护"。目前，跨界自然保护区建设和生物多样性保护工作、跨界水体水质保护监测、边界地区污染防治与环境灾害应急已成为两国环保合作的重点。

2. 中哈环保合作形势分析

2005 年 7 月，两国建立战略伙伴关系以来，环保领域合作加快推进，跨界河流利用和保护成为中哈环境保护的重点领域。2005 年 7 月，《中华人民共和国和哈萨克斯坦共和国关于建立和发展战略伙伴关系的联合声明》指出，"双方高度评价中哈利用和保护跨界河流联合委员会取得的各项成果，特别是有关双方紧急通报跨界河流自然灾害信息的协议，并将在现有机制下继续合作，包括通报自然灾害情况，以保证合理利用和保护两国跨国界河流水资源"。2009 年 4 月，中哈发布联合公报，提出遵循互利原则，积极协商解决涉及跨界河流利用和保护的相关问题。

2011 年 2 月，中哈签署《中哈跨界河流水质保护协定》，明确共同开展科学研究，监测、分析和评估跨界河流水质，预防跨界河流污染等领域合作；双方商定成立中国 - 哈萨克斯坦环保合作委员会（以下简称"环委会"）来协调落实协定。2011 年 6 月，中哈签订《中哈环境保护合作协定》，商定开展预防和控制大气污染、水污染、固体废物污染、放射性污染及环境监测和共同科学研究等领域的合作。2011 年 9 月，环委会第一次会议制定《中哈环保合作委员会条例》，明确了环委会在协调、促进中哈环保和跨界河流水质领域合作的职责。至此，双方开始在环委会框架下积极开展政策对话、技术交流。

2018 年 6 月，《中华人民共和国和哈萨克斯坦共和国联合声明》指出，双方同意继续提高合作水平，加强并拓展环保领域合作，巩固和深化两国跨界河流领域的保护和利用合作。

3. 中吉环保合作形势分析

2007 年，中国与吉尔吉斯斯坦签署环境合作谅解备忘录，双方环保合作进展相对缓慢。2012 年 6 月，中吉发表声明，强调双方将开展环保领域的合作，采取必要措施防止污染，确保跨界水等自然资源的保护和合理利用。2018 年 6 月，两国元首共同签署的《中华人民共和国和吉尔吉斯共和国关于建立全面战略伙伴关系的联合声明》指出，双方将进一步扩大环保领域合作，重点加强土壤改良、清洁饮用水保障、污水处理等领域的合作。

4. 中塔环保合作形势分析

1996 年 9 月，两国签订政府间环保合作协定，强调双方愿意加强在环境保护领域的合作，包括环境监测及环境影响评价、环境科学技术研究、自然生态和生物多样性保护、危险废物及放射性废物管理、清洁生产等领域。2007 年 1 月，《中华人民共和国和塔吉克斯坦共和国睦邻友好合作条约》明确指出，将在保护和改善环境、防止污染、合理利用水资源和其他资源等领域开展合作，共同努力保护边境地区稀有动植物和自然生态系统。2008 年 8 月，《中塔 2008 ~ 2013 年合作纲要》也指出将在保护和改善生态环境、防止污染、合理利用水资源和其他资源等领域开展合作，共同努力保护边境地区稀有植物和自然生态系统。

为帮助塔提高应对气候变化的能力，2003 年 4 月，中国气象局无偿援助塔国家气象中心价值 100 万美元的气象设备。两国联合开展了气候变化科学考察研究，2015 年 9 月，联合开展了气候变化及水资源状况科学考察；2017 年 7 月，两国科学家又开展了"一带一路"沿线气候变化研究网络和气候生态环境变化研究。目前，中塔两国环境部门正积极探讨签署合作备忘录。

5. 中乌环保合作形势分析

1997 年，中乌签署关于环境保护合作的协定。协定指出，双方将在平等互利的基础上，实施与开展有关环境保护和合理利用自然资源方面的合作，并确定了水污染及大气污染监测技术、环境科学技术研究、生物多样性保护、清洁生产等领域的合作。2007 年 11 月，中国国家环保总局与乌国家自然保护委员会签署《环境保护合作谅解备忘录》，双方同意将环境保护管理、环境保护产业与技术、污染防治与清洁生产、生物多样性保护、公众环保意识的提高、环境监测与环境影响评价等作为合作的优先领域，并通过交换环保信息和资料、互访和研讨会等形式开展合作。2012 年，中乌建立战略伙伴关系的联合声明提出，继续在保护和改善环境、合理利用自然资源方面进行合作。

6. 中巴环保合作形势分析

中巴是全天候战略合作伙伴关系，环保合作起步较早。1986 年 10 月，《中巴和平利用核能合作协定》生效。两国核能合作领域包括核安全、辐射防护和环境监测等。中巴建立核安全合作指导委员会机制，加强两国核安全监管部门间的合作与交流，促进了两国核安全事业的发展。1996 年 12 月，中巴签署《中国国家环境保护局和巴基斯坦国家环境保护委员会环境保护合作协定》。2008 年 10 月，两国签署《中华人民共和国环境保护部和巴基斯坦伊斯兰共和国环境部环境保护合作协定》，开展了更为全面的环保合作。

7. 中印环保合作形势分析

中印环境合作集中体现在跨界水资源利用和应对气候变化上。中印跨界水资源问题主要聚焦于共享水文信息和上游水资源开发。2002 年，两国水利部门签订《关于中方向印方提供雅鲁藏布江—布拉马普特拉河汛期水文资料的谅解备忘录》。2005 年 3 月，中印就水资源合作问题在京举行副部级会谈，双方草签了《朗钦藏布报汛谅解备忘录》；同年 4 月，两国签署联合声明，决定"将继续在交换双方同意的跨界河流的汛期水文数据方面保持合作"。2006 年 11 月，两国宣布建立专家级机制，探讨就双方同意的跨界河流的水文报汛、应急事件处理等情况进行交流与合作等。2011 年 9 月，中印举行首次战略经济对话期间，印度提议加强两国在跨界河流上的合作。

中印两国在国际气候变化谈判和国内气候变化行动方面具有共同立场。2009 年 10 月，中印签署《中国政府和印度政府关于应对气候变化合作的协定》，提出两国将建立应对气候变化伙伴关系，加强在减缓、适应和能力建设方面的交流与合作，并建立中印气候变化工作组，就气候变化国际谈判中的重大问题、各自应对气候变化的国内政策措施以及相关合作项目开展合作交流。

四　上海合作组织成员国环保合作建议

上合组织国家之间应继续遵循"上海精神"，加强上合组织框架内的多边合作，深化成员国间的互信友好关系，加强与观察员国和对话伙伴国之间的合作。生态环境保护是上合组织国家的共同任务，应加深各国间生态环保领域的合作与交流，共同解决上合组织区域环境保护问题，打造绿色命运共同体。

（一）继续深化政策沟通，加强生态环保合作

一是深化生态环保政策与国家战略的对接，探索中国—中亚国家环保常态化合作机制，加强各国间、各行业间的环保政策沟通，开展生态环保政策交流对接与互学互鉴，讨论共同关心的环境问题，夯实民意基础。

二是在生态环保领域广泛开展合作，践行绿色发展新理念，倡导绿色、低碳、循环、可持续的生产生活方式，增进优势互补，打造政府、企业和民间共同参与的多元合作平台，拓展多边、双边相结合的合作形式，从而实现"一加一大于二"的合作效果。

（二）共同推动落实《上海合作组织成员国环保合作构想》

《上海合作组织成员国环保合作构想》意义重大，确定了上合组织成员国生态环保的优先合作领域，如信息交流、环境监测、环保经验交流、固体废物处理、生物多样性保护、环保教育等，以推动绿色发展。

上合组织成员国应在《构想》框架下，共同制订具体的合作计划，全面开展各领域环保合作，相关合作领域与2030年可持续发展议程密切相连，牢牢把握绿色低碳发展潮流，共同迎接生态环保合作机遇和挑战，持续推进上合组织区域环保合作，并推动具体合作项目落地。

（三）加深绿色发展的务实合作

一是倡导上合组织环保信息平台建设。环境信息共享能够超越国界，已成为上合组织框架下环保合作的重要支撑。为此，应加快生态环保大数据服务平台建设，促进上合组织国家环保区域内的环保信息共享与交流，推动中国与"一带一路"沿线各国之间的环境信息共享和环保合作，共同建设"绿色丝绸之路"。同时，该平台建设也能够成为促进绿色贸易、绿色投资和绿色基础设施建设的重要举措。

二是开展上海合作组织环保合作系列活动。应进一步推动上合组织框架下的环保政策对话与技术交流，加强环境政策与治理领域的交流，深化环保产业与技术合作，共同促进区域环境质量改善。

三是强化生态环保管理和调控。上合组织各国城市中的大量人口对环境造成的各种压力，需要通过加快基础设施建设来解决。为此，应该加强环保规划、技术支持、调控与管理。同时，还需加大环保工作协调力度，

强化废物处置和管理，维护生态多样性。

（四）推动上合组织与"一带一路"沿线国家开展多边合作

上合组织与"一带一路"倡议交相辉映，两者存在天然的"亲缘"关系。上合组织的"协商一致"原则与"一带一路"的"共商、共建、共享"原则一致，"上海精神"与"丝绸之路精神"一致。此外，两者在合作内容、建设重点及未来目标等方面均存在天然的一致性。

各方应积极落实第二届"一带一路"国际合作高峰论坛成果，深化"一带一路"倡议同地区合作倡议和各国发展战略对接，共建"一带一路"绿色发展国际联盟、"一带一路"生态环保大数据服务平台，共同实施"绿色丝路使者计划"，共享绿色发展成果。

参考文献

李进峰主编《上海合作组织黄皮书：上海合作组织发展报告（2017）》，社会科学文献出版社，2017。

中国－上海合作组织环境保护合作中心编著《上海合作组织区域和国别环境保护研究（2015）》，社会科学文献出版社，2016。

中国－上海合作组织环境保护合作中心编著《上海合作组织成员国环境保护研究》，社会科学文献出版社，2014。

周国梅、彭宾、国冬梅主编《区域环保国际合作战略与政策》，中国环境出版社，2015。

周国梅、张洁清、国冬梅主编《"一带一路"生态环境蓝皮书2017：沿线区域环保合作和国家生态环境状况报告》，中国环境出版社，2017。

张清宇、欧晓理、孟东军：《"一带一路"生态环境合作机制研究》，浙江大学出版社，2017。

林英梅、庞昌伟：《俄罗斯生态治理的对策与措施》，《当代世界》2017年第3期。

徐海燕：《绿色丝绸之路经济带建设与中亚生态环境问题——以咸海治理和塔吉克斯坦为例》，《俄罗斯东欧中亚研究》2016年第5期。

热娜·阿布都克力木、李学森、阿依丁等：《中亚地区主要生态环境问题及治理》，《当代畜牧》2013年第20期。

王玉娟、何小雷：《加强上海合作组织环保合作　服务绿色丝绸之路建设》，《中国生态文明》2017年第3期。

李宏超、于淼淼：《丝绸之路经济带建设背景下中国与中亚五国合作研究》，《时代金融》2016年第26期。

乐小芳:《"一带一路"生态环境保护合作机制探究》,《中国经济特区研究》2017 年第
　　1 期。

李进峰:《上海合作组织扩员:挑战与机遇》,《俄罗斯东欧中亚研究》2015 年第 6 期。

杨恕、李亮:《寻求合作共赢:上合组织吸纳印度的挑战与机遇》,《外交评论》(外交
　　学院学报) 2018 年第 1 期。

俄罗斯贝加尔湖生态保护立法
研究与经验借鉴

李　菲　朱梦诗*

摘　要　贝加尔湖是世界第一深湖、欧亚大陆最大的淡水湖、俄罗斯最重要的水体之一，其淡水储量约占世界储量的20%。早在1996年，贝加尔湖就被列入世界自然遗产名录。因其独特性和重要性，贝加尔湖的生态环境保护受到俄罗斯政府的高度重视。1999年俄罗斯颁布实施《关于贝加尔湖保护的联邦法律》，后续成立了贝加尔湖保护跨部门委员会和贝加尔湖跨区域自然保护检察院，以解决一些跨部门和跨区域的问题，并调动中央和地方政府、科研机构、社会团体等各界力量参与贝加尔湖的保护工作。目前，我国正在大力开展重点流域的生态环境保护工作，并积极推动长江流域的立法保护工作。为此，本文对贝加尔湖生态保护的立法背景、立法内容、保护机制和措施等进行梳理，为我国长江等流域生态保护立法工作及俄生态环保合作提出政策建议。

关键词　贝加尔湖　生态保护　立法保护

俄罗斯一直高度重视贝加尔湖的生态环境保护，2017年8月4日，俄罗斯总统普京在布里亚特共和国主持召开了关于贝加尔湖保护的会议，提出要加强贝加尔湖生态环境保护工作，平衡经济社会发展与自然环境保护之间的关系。2018年5月7日，普京总统签署关于《2024年前国家发展目标和战略任务》的总统令，再次强调要保护贝加尔湖独特的生态系统。

早在1999年，俄罗斯就颁布实施了《关于贝加尔湖保护的联邦法律》（以下简称《贝加尔湖保护法》），明确了贝加尔湖区域的生态分区、保护贝加尔湖的原则、开展生态旅游的特点、污染物排放标准、国家监管等问题。这使得对贝加尔湖的保护有了充分的法律依据。

---

* 李菲、朱梦诗，中国－上海合作组织环境保护合作中心。

此外，俄罗斯实施《2012～2020 年贝加尔湖保护与贝加尔湖自然区社会经济发展的联邦专项规划》（以下简称《规划》），制定贝加尔湖保护领域的具体目标，每年编制《贝加尔湖状况及其保护措施年度报告》，确保各项保护措施落实到位。

一　贝加尔湖概况

贝加尔湖位于俄罗斯东西伯利亚南部，在布里亚特共和国和伊尔库茨克州境内，湖水总量达 2.3 万立方千米，约占世界淡水储量的 20%，占俄罗斯淡水储量的 90% 以上。湖长 636 千米，最宽处 79.5 千米，最窄处 25 千米，最深处达 1637 米；湖岸线长超过 2000 千米，面积为 3.15 万平方千米，是世界第一深湖、欧亚大陆最大的淡水湖。

贝加尔湖有 300 余条大小河流注入，汇水面积为 55.7 万平方千米，其中一半以上的水量来自色楞格河，叶尼塞河支流安加拉河由此流出。贝加尔湖中有 27 个小岛，有着丰富的生物多样性，有 2600 多种动物和 1000 多种植物，其中有很多都是贝加尔湖区域特有的物种。

为保护整个贝加尔湖流域，俄罗斯政府出台法令，专门划定了贝加尔湖自然区的边界，该区域的经济社会活动都受到限制。贝加尔湖自然区总面积为 38.6 万平方千米，其中 28.5% 的领土位于伊尔库茨克州，57.1% 位于布里亚特共和国，14.4% 位于后贝加尔边疆区。贝加尔湖自然区居住人口达 448 万人，区域内有 5 个自然保护区、4 个国家公园、21 个禁猎区、1 个自然公园等，保护区面积达 4.6 万平方千米，约占整个区域面积的 12%。

二　贝加尔湖的立法保护

贝加尔湖的保护工作依据俄罗斯的《环境保护法》《保护区法》《水法典》等联邦法律和其他法规及部门规章开展，最主要、最基本的法律是 1999 年通过的联邦法律——《贝加尔湖保护法》。该法于 1999 年 4 月 2 日由国家杜马通过，1999 年 4 月 22 日由俄罗斯联邦委员会审议通过，奠定了保护贝加尔湖的法律基础。

（一）立法保护背景

贝加尔湖环境保护受到政治、经济政策变化的直接影响，经历了先污染后治理的阶段。关于贝加尔湖保护方面的立法探索始于 20 世纪 60 年代，从 20 世纪 60 年代的立法探索到最终《贝加尔湖保护法》的出台，贝加尔湖的生态环境保护共经历了三个阶段：

1. 经济发展优先阶段（20 世纪 60~70 年代中期）

20 世纪 50 年代开始，苏联经济获得较快发展，在原有重工业、军事工业的基础上，机械、能源、化工、核武器等产业发展迅速，造成大范围污染，环境保护工作不被重视，生态破坏严重，贝加尔湖区也不例外。在该时期，贝加尔湖地区建设了电力站、化工厂、纸浆厂等，1966 年，建成了贝加尔湖纸浆造纸厂，该厂每年排放数万吨废水、废气，对当地的居民健康产生威胁，对生态环境造成巨大的破坏，成为贝加尔湖最严重的污染源。为减少工业企业和经济发展对贝加尔湖带来的污染和破坏，苏联政府陆续通过了贝加尔湖流域自然资源利用和保护的相关决议，探索贝加尔湖的立法保护。

2. 环境危机阶段（20 世纪 70 年代后期到 80 年代）

随着生态保护学派的兴起，世界各国逐步意识到环境保护的重要性，加之苏联经济发展速度提高，人们逐步认识到环境保护的必要性。在该阶段，俄罗斯苏维埃联邦社会主义共和国通过了新的自然保护法律：《土地法典》《水法典》《地下资源法》《森林法典》《大气保护法》等。但由于科研水平不高、环境执法力度不够、政府机构措施落实不到位等，贝加尔湖的生态环境状况在该阶段更为恶化。

3. 转型阶段（20 世纪 90 年代）

1991 年，苏联解体后，贝加尔湖生态环保工作进入新阶段。俄罗斯制定了贝加尔湖自然资源合理利用规划，并把贝加尔湖保护列为国家环境保护与可持续发展的优先事项。1999 年 4 月 2 日，国家杜马通过了《贝加尔湖保护法》，从此，该地区环境、经济、社会和文化的可持续发展有了法律保障。该法律经过多次修订一直沿用至今。1996 年 12 月，贝加尔湖被正式列入世界自然遗产名录，这对贝加尔湖的生态环境保护和可持续发展起到了极大的推动作用。

（二）立法的主要内容

《贝加尔湖保护法》明确了贝加尔湖区域的生态分区、保护贝加尔湖和开展生态旅游的原则、污染物排放标准、国家监管等问题。

该法律共四章二十六条（法律译文附后），每章的主要内容如下。

总则。第一章（第一～四条）包括贝加尔湖保护的法律依据、贝加尔湖自然区等的边界和生态区域划分。

贝加尔湖自然区的范围包括贝加尔湖、毗邻贝加尔湖的水源保护区、其境内的集水区、毗邻贝加尔湖的保护区以及毗邻贝加尔湖向西和向西北200千米的区域。贝加尔湖的生态区域分为：中央生态区、缓冲生态区、大气影响生态区。

贝加尔湖自然区的保护制度。第二章（第五～十二条）确定了贝加尔湖自然区的基本保护原则、贝加尔湖自然区禁止或限制进行的社会活动类型、区域内自然资源利用的原则等，提出防止贝加尔湖受到化学污染、生物污染或其物理状态发生改变，明确了贝加尔湖的最高和最低水位，以及开展生态旅游方面的相关规定。

贝加尔湖独特生态系统的环境容量。第三章（第十三～十四条）规定了废水、废气和固体废物的排放总量限额。总量数值根据科学研究结果进行确定，每年都必须根据贝加尔湖区域的环境状况进行修正，研究结果表明总量数值逐年降低。同时，针对每个生态区域，确定了大气和水污染物排放的浓度限值。法律还规定，在中央生态区内禁止放置一至三级危险固体废物。

贝加尔湖保护领域的国家调控。第四章（第十五～二十六条）规定了国家在贝加尔湖保护方面应开展的工作，包括：明确贝加尔湖保护的职能部门，制定贝加尔湖区域自然资源保护和利用方案，登记和统计所有对贝加尔湖区域环境造成不良影响的工程和项目，清理或改造危害环境的工程设施，开展环境监测和生态监督，制订专项保护计划，提供资金保障，确保信息公开，开展相关国际合作等。

（三）立法的完善

贝加尔湖的保护虽然有了专门的立法，但从立法内容来看，《贝加尔湖保护法》仅是一个框架性的法律文件，没有细化的规定，在落实方面存在一定困难。例如，法律中虽然提到禁止在贝加尔湖自然区进行某些经济活动，但又没有明确是哪些类型的经济活动；提出要开展环境监测，但又没有明确如何开展监测。因此，在该法律基础上，俄罗斯联邦政府和俄罗斯联邦自然资源与生态部（原俄罗斯联邦自然资源部，2008年重组）随后又颁布了一系列相关法令和部门规章，包括：1999年11月25日，俄罗斯联邦政府发布的《关于执行贝加尔湖保护方面的国家调控职能的联邦机构》

的决议；2000 年 9 月 6 日，俄罗斯联邦政府发布的《关于贝加尔湖自然区生态分区及告知居民关于贝加尔湖自然区边界、其生态分区及特点的信息》的决议；2007 年 4 月 25 日，俄罗斯联邦自然资源部发布的《关于贝加尔湖保护跨部门委员会》的命令；2010 年 3 月 5 日，俄罗斯联邦自然资源与生态部发布的《关于确定贝加尔湖独特生态系统污染物排放标准和污染物清单》的命令；2012 年 8 月 21 日，俄罗斯联邦政府发布的《2012～2020 年贝加尔湖保护与贝加尔湖自然区社会经济发展的联邦专项规划》的命令；2015 年 2 月 2 日，俄罗斯联邦政府发布的《关于贝加尔湖独特生态系统的国家环境监测规则》的决议；2015 年 3 月 5 日，俄罗斯联邦政府发布的《关于确定贝加尔湖水源保护区和鱼类资源保护区边界》的法令；2017 年 12 月 27 日，俄罗斯联邦政府发布的《关于贝加尔湖 2018～2020 年间最高和最低水位》的决议。

三　贝加尔湖的环境管理机构

贝加尔湖的保护主要由俄罗斯自然资源与生态部及其下属的相关职能机构（水资源署、林业署、水文气象与环境监测局、自然资源利用监督局等）和地方环保部门负责。每年，俄罗斯自然资源与生态部都会负责编制《贝加尔湖状况及其保护措施年度报告》。

此外，为加强对贝加尔湖的保护，俄罗斯还专门成立了贝加尔湖保护跨部门委员会和贝加尔湖跨区域自然保护检察院。

（一）贝加尔湖保护跨部门委员会

根据《贝加尔湖保护法》，2007 年 4 月 25 日，俄罗斯联邦自然资源部签署法令，成立贝加尔湖保护跨部门委员会。

委员会的主席是俄罗斯联邦自然资源部部长，主要成员包括：自然资源部、经济发展部、地区发展部、农业部、工业贸易部、能源部、外交部等多个联邦部门的代表和布里亚特共和国、伊尔库茨克州、后贝加尔边疆区政府代表，以及俄罗斯科学院西伯利亚分院的代表。此外，根据委员会会议投票结果，还可以吸纳其他政府部门、科研机构和社会组织代表作为委员会成员。可见，委员会的成员构成具有广泛代表性，囊括从中央到地方、从政府到研究机构和社会组织的各界人士。

委员会的主要工作任务有以下几方面。

第一，协调联邦和布里亚特共和国、伊尔库茨克州和后贝加尔边疆区相关机构在落实贝加尔湖保护措施方面的行动，具体包括：贝加尔湖自然区自然资源的研究、恢复、利用和保护；生物多样性保护；生态安全保障；在可持续发展原则基础上解决区域社会经济发展问题；完善贝加尔湖自然区环境保护和自然资源合理利用方面的法律法规；开展贝加尔湖生态系统国家环境监测；制定和落实关于贝加尔湖保护的专项规划和项目；协调在贝加尔湖自然区内的投资政策；完成俄罗斯联邦在保护世界自然遗产（贝加尔湖）方面的义务；开展相关的国际合作。

第二，根据区域规划，提出关于贝加尔湖自然区土地利用的建议。

第三，参与制定贝加尔湖自然区污染物排放标准和污染物清单。

第四，提出关于贝加尔湖保护资金支持的建议。

（二）贝加尔湖跨区域自然保护检察院

该检察院成立于 2017 年 12 月，地位等同于俄罗斯各联邦主体的检察院，检察长由俄罗斯总统直接任命。这是俄罗斯继伏尔加河自然保护检察院之后成立的第二个大型的跨区域自然保护检察院。

该检察院包括位于布拉茨克、伊尔库茨克、西伯利亚乌索利耶、乌斯季伊利姆斯克等城镇的 8 个跨城区环保检察院。检察院的主要任务是在贝加尔湖 - 安加拉河流域开展环境执法和监督，落实《关于贝加尔湖保护的联邦法律》，保障公民享有良好环境的权益。

四　贝加尔湖保护规划与措施

为加强贝加尔湖生态环境保护，推动贝加尔湖流域经济与环境平衡发展，2012 年 7 月 20 日，俄罗斯联邦政府通过了《2012～2020 年贝加尔湖保护与贝加尔湖自然区社会经济发展的联邦专项规划》。《规划》主要由俄罗斯联邦自然资源与生态部负责实施。

《规划》的主要任务是：减少贝加尔湖自然区的水污染物排放；改善贝加尔湖自然区的固体废物污染状况，修复重度污染和极重度污染区域的土地；提高保护区休闲旅游开发潜力的利用率；保护和恢复贝加尔湖自然区的生物资源，发展国家环境监测；建立贝加尔湖、贝加尔湖区内河流和其他水体岸线的保护体系。

《规划》分成两个阶段实施，第一阶段为 2012～2015 年，第二阶段为 2016～2020 年。《规划》配套的资金总额为 327.65 亿卢布，其中联邦预算约占82.2%，地方财政约占11.8%，其他来源资金占6%左右。

《规划》中列举了一些明确的预期指标（见表1）。

表1 《规划》的预期指标

序号	目标任务	2012年	2016年	2020年
1	与2012年相比，排入贝加尔湖水域的污水总量变化情况	100%	87%	57.9%
2	与2012年相比，受到重度污染和极重度污染的区域的总面积变化情况	100%	87.3%	63.4%
3	与2012年相比，未经过加工和非法填埋的废物数量变化情况	100%	80.8%	20.6%
4	保护区参观人数占其游客承载总量的比例	62%	75%	90%
5	《俄罗斯联邦红皮书》中，贝加尔湖自然区内动植物种类数量占比	13.6%	13.6%	13.6%
6	与2012年相比，贝加尔湖内珍稀鱼类物种储量变化	100%	118.8%	—
7	国家环境监测覆盖的区域	40%	80%	100%
8	已建设防护设施的河湖岸线长度占需建设防护设施的河湖岸线总长度的比例	0.53%	1.98%	2.76%

《规划》附有详细的落实措施计划，共有66项具体措施。措施落实责任具体到各个部门，包括自然资源与生态部、建设与住房公用事业部、联邦矿产开发署、联邦水资源署、联邦渔业署、联邦自然资源利用监督局、联邦水文气象与环境监测局等。伊尔库茨克州、布里亚特共和国、后贝加尔边疆区也要参与《规划》的落实工作。

落实《规划》的部分具体措施包括：建设和改造贝加尔湖自然区内的污水处理设施和下水道；建设垃圾分类收集站、生活垃圾填埋场；采用环保和清洁技术，对供暖系统进行现代化改造；消除布里亚特共和国境内矿产开发对环境造成的不利影响，修复被破坏的土地，保护地表和地下水；清除工业企业累积的废物带来的不利影响；建设河湖岸线防护设施；制定贝加尔湖自然区内中央生态区的清洁能源开发规划；建设生态旅游基础设施；制订并实施国家级自然保护区和国家公园生物多样性监测计划；每年编制《贝加尔湖状况及其保护措施年度报告》。

五 经验借鉴与启示

俄罗斯对贝加尔湖的生态环境保护非常重视，颁布了专门的保护法，成立了专门的管理机构,还制定了专项保护规划。本文通过对贝加尔湖保护的立法、机构、规划与措施进行研究,为我国长江等流域生态保护立法工作及为俄生态环保合作提出以下建议。

一是加强重要河湖的立法保护工作。针对有重要生态价值、经济价值、社会意义和国际意义的河流与湖泊,如长江、黄河等,加紧在国家层面制定专门的法律来加以保护。立法应以统筹协调为主,要注意与其他现有的法律相衔接,从法律层面解决一些体制机制的问题。

二是继续推进河湖的流域综合管理。通过制定相应的管理政策,成立专门的管理部门,对长江流域的开发与保护进行统筹管理,实现管理工作的集中性和统一性,协调上下游关系,推进整个流域的可持续发展。

三是加强生态环保领域的部门协作。生态环保工作涉及的部门众多,生态环保、电力、交通、自然资源开发、旅游等相关部门间的协调至关重要。虽然经过机构改革和重组,生态环境的职能有所集中,但生态环保工作仍需要多部门的协作。因此,针对长江等重要流域,建议借鉴贝加尔湖保护跨部门委员会,设立包含国家相关部门、地方政府、科研机构和公众代表在内的综合议事协调机构。同时,还可组建综合执法队伍。

四是在对俄合作中高度关注贝加尔湖区域的环境保护。俄罗斯对贝加尔湖流域的生态环境保护和资源开发高度重视。此前,有中国工厂在贝加尔湖取水,该消息引发了俄罗斯民众的强烈反响,蒙古国在色楞格河流域建设水电站的项目也因破坏贝加尔湖生态系统而被迫停止。因此,随着"一带一路"建设的推进,应注意在俄罗斯进行投资、开发或工程建设时,避免对贝加尔湖造成不利影响。

同时,中方可借此契机,加强与俄方在贝加尔湖保护方面的项目合作,如污水处理、废物处理、生态修复等,推动中俄生态环保技术交流与产业合作。

参考文献

伊·阿科达莫夫、罗见今:《贝加尔湖区环境保护的历史发展》,《咸阳师范学院学报》2013年第2期。

Федеральный закон от 01.05.1999 N 94 – ФЗ "Об охране озера Байкал" (ред. от 28.06.2014).

Государственный доклад "О состоянии озера Байкал и мерах по его охране в 2017 году," Иркутск: АНО «КЦ Эксперт», 2018. 340 с. : илл.

Постановление Правительства РФ от 21 августа 2012 г. N 847 "О федеральной целевой программе," Охрана озера Байкал и социально-экономическое развитие Байкальской природной территории на 2012 – 2020 годы.

Приказ Минприроды РФ от 25.04.2007 N 114 (ред. от 11.08.2011) "О Межведомственной комиссии по вопросам охраны озера Байкал".

Тулохонов А К., "Байкальская проблема: история и документы," Улан-Удэ: ИД «ЭКОС», 2010: 128.

附件

《关于贝加尔湖保护的联邦法律》*

第一章　总则

第一条　贝加尔湖保护领域的法律规定

（1）贝加尔湖保护领域的法律规定按照本联邦法律、其他联邦法律和标准法规文件，以及各联邦主体的法律法规来执行。

（2）若俄罗斯联邦签订的国际条约与本联邦法律的规定不一致，则采用国际条约的规定。

第二条　贝加尔湖自然区的生态区划

（1）贝加尔湖自然区包括：贝加尔湖、毗邻贝加尔湖的水源保护区、俄罗斯联邦境内的贝加尔湖集水区、毗邻贝加尔湖的保护区，以及毗邻贝加尔湖向西和向西北 200 公里的区域。

贝加尔湖自然区域划分出以下生态区：

中央生态区，指贝加尔湖及其岛屿，毗邻贝加尔湖的保护区和水源保护区；

缓冲生态区，指中央生态区以外的区域，包括俄罗斯联邦境内的贝加尔湖集水区；

大气影响生态区，指俄罗斯联邦境内的贝加尔湖集水区之外的一个贝加尔湖往西和西北方向 200 公里的区域，且该区域的经济活动和设施会对贝

---

　*　本法律于 1999 年 4 月 2 日经俄罗斯联邦国家杜马批准，1999 年 4 月 22 日由俄罗斯联邦委员会审议通过，最新一次修订为 2014 年 6 月 28 日。本译文为修订后的最新版本，由笔者翻译完成，仅供参考。

加尔湖的独特生态系统产生负面影响。

（2）贝加尔湖自然区的生态区划按照俄罗斯联邦政府规定的方式执行。

第三条　贝加尔湖自然区、水源保护区和贝加尔湖渔业资源保护区边界

（1）俄罗斯联邦政府根据布里亚特共和国、伊尔库茨克州和后贝加尔边疆区当局的提议，确定、批准贝加尔湖自然区和生态区（中央生态区、缓冲生态区和大气影响生态区）的边界。

贝加尔湖水源保护区和渔业资源保护区边界由俄罗斯联邦政府确定。

（2）布里亚特共和国、伊尔库茨克州、后贝加尔边疆区行政当局应以俄罗斯联邦政府规定的方式，向贝加尔湖自然区居民提供该区的边界信息，包括生态区的边界以及生态区的特点。

第四条　此条款从 2005 年 1 月 1 日起失效。

第二章　贝加尔湖自然区的保护制度

第五条　保护贝加尔湖自然区的基本原则

为了保护贝加尔湖独特的生态系统，在贝加尔湖自然区内确定了开展经济及其他活动的特殊制度，原则如下：

优先开展不会破坏贝加尔湖独特生态系统及其水源保护区自然景观的活动类型；

综合考虑经济及其他活动对贝加尔湖独特生态系统的影响；

坚持可持续发展原则，平衡发展社会经济和保护贝加尔湖独特生态系统的关系；

必须开展国家生态评估。

第六条　贝加尔湖自然区内禁止或限制的活动类型

（1）在贝加尔湖自然区内，禁止或限制会对贝加尔湖独特生态系统产生以下负面影响的活动：

由于排放大气和水体有害物质，使用杀虫剂、农用化学品、放射性物质，进行交通运输，处置生产生活垃圾而对贝加尔湖整体或其部分、对贝加尔湖集水区造成化学污染的活动；

对贝加尔湖或其部分地区造成物理变化（如水温变化、水位超出限值、流入贝加尔湖的径流变化）的活动；

由于在贝加尔湖和与其有永久或临时联系的水域内引进、繁殖或驯化不属于该生态系统的水生生物而引起贝加尔湖的生物污染的活动。

（2）禁止在贝加尔湖自然区内新建和重建未经过国家生态评估的经济设施。

（3）中央生态区内禁止的活动类型清单由俄罗斯联邦政府确定。

第七条　贝加尔湖的水文状况

为保护贝加尔湖独特的生态系统，防止经济和其他活动对其产生负面影响，针对贝加尔湖水文状况制定以下要求：

贝加尔湖湖水蓄水的方法制度由被授权联邦执行机构根据俄罗斯联邦法律确定；

禁止将贝加尔湖的水位提高或降低到俄罗斯联邦政府规定的上下限值之外。

第八条　特有水生动植物物种的保护和捕捞（采集）规则

为了保护贝加尔湖特有的贝加尔白鲑、贝加尔环斑海豹和其他特有水生动植物，除列入《俄罗斯联邦红皮书》的水生动植物外，关于特有水生动植物的捕捞（采集）量、捕捞（采集）时间、捕捞（采集）工具的清单由俄罗斯联邦政府或其授权的联邦执行机构确定。

贝加尔白鲑、贝加尔环斑海豹和其他特有水生动植物物种的保护和捕捞（采集）规则由俄罗斯联邦政府确立。

第九条　贝加尔湖自然区自然资源传统开发区域

（1）贝加尔湖自然区自然资源传统开发区域按照俄罗斯联邦立法规定的程序确立。

（2）贝加尔湖自然区自然资源传统开发区域内，因使用土地和其他自然资源而产生的关系，在遵循本联邦法律的基础上，由俄罗斯联邦立法来调节。

第十条　中央生态区、缓冲生态区土地利用规则

公民和法人实体在中央生态区和缓冲生态区的土地利用依据本联邦法律执行。

第十一条　中央生态区森林利用、保护与再生规则

（1）中央生态区内禁止以下行为：整片砍伐；将保护性森林的土地转为他用，但可转为保护区土地或建立保护区时的用地。

（2）中央生态区的森林再生时，优先再生珍稀品种。

（3）中央生态区内森林利用、保护和再生根据相关森林立法进行。

第十二条　中央生态区内旅游和休闲活动的组织

（1）在中央生态区内组织旅游和休闲活动应确保符合中央生态区允许的最大环境承载力。

（2）中央生态区内旅游和休闲活动的组织规则由伊尔库茨克州和布里亚特共和国政府机构批准。

第三章 贝加尔湖独特生态系统的环境容量

第十三条 贝加尔湖独特生态系统的环境容量的确定方法

（1）贝加尔湖独特生态系统的环境容量依照俄罗斯联邦立法和本联邦法律来确定。

（2）贝加尔湖独特生态系统的环境容量及其确定方法由相关联邦执行机构批准，并根据科研数据不断改进。

（3）污染物清单，包括对贝加尔湖的独特生态系统有特大危害、重度危害、中度危害和轻度危害的物质，由被授权联邦执行机构批准。

第十四条 贝加尔湖独特生态系统大气和水污染物排放、生产和消费废物处置的总量限制

（1）贝加尔湖独特生态系统大气和水污染物排放、生产和消费废物处置的总量额度根据俄罗斯联邦法律规定，并结合科学研究结果制定，且每年都应根据贝加尔湖区域的环境状况进行修订，以便逐年降低总量额度。

在中央生态区内禁止放置一至三级类危险固体废物。

（2）在中央生态区和缓冲生态区内，含有特大危险和重度危险污染物的污水排放总量不得超过取水量。

各种危险级别的大气和水污染物的排放浓度不得超过贝加尔湖各生态区确定的污染物排放标准。

第四章 贝加尔湖保护领域的国家调控

第十五条 贝加尔湖保护的联邦执行机构

俄罗斯联邦政府确定贝加尔湖保护的联邦执行机构、其职能和权力，以及协调机构，以确保有关执行部门采取协调一致的行动。

第十六条 保护和利用贝加尔湖自然区自然资源的综合方案

在贝加尔湖自然区开展经济活动和其他活动应以保护和合理利用自然资源的方案为基础，该方案根据俄罗斯联邦法律和地方法律制定和颁布。

第十七条 国家对给贝加尔湖自然区环境造成不利影响的项目进行登记

被授权联邦执行机构根据 2002 年 1 月 10 日发布的第 7 号联邦法律《环境保护法》，在每个生态区，对给贝加尔湖自然环境造成不利影响的项目进行国家登记。

第十八条 清理或改造危害环境的工程设施

清理或改造贝加尔湖自然区内危害环境的工程设施，按照俄罗斯联邦法律规定的方式和时限进行。

第十九条　贝加尔湖保护领域的国家生态监督

贝加尔湖保护领域的国家生态监督由被授权联邦执行机构和布里亚特共和国、后贝加尔边疆区和伊尔库茨克州的执行机构按照俄罗斯联邦法律和各联邦主体的法律规定的方式进行。

第二十条　国家对贝加尔湖独特生态系统的环境监测

（1）国家对贝加尔湖独特生态系统的环境监测是国家环境监测的一部分。

（2）国家对贝加尔湖独特生态系统的环境监测由被授权联邦执行机构按照俄罗斯联邦政府规定的方式进行。

第二十一条　贝加尔湖保护的活动资金

根据俄罗斯联邦法律和各联邦主体的法律规定，贝加尔湖保护的活动资金来源于联邦预算和其他渠道。

第二十二条　贝加尔湖保护的专项计划

贝加尔湖保护的联邦专项计划由俄罗斯联邦政府按照联邦法律要求制订。

俄罗斯联邦主体负责制订和实施跨区域的贝加尔湖保护专项计划，并参与制订和落实贝加尔湖保护的联邦专项计划。

第二十三条　贝加尔湖保护方面的信息

根据俄罗斯联邦法律规定，向公民和法人提供贝加尔湖保护方面的信息。

第二十四条　违反本联邦法律应承担的责任

违反本联邦法律的人员应根据俄罗斯联邦的民事、行政、刑事和其他法律承担相应的法律责任。

第二十五条　俄罗斯联邦在保护贝加尔湖方面的国际合作

俄罗斯联邦在保护贝加尔湖方面的国际合作受《俄罗斯联邦宪法》、俄罗斯签署的国际条约、联邦法律和其他俄罗斯联邦法律法规的约束。

第二十六条　本联邦法律效力

（1）本联邦法律自颁布之日起生效。

（2）俄罗斯联邦的标准法规文件必须符合本联邦法律。

《哈萨克斯坦共和国向绿色经济转型构想》研究与建议

李　菲[*]

摘　要　发展绿色经济是哈萨克斯坦采取的主要措施，也是国家可持续发展的重要手段之一。2013 年 5 月 30 日，哈萨克斯坦总统纳扎尔巴耶夫签署第 577 号总统令，发布《哈萨克斯坦共和国向绿色经济转型构想》。《哈萨克斯坦共和国向绿色经济转型构想》是哈国环境保护和经济发展的重要指导文件，确立了其向绿色经济转型的主要任务，包括：提高资源利用效率；改造和新建基础设施；通过降低对环境的压力来改善环境质量和提高居民福祉；提高国家安全水平，其中包括水环境安全。为此，本文研究了《哈萨克斯坦共和国向绿色经济转型构想》的背景、主要任务、向绿色经济转型的措施和配套政策等，并为推动中哈绿色发展和生态环保领域合作提出建议。

关键词　哈萨克斯坦　绿色经济　经济转型

2018 年 6 月，中哈两国元首共同签署的《中华人民共和国和哈萨克斯坦共和国联合声明》指出，双方同意继续提高合作水平，"加强并拓展环保领域合作"。同时，中哈环保合作委员会第六次会议期间，"双方表示愿意在落实'一带一路'倡议、哈萨克斯坦'绿色桥梁'伙伴计划和中方绿色发展理念框架下加强交流与合作"。这为中哈环保合作带来了新机遇。

近年来，随着哈萨克斯坦经济不断发展，哈国水资源严重匮乏、城市空气污染加剧、土地退化严重、固废管理体系不完善、自然资源管理效率低下等问题显现。因此，哈国高度重视环境保护工作，2018 年 10 月 5 日，纳扎尔巴耶夫总统在其发表的国情咨文《提升哈萨克斯坦公民福祉：提高收入和生活质量》中提到："有必要加强改善生态环境状况，包括污染物的排放、土壤状况、土地、空气、废物处理以及建立可以自由访问的在线环境监测系统。"

---

* 李菲，中国－上海合作组织环境保护合作中心。

在环保方面，发展绿色经济是哈萨克斯坦采取的主要措施，也是国家可持续发展的重要手段之一。2013年5月30日，哈萨克斯坦总统纳扎尔巴耶夫签署第577号总统令，发布《哈萨克斯坦共和国向绿色经济转型构想》（以下简称《构想》）。《构想》是哈国环境保护和经济发展的重要指导文件，确立了其向绿色经济转型的主要任务，包括：提高资源利用效率；改造和新建基础设施；通过降低对环境的压力来改善环境质量和提高居民福祉；提高国家安全水平，其中包括水环境安全。

一　背景

（一）现状分析

在经济领域，哈国主要行业都存在资源利用效率不高的情况。据专家评估，这种现象导致每年直接经济损失达40亿至80亿美元，到2030年损失额或将高达140亿美元。且能源费率与价格制定体系不完善，无法刺激工业企业改进工艺。

在生态领域，《构想》指出，哈萨克斯坦的自然资源和环境状况严重恶化。一是在土壤环境方面，几乎三分之一的农业用地已退化或受到严重威胁。二是在水资源方面，根据预测，到2030年哈国的水资源赤字将达到130亿至140亿立方米。三是在大气方面，城市空气污染程度较高，固体颗粒物的浓度是欧盟国家相同指标的数十倍；评估表明，空气污染每年导致近6000人意外死亡。四是废物管理方面，哈国缺乏统一的废物管理体系，97%的市政生活垃圾堆放在无人监管和不符合卫生标准的垃圾填埋场；同时，历史遗留的工业有毒废物和放射性废物也是一个严重的问题。到2030年，哈国由于自然资源管理效率低下可能造成的损失约达70亿美元。

哈国在经济发展、居民生活水平和生态环境状况方面存在较大的地区差异。发展新工业和绿色产业可以缓解地区发展不平衡状况，发挥各地区在可再生能源、农业、水资源管理、废物回收利用等领域的潜力。

（二）必要性论证

对现在的哈萨克斯坦来说，通过发布《构想》来实现经济的绿色增长比任何时候都更为迫切。

首先，未来20年内哈萨克斯坦将大规模更新和建设基础设施：到2030

年全国资产总量中 55% 的建筑物和 40% 的电站将重新建设，2030 年前超过 80% 的停车场需要翻新。

其次，绿色技术的竞争力快速增强。与传统能源相比，在不久的将来，很多可替代能源技术将提供成本更低的发电方式。

最后，哈国家政策已经确定了快速转型的任务。在电能方面，到 2050 年将可替代和可再生电能的占比提高到 50%；在能效方面，与 2008 年的初始水平相比，到 2020 年将单位 GDP 能耗降低 25%；在水资源方面，到 2020 年解决居民饮用水供应问题，到 2040 年解决农业用水供应问题；在农业方面，到 2020 年将农用土地生产力提高 50%。要想实现上述目标，必须对哈萨克斯坦现有的经济发展方式做出调整。

二 主要任务

（一）目标和任务

哈萨克斯坦绿色经济领域 2050 年前要实现的阶段性和终期目标如表 1 所示：

表 1 绿色经济领域的目标和专项指标（额外目标用阴影标出）

领域	目标简介	2020 年	2030 年	2050 年
水资源	消除全国性水资源短缺现象	确保居民用水	确保农业用水（2040 年以前）	一次性永久解决供水问题
	消除各流域水资源短缺现象	以最快速度弥补各流域总体缺水现象（2025 年前）	各流域不再缺水	
农业	农业领域的劳动效率	提高 2 倍		
	小麦产量（吨/公顷）	1.4	2.0	
	灌溉用水量（立方米/吨）	450	330	
能效	降低单位 GDP 能耗（以 2008 年的水平为基础）	25%（2015 年达 10%）	30%	50%
电能	可替代能源*在发电中的占比	太阳能和风能：到 2020 年占比不低于 3%	30%	50%
	燃气电站**在发电中的占比	20%	25%	30%
	区域燃气改造	阿克莫拉州和卡拉干达州	北部和东部各州	
	降低目前电力领域二氧化碳气体的排放量	维持 2012 年的水平	-15%	-40%

领域	目标简介	2020 年	2030 年	2050 年
大气污染	硫氧化物和氮氧化物的排放量		达到欧洲排放水平	
废物回收利用	生活垃圾清运覆盖所有居民		100%	
	垃圾的卫生存放		95%	
	废物加工比例		40%	50%

注：* 可替代能源包括太阳能、风能、水能、核能等；** 在天然气储量充足和价格合理的基础上将大城市的热电站改为燃气电站。

哈国在向绿色经济转型过程中面临的主要任务有：

第一，提高资源（水资源、土地资源、生物资源等）的利用和管理效率；

第二，对现有基础设施进行现代化改造，新建基础设施；

第三，通过有利途径缓解环境压力，提高居民生活水平和环境质量；

第四，提高国家安全水平，包括水环境安全。

（二）基本原则

向绿色经济转型的主要原则有：

第一，利用最有效的工艺技术实现经济现代化，提高资源生产力；

第二，增强各级国家权力机关、企业和居民在监督和检查资源可持续利用及环境状况方面的责任心，积极落实各种营利性措施；

第三，确保资源高效利用的项目具有投资吸引力，必须确保资源市场上的费率与价格制定合理，以减少各类资源需求行业的津贴；

第四，在企业和居民中间进行环保教育和宣传，完善现有的并制定新的自然资源合理利用和环境保护教育大纲。

三　主要措施

《构想》明确了七个领域的转型措施，包括：水资源的可持续利用、降低大气污染、完善废物管理体系、生态系统的保护和有效管理、节能和提高能效、发展可持续和高效农业、开发电能。本文主要分析了前五个领域存在的问题和解决措施。

（一）水资源的可持续利用

哈萨克斯坦水资源系统是一个灵活、独特但又脆弱的系统，与其他国家相比面临更为严峻的风险。一是内河流域、湖泊表面水蒸发量大，需要大约 300 亿立方米水来稳定湖泊生态系统。二是对跨界河流（额尔齐斯河、伊犁河、乌拉尔河、锡尔河）的依赖性太大，跨界河流水量占国内地表水总径流量的 44%。三是受到全球气候变暖的影响，冰川消融量临时增大也会在未来哈萨克斯坦水资源容量上有所体现（南方地区河流面临的风险最大）。

目前，哈萨克斯坦的水资源状况不容乐观，预计到 2050 年水资源短缺量将高达 200 亿立方米（为水资源需求量的 70%）。为减少水资源短缺量，提高水资源管理效率，将采取以下措施。

第一，在各经济领域推行节约用水。在农业领域，通过推广节水工艺，改种用水量少的农作物，降低水耗，预计到 2030 年节水量将达到 65 亿至 70 亿立方米。在工业领域，通过降低企业用水量，提高水处理标准，将用水效率提高 25%，预计到 2030 年将节约 15 亿至 20 亿立方米水。在市政领域，通过消除室内和市政管网漏水现象，提高家用电器和卫生洁具的节水标准，将用水效率提高 10%。

第二，解决跨界水资源问题。针对跨界河流水资源分配问题，哈萨克斯坦将与邻国进行谈判并签署或更新水资源分配协议，就所有水体问题达成一致意见。

第三，采取综合措施，完善基础设施建设。为了确保国家安全和解决未来缺水问题，必须落实一系列综合措施，包括：修建水库和蓄水池、维修和改造灌溉渠、建设污水处理设施、恢复流域生态系统、跨地区调配水资源等。

第四，完善水资源管理政策。完善水资源管理体系，确保相关部门和地区与用水单位的高效配合；确定用水限额和水费标准，实施经济激励措施，鼓励节约用水。

第五，加强水污染防治。除水资源不足外，哈国还面临工业企业污染和污水处理不达标的问题。因此，一方面，需要进一步完善相关法律，使之符合欧洲排放标准；另一方面，需要大量投资，修建和改造水处理设施，并在居民区安装排水净化设施。

（二）降低大气污染

空气污染是哈萨克斯坦城市地区，尤其是工业发达地区面临的一个严重的环境问题。近年来，哈国空气污染愈发严重，给人民健康、社会生产带来不良影响，并给国民经济带来直接和间接损失。

哈国主要的大气污染物是：固体颗粒物、二氧化硫和氮氧化物，还有汞、臭氧、铅、一氧化碳等化合物。粉尘、二氧化硫和氮氧化物主要来源于电力行业和锅炉房，其排放量占总排放量的 40%，占固体颗粒物排放量的 50%，二氧化硫排放量的 47%，氮氧化物排放量的 60%。污染物排放严重的主要原因是使用劣质煤，缺乏对电站和热力发电厂污染情况的有效监控。

为改善大气质量，必须落实以下措施：

第一，哈国的大气排放标准远不及欧洲标准严格，因此，应制定并推广与欧盟标准接近的大气排放标准；

第二，要求靠近大城市的热力发电厂和工业企业安装空气净化设备；

第三，将部分燃煤电站改为燃气电站，并对部分燃煤电站的大型锅炉进行现代化改造；

第四，在大型电站、锅炉房和工业企业安装监测设备，以持续监测大气质量；

第五，环保部门应加强对污染物和温室气体排放的监控；

第六，交通运输部门应制定并推广与欧洲标准接近的汽车尾气排放标准，每年定期检查汽车尾气质量；投放并使用现代化车辆，大型城市的市内交通运输车辆改用天然气作为燃料。

（三）完善废物管理体系

哈国目前在废物管理领域面临许多问题。

一是历史遗留堆积了大量工业废物。过去几十年间，重工业、农工综合体和矿物开采领域积累了大量的废物。并且，这类废物大部分都有毒，一部分具有放射性。

二是新产生工业废物的数量不断增加。随着采矿业、加工行业和重工业的不断发展，哈国境内产生大量工业废物，必须根据国际最佳实践经验来进行管理。

三是生活垃圾的数量不断增加。目前哈国城市生活垃圾的数量（每年人均产生量为 330 千克）基本与人均 GDP 可比国家城市生活垃圾的数量差不多。随着社会发展，预计 2025 年生活垃圾的增幅将超过 50%（见表2）。

表 2　哈萨克斯坦生活垃圾增长预测情况

单位：万吨

序号	垃圾类型	2011 年产生量	2025 年产生量
1	食品废物	100	160
2	纸张	90	130
3	玻璃	40	60
4	塑料	50	80
5	建筑材料	40	60
6	其他垃圾	50	70
7	合计	370	560

资料来源：哈萨克斯坦共和国统计署。

四是生活垃圾运输和回收处理方法不当。大部分生活垃圾和有价值的二次原料未经处理就被直接运往垃圾填埋场。且除大城市外，平均只有四分之一的居民能享受生活垃圾清运服务。

五是废物收集、加工和回收利用的基础设施落后。工艺技术和基础设施无法满足当前的需求，缺乏经济激励机制。

针对上述问题，应采取以下措施。

第一，建立废物综合管理体系。建立废物回收处理协调机制，减少垃圾填埋场的数量，提高废物加工和二次利用率，发展循环经济，改善生态环境状况等。

第二，减少工业废物数量。一是对所有大型工业废物填埋场和化学品进行登记；二是完善工业废物的分类方法，确定危险废物和有毒废物的加工和填埋方式；三是推广环境无害技术和工艺；四是建设相关基础设施，实施激励措施确保其稳定运行；五是明确部委间协作机制，加强工业废物的监管。

第三，解决生活垃圾处理问题。一是对大型生活垃圾填埋场进行生态修复；二是制定国家层面的生活垃圾处理规划，制定有关法律法规，加强对生活垃圾的监管；三是推行生活垃圾分类收集；四是实施生产者责任延伸制度，确定生活垃圾处理的收费标准；五是推广生活垃圾加工和处理新技术；六是加大对该领域的投资，包括吸引民间投资。

制定生活垃圾加工和回收利用国家纲要，包括以下几个方面：设定生活垃圾加工处理目标，推行生活垃圾分类收集；确定费率计算方法，以确保抵补运营费用和该领域投资；实施生产者延伸责任原则，以抵补废物收集与回

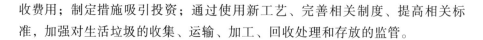
收费用；制定措施吸引投资；通过使用新工艺、完善相关制度、提高相关标准，加强对生活垃圾的收集、运输、加工、回收处理和存放的监管。

（四）生态系统的保护和有效管理

根据可持续发展原则对自然生态系统进行综合管理，提高自然生态系统的价值和经济潜力。

林业管理。哈萨克斯坦共有2878万公顷森林，能生产150万立方米木材。近年来，哈国林地面积不断减少，非法砍伐、森林火灾和土地用途的改变使森林在很大程度上失去了水土保持、吸收二氧化碳和固土的性能。因此，必须监控林地退化进程，提升林业管理水平，有效保护森林资源。

渔业管理。由于咸海干涸、过度捕鱼、污染和过度取用河水等，哈萨克斯坦渔场数量不断减少，捕鱼量和渔业从业人员数量也逐年减少。因此，应逐步加大人工养殖，减轻天然水体鱼类资源的压力，提高渔业的社会经济价值。

生物资源管理。哈萨克斯坦的生物资源独一无二，在发展生态旅游和狩猎业方面有良好的优势。因此，哈国正积极开展通信和旅游基础设施建设，推动生态旅游；发展可持续狩猎，组织摄影旅游等。

（五）节能和提高能效

目前，哈萨克斯坦经济的能耗是经合组织国家平均水平的2倍，比俄罗斯高出12%。根据分析，哈萨克斯坦2030年前能源消耗将翻一倍，到2050年将增加至2.5倍。哈国主要的能源消费行业为能源供应、居民和市政建筑、工业和交通，占能源消耗总量的98%。

与其他国家相比，哈国的能源使用效率相对落后，且能源价格体系不够合理，耗能低的建筑材料价格过高。因此，需在各行业和各领域采取节能和提高能效的措施。

一是在居民住宅和供暖行业，加大资金支持力度，重新确定相应的收费政策；通过政府与民间合作模式，支持采取节能措施；加大对耗能低的建筑材料生产行业的支持力度，制定和推行新的建筑标准；替换老旧和效率低下的供暖锅炉等。

二是在工业领域，对工业企业进行定期的能源审查，确定降低能耗的目标值；针对新设备设定新的能耗标准；支持工业企业进行现代化改造，推广新技术等。

三是在交通行业，检查并确保新上市的汽车的能耗符合要求；在交通领域开发可替代能源，推广电动汽车和燃气汽车，将公共交通的燃料逐步改为清洁能源（天然气或电力）；制定促进汽车回收处理的规划；提高铁路运输效率等。

四 配套政策和保障措施

（一） 配套行动计划

为落实本《构想》，2013 年 7 月 31 日，哈萨克斯坦共和国政府发布《落实〈哈萨克斯坦共和国向绿色经济转型构想〉2013—2020 年行动计划》（以下简称《行动计划》）。

最初发布的《行动计划》包括 14 个领域的 141 项措施，包括：（1）法律、制度和人才保障；（2）水资源可持续利用的措施；（3）发展可持续和高产农业的措施；（4）节能和提高能效的措施；（5）发展电力的措施；（6）完善废物管理体系的措施；（7）减少大气污染的措施；（8）生物资源开发、保护和可持续利用的措施；（9）发展水文气象部门的措施；（10）宣传《构想》实施进展的非政策性措施；（11）试点项目；（12）将交通工具燃料转为环保类型的措施，包括引入电动汽车，建设相关基础设施；（13）处理热电站气体排放，在生产和生活过程中采用最新技术，以全面节约电能的措施；（14）对发展本国可再生能源科技提供政府支持。

《行动计划》明确了每项措施的落实形式、执行机构、完成期限及资金要求。措施涉及中央政府各个部门、各地方政府以及相关企业，要求各部门加强协调与配合。《行动计划》根据其落实情况，也在进行不断的完善。

（二） 资金保障

从现在到 2050 年，落实本《构想》平均每年需要 30 亿至 40 亿美元的投资额。其中，大部分投资主要源自私人投资（见表 3）。

表 3 落实《构想》的投资需求

转型阶段		年平均投资额（十亿美元）	年平均投资额占 GDP 比重（%）
资源重审和再分配	2014～2015 年	0.6	0.31
	2016～2017 年	1.0	0.44

续表

转型阶段		年平均投资额 （十亿美元）	年平均投资额占 GDP 比重（%）
转型开始 （国家拨款占比较高）	2018～2019 年	3.1	1.23
	2020～2024 年	5.5	1.79
转型高峰期 （获得私人投资）	2025～2029 年	3.0	0.77
	2030～2039 年	3.0	0.59
	2040～2049 年	3.8	0.61
2014～2049 年		3.3	0.74

为了确保《构想》顺利实施，必须具备足够的人力资源、知识和技能，包括培养相关工程技术人员和管理人员。此外，还要将与环境保护相关的议题列入教学计划，培养青少年节约和爱惜资源的良好习惯；广泛开展交流活动，提高民众对资源使用问题和环境问题的知悉度，引导、改变民众的生活行为模式。

（三）机构保障——绿色经济转型理事会

2014 年 5 月 26 日，哈萨克斯坦总统签署第 823 号总统令，确定成立直属哈萨克斯坦共和国总统的哈萨克斯坦绿色经济转型理事会，以监督和评估《构想》实施进展和成果，提出相关工作建议，确定实施《构想》的机制等。

绿色经济转型理事会的工作任务包括：为落实《构想》和各项改革措施、规划提出建议；监督《行动计划》的执行情况、落实过程中出现的问题和障碍，制定关于全面落实改革措施的建议；吸引社会组织、大众媒体等参与《构想》实施方向、阶段、方法和机制的讨论。

根据总统令，理事会的主席为哈萨克斯坦共和国总理，副主席为第一副总理，秘书为能源部部长，其他成员包括卫生部部长、投资与发展部部长等。理事会的相关工作主要由能源部来具体实施。根据理事会的决议，可以根据不同的工作领域成立不同的工作组，包括节能与提高能效工作组、废物管理工作组。

（四）实施阶段

《哈萨克斯坦共和国向绿色经济转型构想》将分三个阶段实施：

第一阶段（2013～2020 年）：这一时期国家的优先任务是优化资源使用和提高环境保护工作效率，以及建设绿色基础设施；

第二阶段（2020～2030年）：国民经济在第一阶段的基础上开始转型，主要是节约用水、鼓励和促进可再生能源技术的开发和推广、在高能效标准的基础上修建各类设施；

第三阶段（2030～2050年）：国民经济发展向"第三次工业革命"原则转型，即在可再生和可持续的基础上使用自然资源。

五　政策建议

（一）推动中哈对接绿色发展与生态环保战略和规划，共建绿色"一带一路"

《构想》体现了哈国发展绿色经济的决心，且与我国绿色发展理念、建设绿色"丝绸之路"的主要目标基本一致。在国家层面，双方已经进行了战略对接。2018年6月，两国元首签署的联合声明指出，"丝绸之路经济带"倡议和哈萨克斯坦"光明之路"新经济政策对接合作意义重大，将本着开放、透明的精神促进两国各领域合作发展。同时，双方环保部门也已就绿色发展领域合作达成共识。2017年，在哈萨克斯坦召开的中哈环保合作委员会第六次会议上，"双方表示愿意在落实'一带一路'倡议、哈萨克斯坦'绿色桥梁'伙伴计划和中方绿色发展理念框架下加强交流与合作"。

因此，中哈环保合作应积极落实两国领导人达成的倡议和共识，加强环保领域的政策沟通，加快绿色发展和生态环保领域的战略与规划对接，推动生态文明、绿色发展等理念"走出去"，努力打造"一带一路"双边环保合作典范，促进区域环境质量改善，为全球生态安全做出贡献。

（二）继续稳步推进中哈跨界水合作，确保跨界河流安全

从《构想》可以看出，哈萨克斯坦高度关注水资源领域的工作，尤其是跨界水合作。目前，跨界水合作依旧是中哈环保合作的重要内容。因此，一方面，要高度重视跨界水问题，加强跨界水国内外政策和措施研究，稳步推进跨界水合作；另一方面，要切实抓好跨界河流环保工作，保障跨界水安全，以务实的态度推动两国合作，增强互信，打造周边命运共同体。

（三）拓展合作领域，推动中哈环保合作务实发展

《构想》是哈国环保领域工作的重要指导文件，体现了哈国的环保工作

重点。根据《构想》，哈萨克斯坦近年来将着力推动水资源管理、减少大气污染、固体废物管理、生态系统保护、环境在线监测等方面的工作，这与我国推进生态文明建设的环保工作重点相契合。

随着中哈环保合作的不断推进，双方合作越发务实。2017 年，在召开的中哈环保合作委员会第六次会议上，双方表示，将探讨在大气污染防治、环保技术与设备方面开展合作的可能性。因此，可结合双方环保工作重点，积极拓展双方在绿色经济、环境污染防治技术、生物多样性保护、环境监测技术与设备、环保信息共享和人员交流等领域的合作，分享环保理念、技术和产品，促进中哈环保技术交流和产业合作，推动双方企业之间建立联系并开展合作，使环保合作落实、落地。

（四）借助区域合作平台，打造互利共赢的环保合作

除积极推进双边合作外，应进一步加强中哈双方在区域和国际合作平台下的协调配合，深化在上海合作组织、亚洲相互协作与信任措施会议以及"丝绸之路经济带"建设和"欧亚经济联盟"建设对接框架下的合作，协调双方在国际舞台上的立场，推动互利共赢合作，携手在国际舞台上发挥更大的影响力。

参考文献

《提升哈萨克斯坦公民福祉：提高收入和生活质量》，哈萨克斯坦共和国驻华大使馆网，2018 年 5 月 10 日，http://www.mfa.gov.kz/zh/beijing/content-view/ti-sheng-ha-sa-ke-si-tan-gong-min-fu-zhi-ti-gao-shou-ru-he-sheng-huo-zhi-liang。

Концепция по переходу Республики Казахстан к «зеленой экономике», Астана, 2013 года.

«Об образовании Совета по переходу к "зеленой экономике" при Президенте Республики Казахстан», Указ Президента Республики Казахстан от 26 мая 2014 года.

«Об утверждении Плана мероприятий по реализации Концепции по переходу Республики Казахстан к "зеленой экономике" на 2013 – 2020 годы», Постановление Правительства Республики Казахстан от 31 июля 2013 года № 750.

«Программа партнерства "Зеленый мост": Общая концепция деятельности», июль 2013, Астана.

上海合作组织成员国环保机构设置及启示

摘　要　环保体制改革是解决我国生态环境领域深层次矛盾和问题的根本保障。党的十八大报告将生态文明建设纳入"五位一体"的国家总体战略布局之中,组建自然资源部和生态环境部是政府机构改革对生态文明建设要求的及时回应。但是,政府机制改革并非一劳永逸之举。研究上海合作组织成员国环保机构设置有利于深化环保机制改革,进一步优化环保机构职能,革除阻碍我国生态环境保护方面的体制与机制痼疾,为中国社会主义生态文明建设提供不可或缺的制度支撑和机构保障。而且,上海合作组织成员国绝大多数为"一带一路"共建国家,了解其环保部门设置有利于开展国际环保合作,促进中国产业"走出去"。

为支持我国生态环境保护管理体制运作,加强上海合作组织成员国之间的合作交流,本文对上海合作组织成员国环保机构改革历程及职能设置重新进行了梳理,并针对我国环保机构改革和上海合作组织环保合作提出了相应的对策建议。

关键词　上海合作组织　环保机构　职能设置　体制改革

随着当今全球生态环保形势日益严峻,上海合作组织(以下简称"上合组织")成员国环保机构变更频繁,其环保机构改革历程及职能设置如下。

一　上合组织成员国环保机构设置及职能

(一)中国

1. 中国环保机构改革历程

2018年3月,十三届全国人大一次会议通过《国务院机构改革方案》,

为整合分散的生态环境保护职责，统一行使生态和城乡各类污染排放监管与行政执法职责，加强环境污染治理，保障国家生态安全，建设美丽中国。同时，将环境保护部的职责，国家发展和改革委员会的应对气候变化和减排职责，国土资源部的监督防止地下水污染职责，水利部的编制水功能区划、排污口设置管理、流域水环境保护职责，农业部的监督指导农业面源污染治理职责，国家海洋局的海洋环境保护职责，国务院南水北调工程建设委员会办公室的南水北调工程项目区环境保护职责整合，决定组建生态环境部，作为国务院组成部门，不再保留环境保护部。中国环保机构改革历程见图1。

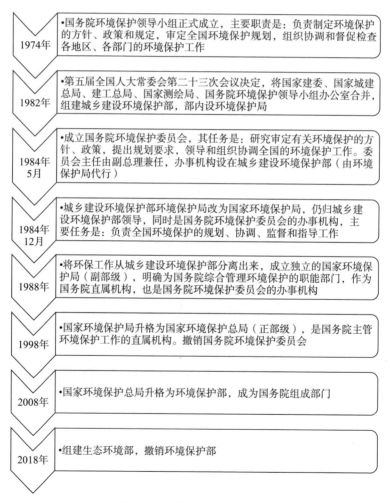

图1　中国环保机构改革历程

2. 现行环保机构设置

中国现行的环保机构为生态环境部。部机关共设立 21 个司, 分别为: 办公厅、中央生态环境保护督察办公室、综合司、法规与标准司、行政体制与人事司、科技与财务司、自然生态保护司、水生态环境司、海洋生态环境司、大气环境司、应对气候变化司、土壤生态环境司、固体废物与化学品司、核设施安全监管司、核电安全监管司、辐射源安全监管司、环境影响评价与排放管理司、生态环境监测司、生态环境执法局、国际合作司、宣传教育司。此外, 生态环境部还设有 12 个派出机构、21 个直属事业单位、5 个社会团体以及 33 个地方环境保护机构。

3. 现行环保机构职责

负责建立健全生态环境基本制度; 负责重大生态环境问题的统筹协调和监督管理; 负责监督管理国家减排目标的落实; 负责环境污染防治的监督管理; 指导协调和监督生态保护修复工作; 负责核与辐射安全的监督管理; 负责生态环境准入的监督管理; 负责生态环境监测工作; 负责应对气候变化工作; 组织开展中央生态环境保护督察; 统一负责生态环境监督执法; 组织指导和协调生态环境宣传教育工作; 开展生态环境国际合作交流; 完成党中央、国务院交办的其他任务; 职能转变。

(二) 俄罗斯

1. 俄罗斯环保机构改革历程

俄罗斯环保机构改革历程见图 2。

2. 现行环保机构设置

俄罗斯现行环保机构为俄罗斯联邦自然资源与生态部, 新部长科贝尔金上任后对自然资源与生态部的内设司局进行了调整。根据新的调整方案, 原森林资源管理与国家政策司、狩猎经济管理与国家政策司合并为一个司——森林资源、狩猎经济管理与国家政策司, 统筹管理林业与狩猎经济工作; 新增两个司级单位, 分别为特别自然保护地与贝加尔湖保护地国家政策司, 北极、南极和太平洋国家管理司; 原环境保护与国家政策司更名为环境保护与生态安全司; 水资源管理与国家政策司不再履行水文气象领域的相关职能, 其他职能不变。

3. 现行环保机构职责

职能主要体现在: 制定自然资源和生态环境方面的国家政策; 协调各政府部门在国家经济中使用的各种类型的自然资源的研究、开发、利用和

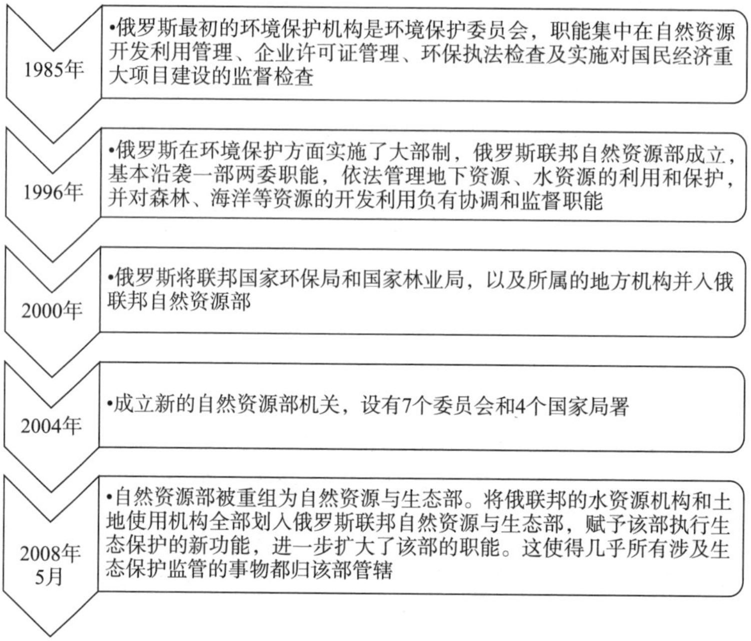

1985年	•俄罗斯最初的环境保护机构是环境保护委员会，职能集中在自然资源开发利用管理、企业许可证管理、环保执法检查及实施对国民经济重大项目建设的监督检查
1996年	•俄罗斯在环境保护方面实施了大部制，俄罗斯联邦自然资源部成立，基本沿袭一部两委职能，依法管理地下资源、水资源的利用和保护，并对森林、海洋等资源的开发利用负有协调和监督职能
2000年	•俄罗斯将联邦国家环保局和国家林业局，以及所属的地方机构并入俄联邦自然资源部
2004年	•成立新的自然资源部机关，设有7个委员会和4个国家局署
2008年5月	•自然资源部被重组为自然资源与生态部。将俄联邦的水资源机构和土地使用机构全部划入俄罗斯联邦自然资源与生态部，赋予该部执行生态保护的新功能，进一步扩大了该部的职能。这使得几乎所有涉及生态保护监管的事物都归该部管辖

图 2 俄罗斯环保机构改革历程

保护，包括北极、南极和太平洋地区；直接管理矿产资源、水资源、森林资源和环境保护。此外它还是：国家地下资源和林业资源的联邦管理机关；水资源利用和保护的专门授权的管理机关；林业资源利用、保护、防护和森林再生产方面的专门授权的国家机关；保护、监督和调节动物界利用及其生存环境的专门授权的国家机关；保护大气，及在其职权范围内包括废料循环（除放射性废料），对土地利用和保护实行国家监督的专门授权的国家机关；专门授权在贝加尔湖保护方面进行国家调节的国家执行权力机关①。

（三）哈萨克斯坦

1. 哈萨克斯坦环保机构改革历程
哈萨克斯坦环保机构改革历程见图 3。

2. 现行环保机构设置
2019 年，托卡耶夫签署了《关于进一步完善国家治理体系的命令》，组

---

① 俄罗斯自然资源与生态部官网：http://www.mnr.gov.ru/。

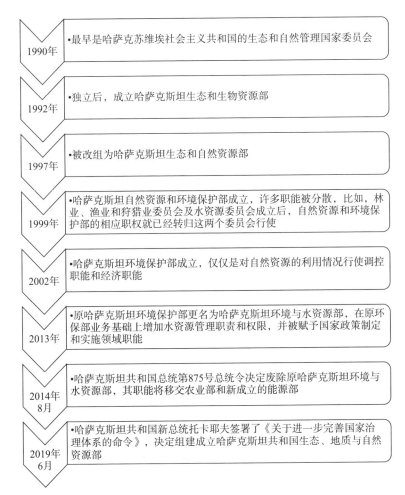

图 3　哈萨克斯坦环保机构改革历程

建成立哈萨克斯坦共和国生态、地质与自然资源部。生态、地质与自然资源部下设 4 个委员会、18 个司局，以及 9 个直属企业和中心。此外，4 个委员会都下设有地区机构，其中生态环境监督管理委员会下属地区机构 17 个，地质委员会下属地区机构 5 个，水资源委员会下属地区机构 8 个（按照流域划分），林业与野生动物委员会下属地区机构 14 个、自然保护区和国家公园等 29 个，国有企业 10 个①。具体组织架构如图 4 所示。

① 哈萨克斯坦生态、地质与自然资源部官网，http://ecogeo.gov.kz/。

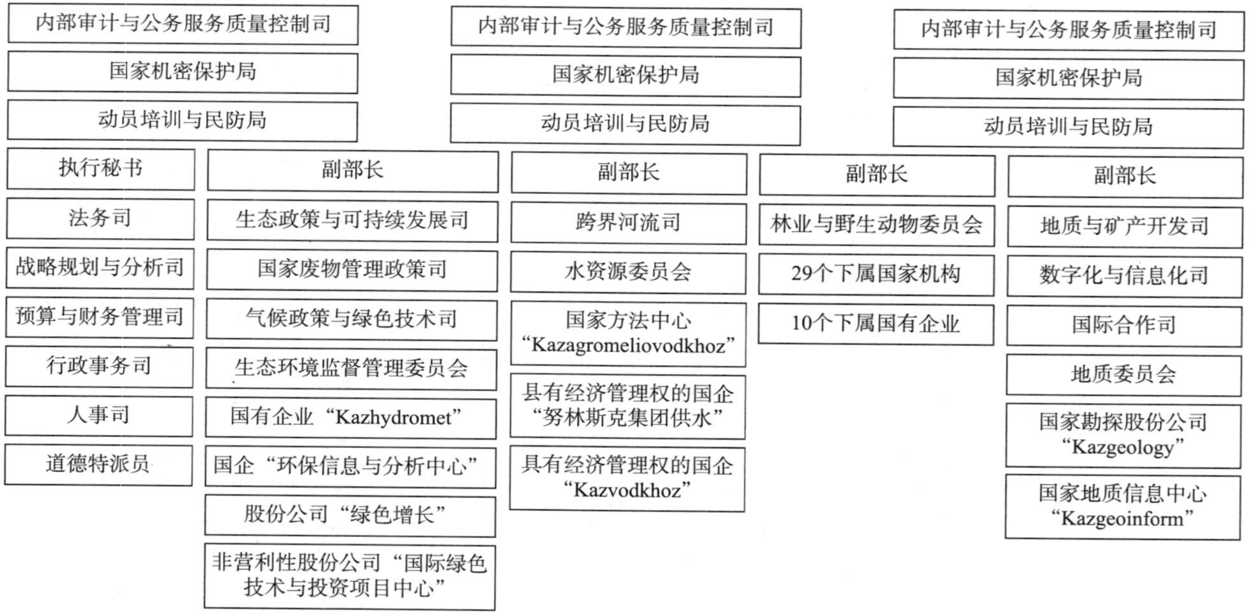

图 4 哈萨克斯坦共和国生态、地质与自然资源部组织架构

内部审计与公务服务质量控制司
国家机密保护局
动员培训与民防局

副部长
地质与矿产开发司
数字化与信息化司
国际合作司
地质委员会
国家勘探股份公司 "Kazgeology"
国家地质信息中心 "Kazgeoinform"

副部长
林业与野生动物委员会
29个下属国家机构
10个下属国有企业

内部审计与公务服务质量控制司
国家机密保护局
动员培训与民防局

副部长
跨界河流司
水资源委员会
国家方法中心 "Kazagromeliovodkhoz"
具有经济管理权的国企 "努林斯克集团供水"
具有经济管理权的国企 "Kazvodkhoz"

内部审计与公务服务质量控制司
国家机密保护局
动员培训与民防局

副部长
执行秘书
法务司
战略规划与分析司
国家废物管理政策司
生态政策与可持续发展司
预算与财务管理司
气候政策与绿色技术司
行政事务司
生态环境监督管理委员会
人事司
国有企业 "Kazhydromet"
道德特派员
国企 "环保信息与分析中心"
股份公司 "国际绿色增长"
非营利性股份公司 "国际绿色增长技术与投资项目中心"

146

3. 现行环保机构职责

生态、地质与自然资源部将责成政府会同总统办公厅一道，协商确定有关国家机关及其所属机构编制重新分配等问题[①]。

该部主要工作任务和职责包括：环境保护、绿色经济发展、气候变化、废弃物管理（不包括公用事业、医疗和放射性废弃物）等领域国家政策的制定、实施和管理；负责保护、监督和合理利用自然资源，包括矿产资源的再生产，水资源的使用和保护，供水、排水、林业、野生动物的保护和利用，特殊自然保护区的保护。

（四）乌兹别克斯坦

1. 乌兹别克斯坦环保机构改革历程

乌兹别克斯坦环保机构改革历程见图5。

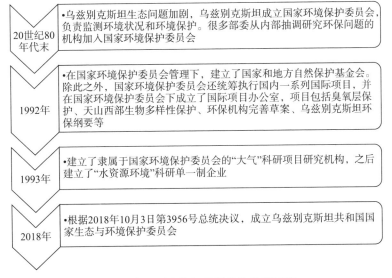

图5 乌兹别克斯坦环保机构改革历程

2. 现行环保机构设置

乌兹别克斯坦现行环保机构为乌兹别克斯坦共和国国家生态与环境保护委员会，其主要机构是国家生态委员会中央办公室，其内设部门有环境

---

① 中华人民共和国商务部官网，http://www.mofcom.gov.cn/article/i/jyjl/e/201906/20190602873537.shtml。

污染协调与监测局，大气保护管理局，水、土壤和矿产资源保护局，生物
多样性与自然保护区管理局，固体废物处理协调与管理局，法规处，人力
资源处，保密处，财务管理处，国际合作与项目处等（见图6）。其下设部
门主要有环保领域专业分析控制中心，卡拉卡尔帕克斯坦共和国、各地区
和塔什干市国家生态专家和国家生态鉴定中心，国家生态认证标准化中心
及其分支机构，环保工人培训中心，生态信息、通信技术和多媒体中心，
生态与环境保护科研所，"生态能源"科技研发中心，布哈拉"鹅喉羚"
场，综合（风景）高鼻羚羊保护区，建筑管理局，共和国卫生清洁企业协
会，国家单一企业等。

3. 现行环保机构职责

国家生态与环境保护委员会的主要任务是：实现国家对生态、环境保
护、合理利用及再生自然资源领域的管理，保障生态环境状况良好，保护
生态系统、自然综合体和个体，改善生态状况；与地方政府机构开展密切
合作，监督废物管理领域法律的落实，建立有效的生活垃圾收集、运输、
回收和处置系统，引入生态和环境保护领域的国家地籍和监测系统，对野
生动植物、动植物名录及繁殖情况进行国家登记，组织环境教育、宣传教
育以及生态环保领域的专家培训，防范环境保护、合理利用自然资源和废
物管理方面的违法行为，在生态环保、公民享有有利环境的权利等方面与
公众和民间社会机构保持密切互动①。

（五）吉尔吉斯斯坦

1. 现行环保机构设置

吉尔吉斯斯坦现行环境保护机构为2009年重新组建的吉尔吉斯共和国
国家环境保护与林业署，内设人事与文件保障处、财务经济处、法律保障
处、国际合作处、生态政策与战略处、国家生态鉴定与自然资源利用处
（见图7）。国家环境保护与林业署下辖的机构包括：自然资源保护与利用
局、森林生态系统发展局、环境保护和生态安全领域国家调控中心、森林
狩猎制度管理局、国家和地方自然保护与发展基金、伊塞克湖区域生物圈
管理局、区域管理局以及国家自然保护区、国家自然公园、林场、林管区、
森林保护站。

---

① 乌兹别克斯坦国家生态与环境保护委员会官网：http://eco.gov.uz/。

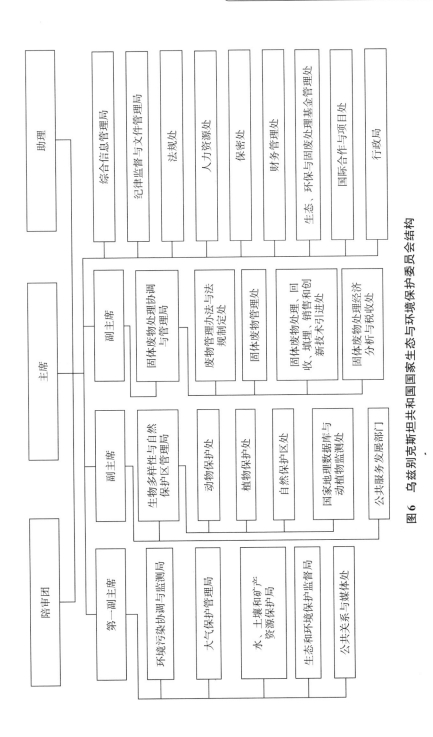

图6 乌兹别克斯坦共和国国家生态与环境保护委员会结构

149

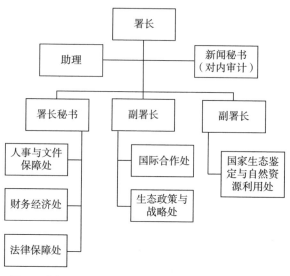

图7 吉尔吉斯斯坦国家环境保护与林业署组织结构

2. 现行环保机构职责

现行环保机构是保障环保政策实施、保护生物多样性、合理利用资源、发展林业和确保国家环境安全领域政策执行的机构。主要职能是保护国家生态环境、合理利用自然资源、发展林业经济。

（六）塔吉克斯坦

1. 塔吉克斯坦环保机构改革历程

塔吉克斯坦环保机构改革历程见图8。

2. 现行环保机构设置

塔吉克斯坦现行环境保护机构为2008年重新组建的塔吉克斯坦共和国环境保护委员会，内设机构有监测与生态政策局，综合事务局，规划、财务与金融处，动植物资源利用保护国家监管处，大气资源利用保护国家监管处，土壤利用保护与固体废物处理国家监管处，水文气象科，国际关系科，法规科等①。

3. 现行环保机构职责

职能主要包括两个方面：一是针对环境保护、水文气象、自然资源合

---

① 塔吉克斯坦政府2008年4月24日第189号决议：《Постановление Правительства Республики Таджикистан от 24 апреля 2008 года №189》。

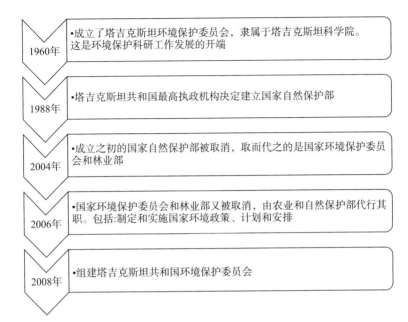

1960年	•成立了塔吉克斯坦环境保护委员会，隶属于塔吉克斯坦科学院。这是环境保护科研工作发展的开端
1988年	•塔吉克斯坦共和国最高执政机构决定建立国家自然保护部
2004年	•成立之初的国家自然保护部被取消，取而代之的是国家环境保护委员会和林业部
2006年	•国家环境保护委员会和林业部又被取消，由农业和自然保护部代行其职。包括:制定和实施国家环境政策、计划和安排
2008年	•组建塔吉克斯坦共和国环境保护委员会

图8　塔吉克斯坦环保机构改革历程

理利用领域制定统一的国家政策；二是落实环境保护与自然资源利用领域的国家监管[1]。

(七) 巴基斯坦

1. 巴基斯坦环保机构改革历程

巴基斯坦环保机构改革历程见图9。

2. 现行环保机构设置

巴基斯坦是全球受极端气候和自然灾害影响最大的国家之一，2012年设立气候变化部，统筹环境保护的职能。气候变化部内设行政司、气候融资司、发展司、环境司、林业司、国际合作司，并负责管理巴基斯坦环境保护局、全球变化影响研究中心、巴基斯坦动物调查机构。其组织结构见图10。此外，巴基斯坦已建立环境保护委员会、气候变化委员会等议事协调机构。

---

① 塔吉克斯坦政府2008年4月24日第189号决议：《Постановление Правительства Рес-публики Таджикистан от 24 апреля 2008 года №189》。

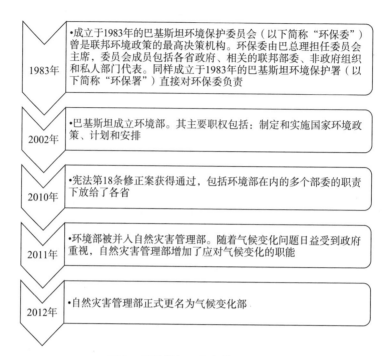

图 9　巴基斯坦环保机构改革历程

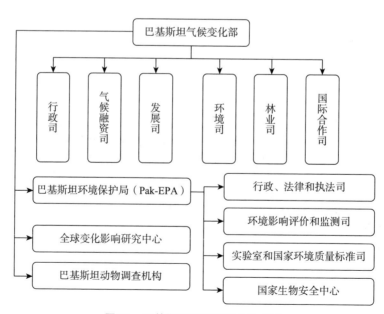

图 10　巴基斯坦现行环保机构设置

省级环保事务主管部门分别为：旁遮普省环保厅；信德省环境与替代能源厅；开伯尔－普什图省环保厅；俾路支省环保厅。环保局与各省环境部门具体负责环保法规的实施，并为环保法规的制定提供技术支持。

3. 现行环保机构职责

制定环境和气候变化政策，推进清洁发展机制，与联合国机构、国际和区域组织、国际非政府组织，协调推动全球气候融资项目；落实生态、林业、野生动物、生物多样性和荒漠化领域的国家政策、计划、战略和方案；适应环境和气候变化国际合作新形势，履行国际环境公约，争取国际社会对应对气候变化和环境问题的支持，促进可持续发展①。

（八）印度

1. 现行环保机构设置

印度的主要环境保护机构是环境、森林与气候变化部，其下设的主要机构有：环境司、森林与野生动植物司。此外，印度还有其他一些部门与环境保护有关联，包括：印度水资源开发部，负责水资源的保护与利用；印度农村发展部，负责农村饮用水问题；印度电力部，辅助监控大气、水资源、森林资源等的变化；印度城市发展和减贫部，负责城市饮用水和卫生等问题；印度新能源与可再生能源部，负责新能源开发与促进新能源和再生能源的推广利用。印度政府还设立了具体的环境领域的管理组织、机构和单位，包括8个森林和野生动物领域的管理机构：印度植物考察队、印度动物考察队、印度森林考察队、英迪拉·甘地国家森林研究院、森林教育理事会、动物福利国家学院、国家动物园、自然历史国家博物馆。

2. 现行环保机构职责

印度环境、森林与气候变化部是中央政府行政管理部门之一，负责规划、促进、协调和监督印度环境和林业政策和计划的实施。该部的主要职责是实施有关保护国家自然资源方面的政策，包括保护湖泊、河流、生物多样性、森林、野生动植物以及动物福利等；负责制定与实施预防和控制污染的政策与计划；负责退化地区的造林和恢复工程；保护环境。在实施这些政策和方案的同时，该部严格遵循可持续发展和提高人类福祉的原则②。

---

① 巴基斯坦气候变化部官网：http://www.mocc.gov.pk/。
② 印度共和国环境、森林与气候变化部官网：http://envfor.nic.in/。

二 上合组织成员国环保机构设置分析

从上合组织成员国环保机构设置及职能分析来看，各国环保部门机构设置主要有以下三种模式。

第一，自然资源与生态环保分工负责的模式。我国自然资源部将过去分散在发改委、住建部、水利部、农业部、国家林业局等部门的自然资源的调查和确认登记职能进行整合，统一行使用途管制和生态修复的职责，有利于对山水林田湖进行整体保护、系统修复和综合治理。生态环境部统一负责生态环境监测和执法工作，监督管理污染防治、核与辐射安全。从目前我国的环保机构设置及职能来看，生态环境部单一环境保护职能偏重，缺乏对资源开发与利用的统一管理权。环境保护在资源开发与利用的下游，即资源开发与利用后的环境治理和生态保护。在没有统一协调和管理的情况下，环境保护和资源开发与利用的职能往往相矛盾。

第二，自然资源与生态环保一体化模式。俄罗斯现行的部级环境管理体制扩大了环保部门对资源要素的管理范围并增强了专业性，包括监管森林、海洋、水（水资源、水文气象和监测）、地下资源、林业、矿产、土地等资源的利用，将环境保护融入各类资源的开发与利用中，由原来分工负责、分散管理的模式逐步过渡到相对集中的统一管理模式，尤其是自然资源与环境保护管理从分散趋向统一。针对不同要素（环保、矿产、水、林业狩猎等）设置不同的政策和调控司局，加强经济发展与环保和资源开发利用政策的相互协同与统一，保障经济增长不以牺牲环境为代价。

乌兹别克斯坦环保机构的设置类似于俄罗斯，重新组建国家生态与环境保护委员会，环保机构设置较此前更加明确、精细，开展国家对土地、大气、水等自然资源的利用以及环境保护的监督。此外，乌为国家卫生部、内务部、农业和水资源管理部、水利气象管理部、地质和矿产资源委员会、生产和开采工业安全委员会等制定了相应的环保职责，并加强上述部门和国家生态与环境保护委员会的协调，加强统一管理，实现环保工作跨部门的综合管理。

与俄罗斯环保部门职能由分散走向统一的趋势不同，哈萨克斯坦的环保机构和职能变革是一个由统一到分散，再到统一的过程。哈环保机构初期受苏联的影响较大，环保注重对生态与自然资源的保护，随着国内环境问题的不断恶化，环境的治理和保护需要更专业部门的管理，环保机构职能更加单一和专业化，但是哈较为重视的水资源问却不断与环保、农业问题交叉重叠，始终没有得到较好的解决。为了能够全面、合理地利用水资源，方便对其进行统一的管理与开发，减少各部门之间的协调程序，提高跨界河流国际谈判的效率，2019 年哈将原属农业部的"水资源、供排水"等职能并入生态、地质与自然资源部。同时，原属能源部的"制定实施国家环境保护政策、固体废弃物管理、自然资源合理利用的保护、控制与监管"等职能，原属工业和基础设施发展部的"国家地质研究、矿物资源基地复产"，以及原属农业部的"林业发展与保护"等职能均被划归新组建的生态、地质与自然资源部。

第三，环境与林业、气候变化结合的模式。上合组织成员国环境保护机构设置的另一种模式是将环境保护及与其联系密切的职能进行了结合，组成一个部门，如现行吉尔吉斯斯坦的环保机构为"国家环境保护与林业署"，印度的环保机构为"环境、森林与气候变化部"，巴基斯坦的环保机构则为"气候变化部"，直接统筹生态与环境保护的职能。这些国家环保部门的职能除了开展国家环境保护方面的工作，还重点就林业、气候变化等进行专门管理，同时兼顾资源的可持续利用等管理工作。以巴基斯坦为例：起初巴环保机构设立了环境保护委员会，因职能不断扩大，故加设环境部以统筹协调环境方面政策的制定与实施；后包括环境部在内的多个部委的职责下放给了各省，职能由中央下放至地方；随着国内环境因全球气候变化遭受严重冲击，气候变化问题日益受到政府重视，巴将环境部并入自然灾害管理部，后更名为气候变化部，加大中央政府对地方环保工作以及应对气候变化等工作的协调。

三　对我国环保机构改革和上合组织环保合作的启示

（一）促进资源与环境的统一管理，从资源开发利用源头进行污染防治

上合组织成员国环保机构设置部分或完全地将农、林、牧、渔、土地、矿产资源的管理与环境保护有机联系在一起，"生态化""大环保"的职能是各国环境保护的主旨，是各国环保机构设置的指导方针，能够促进各国各类资源开发利用与环境保护相统一、相协调。

为贯彻执行在"保护中发展，发展中保护"，我国的环保机构改革应继续加强建立资源利用管理、生态系统保护与单一污染防治的联动机制与管理模式，将生态系统保护、环境防治和保护贯穿于资源开发利用的全过程，

形成资源开发利用过程中的统一的环境监管、执法和统筹协调，加大环境保护在经济发展过程中的配额管理。

（二）结合各国环保机构职能，积极推进我国环保机构职能范围内的双边环保合作

通过对各成员国环保机构的梳理，可以看出，虽然各国对于资源环境要素（如矿产、水、林、农、牧、渔）的利用与保护各有侧重，但对于环境要素（水、气、土）保护的法律法规和政策都赋予了各国环保部门相同的职责。因此，推进和加强上合组织框架下的双边环保合作应注意：一方面继续加强目前在双方环保机构职责范围内和共性领域的合作，如中俄继续加强在跨界水体污染防治、跨界水体水质监测和生物多样性保护等领域的合作，中哈继续坚持在水质协定和环保协定规定的范围内合作，中塔站在新的历史起点，在《中华人民共和国生态环境部与塔吉克斯坦共和国环境保护委员会合作谅解备忘录》框架内开展合作；另一方面，加强与各国环保机构的交流，深入了解各国环保机构在资源保护领域的工作，为我国生态文明体制改革提供借鉴，为畅通今后的环保合作做好准备，如关注俄罗斯固体废物改革成果，跟踪哈萨克斯坦《生态法典》修订进程，着眼"中巴经济走廊"建设等。

（三）依托区域和多边合作平台，寻求环保合作契合点

目前，上合组织框架下环保合作刚刚起步，生态环保合作起点低、各国环保机构职能尚不统一，加大了各国环保部门之间的磋商难度。例如，矿产资源、林业资源问题。同时，各国在制定环保政策、开展具体环保领域工作时，也因各国经济发展模式、发展方向和环保理念的差异而有很大不同。因此，应在全面理解和把握各个国家发展政策、环保历程的基础上，加强对各国环保机构设置和职能的评估，深入开展上合组织框架下的环保合作，具体工作如下。一是抓住历史转型机遇。抓住全球绿色低碳转型机遇，围绕共同面临和关心的突出生态环境问题，按照讲求实效、优势互补、互利共赢、开放包容的原则，利用上合组织部长会议机制，加强顶层设计，打造区域环境合作共同体。二是明确优先合作方向。围绕促进生物多样性保护、促进土地可持续管理、促进跨境水资源保护和利用、促进海洋环境可持续利用、减缓和适应气候变化风险、促进绿色技术创新和产业合作优先方向，全面落实《上合组织成员国环保合作构想》及落实措施计划和

《上合组织城市生态福祉发展规划》，协调政策和立场，以上合组织声音发出倡议，签署务实合作协议，共同推进相关领域全球和区域环境议程。三是实施一批重点项目。抓住多双边合作重点，关注咸海问题，实施沙漠化防治、跨境河流保护、跨境动物保护、应对气候变化、海洋环境保护、生态环境观测、环境信息平台、能力建设培训、联合环境研究、环保产业与技术等重点项目，打造绿色丝绸之路示范工程。

参考文献

俄罗斯自然资源与生态部官网：http://www.mnr.gov.ru/。

哈萨克斯坦生态、地质与自然资源部官网：https://energo.gov.kz/。

乌兹别克斯坦国家生态与环境保护委员会官网：http://eco.gov.uz/。

吉尔吉斯斯坦国家环境保护与林业署官网：http://ecology.gov.kg/。

巴基斯坦气候变化部官网：http://www.mocc.gov.pk/。

印度共和国环境、森林与气候变化部官网：http://envfor.nic.in/。

王玉娟、国冬梅：《上合组织成员国环保机构设置及其启示》，国冬梅、王玉娟、张宁等编著《上海合作组织区域和国别环境保护研究（2016）》，社会科学文献出版社，2017。

塔吉克斯坦政府 2008 年 4 月 24 日第 189 号决议：«Постановление Правительства Республики Таджикистан от 24 апреля 2008 года №189»。

"绿色桥梁"的载体：哈萨克斯坦搭建绿色技术和投资合作平台

谢 静 张 扬 段飞舟[*]

摘 要 哈萨克斯坦高度重视与中亚各国、欧洲发达国家、美国、俄罗斯、中国、印度及拉丁美洲诸国、经济合作与发展组织和欧盟等国家、国际组织开展环保技术合作，以吸引投资，借鉴各国绿色技术和环保经验，促进国内绿色发展。2015 年，在第 70 届联合国大会上，哈萨克斯坦总统纳扎尔巴耶夫提出在阿斯塔纳建立由联合国支持的国际绿色技术和投资项目中心。该中心旨在推动绿色经济发展，其主要任务是通过项目支持形成发展可再生能源、绿色技术、绿色经济领域和可持续发展所必需的可靠基础，促进其国内经济向绿色经济转变，切实推行绿色技术，并在"绿色桥梁"伙伴计划框架内加强国际合作，确保各国在绿色技术转让方面的相互协作。该中心隶属于哈萨克斯坦能源部，已于 2018 年 1 月 1 日起正式运行。哈萨克斯坦将重点依托国际绿色技术和投资项目中心与上述国家及国际组织开展绿色技术等领域的务实环保合作。

本文通过对国际绿色技术和投资项目中心成立背景、职责范围、任务使命、管理机制等的梳理，了解哈萨克斯坦国际绿色技术和投资项目中心国际环保合作需求，寻求中哈环保合作新方向，丰富合作内容，拓展合作领域。

关键词 中哈 绿色技术 环保合作

一 国际绿色技术和投资项目中心概况

（一）成立背景

哈目前正在努力向绿色经济转型，并努力推动区域绿色发展和区域环

---

* 谢静、张扬、段飞舟，中国－上海合作组织环境保护合作中心。

保合作，各项工作已取得显著进展，其中包括哈萨克斯坦碳排放交易体系（K-ETS）、可再生能源利用政策及能效。哈萨克斯坦目前正在实施的联合国的各项公约、宣言及准则包括：1992 年在里约热内卢通过的《联合国全球公约》、2000 年在纽约举行的联合国千年首脑会议上通过的《联合国千年宣言》以及 2002 年在联合国可持续发展世界首脑会议上通过的《约翰内斯堡宣言》。2016 年 8 月，哈萨克斯坦政府签署《巴黎协定》。哈萨克斯坦共和国以"未来能源"为主题，成功举办了 2017 年阿斯塔纳专项世博会。哈萨克斯坦通过与欧洲、亚洲各国建立"绿色桥梁"伙伴关系，已着手开展推动绿色经济的区域合作。《阿斯塔纳"绿色桥梁"倡议》是哈萨克斯坦在亚太地区环境部长级会议上提出的，获得各国一致认可。

在"绿色桥梁"伙伴计划框架内，哈萨克斯坦推动着欧洲与亚太地区各国以及国际组织的企业、科研院所在绿色经济发展领域的合作。2011 年 9月，哈萨克斯坦总统纳扎尔巴耶夫在第 66 届联合国大会上提出关于区域合作的理念。随后，该理念体现在了《阿斯塔纳"绿色桥梁"倡议》的正式文本中。

在 2015 年 10 月 15 日第 70 届联合国大会上，哈萨克斯坦总统纳扎尔巴耶夫提出在阿斯塔纳建立由联合国支持的国际绿色技术和投资项目中心（以下简称"绿色技术中心"）。该中心旨在推动全球绿色经济发展。

2017 年 6 月，在阿斯塔纳世博会框架下"能源可持续发展"部长级会议上，通过决议决定建立绿色技术中心。该中心隶属于哈萨克斯坦能源部，在世博会园区内工作，于 2018 年 1 月 1 日起正式运行。

（二）主要职能

绿色技术中心的主要职能，在于通过项目支持形成发展可再生能源、绿色技术、绿色经济领域和可持续发展所必需的可靠基础，促进向绿色经济转变，切实推行绿色技术，并在"绿色桥梁"伙伴计划框架内加强国际合作，确保各国在绿色技术转让方面的相互协作。绿色技术中心的工作职能分为以下三种。

第一层面是国家性的，主要包括：制订国家行业发展计划；对哈萨克斯坦共和国关于可持续发展、绿色经济、生态和可再生能源的现行立法进行必要的修改和补充；为哈萨克斯坦企业家提供项目支持服务，协助寻找外国合作伙伴和项目；协助国内"绿色"商品生产者将其产品输出到国际市场；用"一站式"原则为商业项目提供完整的服务清单；与国际组织共同制定行业发展战略。

第二层面是区域性的，目标是将中心转变为区域枢纽，推动区域落实和实施在"绿色桥梁"伙伴计划框架内联合国发布的促进绿色经济和可持续发展的全球倡议，包括：与经济合作和发展组织进一步深化合作；欧亚经济联盟框架内的合作；"一带一路"合作；"中亚＋日本"合作；推动美国与中亚的互动；哈萨克斯坦与欧盟加强伙伴关系和合作。

第三层面是国际性的，主要目的是在全球绿色发展中占据主导地位，并将哈萨克斯坦从受援国的地位转变为在全球决策和国际资助方面的领导者。

该中心的目标是成为全球国家和国际组织发展和交流最先进技术的孵化器，其发展目标是在《阿斯塔纳"绿色桥梁"倡议》基础上建立"绿色桥梁"区域平台，它将按照联合国的规则和原则开展工作，这将会成为哈推动实现联合国可持续发展目标的平台。同时，哈萨克斯坦将依托绿色技术中心这一平台努力提高其在全球绿色发展中的地位。

（三）运行机制

为组织建立绿色技术中心，哈萨克斯坦共和国政府将在本国内与联合国代表团签订协议，实施向国际绿色技术和投资项目中心提供制度上支持的项目。

在为期三年、由相关资助机构投资的项目框架下，将成立绿色技术中心的秘书处，并确立中心后续制度化的组织法律机制。

哈将成立绿色技术中心的管理委员会，管理委员会由各伙伴国和国际组织的授权代表组成。管理委员会将对活动进行全面协调，并制定中心发展战略。

管理委员会的主要职能包括如下内容：（1）确定中心可持续发展的战略方向和建议；（2）促进和支持各伙伴国间及国家机构间的合作；（3）促进全球和区域主要金融机构和银行的资源整体调动，包括但不仅限于绿色气候基金、全球环境基金及其他组织；（4）支持绿色项目标准、原则、方法和实践等知识管理系统的开发。

管理委员会将由7位成员组成，包括绿色技术和能源领域的国际知名专家主席、联合国驻哈萨克斯坦的国家办事处代表（联合主席）、各成员国和国际组织的授权代表等。为保证绿色技术中心和管理委员会的有效运作，计划尽可能从联合国各机构和其他国际组织中借调资深专家。

管理委员会的组成将以区域、国家和国际组织的平衡代表权为基础。

管理委员会的成员资格将采用轮换制，每年调整一次。管理委员会的成员将根据各成员国和国际组织的建议进行轮换。

管理委员会会议将定期举办，每年至少两次。为使管理委员会各成员更加有效地相互协作，将会应用现代通信设备（视频会议）。绿色技术中心秘书处将负责组织管理委员会会议。

联合国将为绿色技术中心提供所需的咨询及技术支持，联合国开发计划署、联合国欧洲经济委员会和联合国亚洲及太平洋经济社会委员会三大机构也将协同联合国给予帮助。

联合国的其他机构（联合国环境规划署、联合国教科文组织、联合国粮农组织等）也将结合自身的经验给予大力支持。根据相关经验及职权范围，各机构（与联合国办事处协定）按以下方式和在以下领域协调活动：联合国欧洲经济委员会——能源部门转型；联合国开发计划署、联合国亚洲及太平洋经济社会委员会——城市可持续发展；联合国亚洲及太平洋经济社会委员会——向绿色产业转变；联合国开发计划署——转让绿色技术；联合国环境规划署、联合国工业发展组织、联合国开发计划署——发展绿色金融；联合国开发计划署、联合国环境规划署、联合国欧洲经济委员会、联合国亚洲及太平洋经济社会委员会——发展可再生能源；联合国开发计划署、联合国欧洲经济委员会、联合国亚洲及太平洋经济社会委员会、联合国环境规划署——挖掘绿色增长潜力。

建立绿色技术中心的方案也在"人人享有可持续能源"项目框架内进行了协商。绿色技术中心的管理将遵循联合国的标准运营程序。哈政府对绿色技术中心的开设及运营给予财政支持，并在 2017 年阿斯塔纳专项世博会期间为中心提供了一个展馆。预计绿色技术中心将吸引更多的国际基金会及组织的投资。绿色技术中心将代表哈萨克斯坦共和国政府、能源部，与国际机构、各国政府开展合作。哈外交部和投资发展部等在必要时也将会协助支持。

（四）活动措施与预期成果

绿色技术中心总的使命是通过推行绿色增长和"绿色桥梁"准则，以促进全球可持续发展。中心的建立，旨在利用创新方法和最佳可得技术面向全球推动绿色经济模式转变。绿色技术中心成果的取得将依赖所采取的广泛措施，其中包括能源部门转型、城市可持续发展、向绿色产业转变、转让绿色技术、发展绿色金融、发展可再生能源、挖掘绿色增长潜力等。

1. 能源部门转型

该措施用以促进某一地区可持续能源的发展战略，拟完成以下目标：

第一，促进能源向更稳定的未来发展模式转变，促进可再生能源的使用，减轻生产、运输和能源利用对人类健康和环境的影响；

第二，促进地区内可持续能源体系的发展，优化体系运营效果及改善总体的区域合作；

第三，促进对有关新型能源探索、最佳可得技术和经验的研究；

第四，促进生产利用领域能源效率的可持续提高。

预期成果如下：（1）进一步巩固法律基础和政治基础，修订法律法规，包括制定分类制度和指导性分类准则；（2）提高能效和节能率，特别表现在转轨经济国家；（3）鼓励更广泛地利用天然气作为过渡燃料，以使得新型绿色能源的开发和商品化更接近；（4）使碳－能源链符合生态要求；（5）解决有关电力网结合的系列问题。

2. 城市可持续发展

随着城市化速度急剧加快，而城市市政基础设施逐渐落后，因此要更新基础设施、缩减能源消耗及推行现代化节能技术，而这一系列问题的解决仅仅依靠国家财政资金是不可能的。为解决此类问题，需要在产生社会、经济和生态效益的项目中，引进个人投资。绿色技术中心将与城市协作，发展市政基础设施，并致力于实现以下目标：

第一，将市政设施视为气候变化的影响源之一；

第二，当市政设施的某一领域规划与其他领域（交通运输和基础设施、住宅公用事业、示范街区、工业、城市农业设施）直接紧密相关或接近时，推进综合互联城市的规划标准；

第三，推行最佳可得技术，借鉴世界先进经验，推进对法律法规文件的修改；

第四，降低城市能耗，提高生活垃圾发电潜力，吸引公用事业领域投资；

第五，吸引居民共同参与城市环境改善进程；

第六，协助建立实现低碳城市规划的体制化结构。

预期成果如下：（1）确定与气候变化有关的优先领域，以及评估城市实施项目所需的财政资源；（2）研究并建立良好投资环境所需的金融工具模型，降低公用事业部门投资者在可再生能源逐渐减少有关问题上的风险；（3）向城市管理机构提出有关城市规划、创新和提高公众意识方面的先进技术和监管方案，提出相关合理的建议；（4）实施低碳城市项目时，建立减少温室气体排放的监控体系。

3. 发展绿色产业

大中小型企业、公司的能源清洁技术和可持续发展产业有序推进，减轻气候变化带来的影响，提高发展中国家和新兴经济体产业部门的竞争力。

企业推广可持续发展战略将增加可持续增收的机会，同时保护产业价值免受能源价格上涨的影响，减轻能源价格不稳定的影响。

预期成果如下。（1）促进技术的创新和转让。企业可持续发展需侧重于在减少产生废物、推广和应用最佳可得技术方面提高企业的产品和服务质量、更新企业的技术。（2）深化合作。与其他同类企业建立合作伙伴关系，加强经验交流和推进创新。（3）完善工艺流程。连续监督并完善工艺流程，这对减少废物具有重大意义。（4）供应链生态化。由于公司采购产品对环境的影响力非常大，可持续化的采购方案对可持续发展战略至关重要。

4. 转让绿色技术

该措施用以确定、评估和选择适应气候变化方面的最佳实践方案，寻求减轻环境负面影响的最佳可得技术、适应气候改变方面的国家优先项目和气候变化应对策略。

预期成果如下。（1）开发适应气候变化的技术，建立最佳可得技术数据库。过去几年，哈萨克斯坦由于降雪过早、降雨过多以及水文气象恶劣，损失了绝大部分收成。因此各个区域在选择最佳可得技术时，应考虑到各个区域的主要条件、预期的极端天气现象和其所造成的产量下降。绿色技术中心提出了适应气候变化的解决方案，并将建立最佳可得技术数据库。在联合国开发计划署和其他国际组织的示范项目中，最佳可得技术数据库将提供经核准的广泛的技术选择。（2）最佳可得技术的转让。哈萨克斯坦境内将建立全国农业和水资源最佳可得技术转让系统、气候变化紧急情况反应和预警系统。该系统包括建立转让和推广最佳可得技术的法律和财政激励体制。（3）最佳可得技术应用范围的扩大。绿色技术中心将开发并推出向区域和全球相关方转让最佳可得技术的机制。所有这些措施是在向其他国家提供技术援助范围内实施。

5. 发展绿色金融

绿色经济的过渡需要大量的资金。在这方面，有必要引进创新的融资方式，因此需要绿色金融，即与环境保护有关的项目，采用公司绿色融资方法，包括生态领域的金融产品（工具）和服务（贷款、债券、股票、基金等）。

通过刺激创新产品和机制来促进绿色融资的发展，如债务融资，特别是项目的绿色信贷。这种信贷类型能够为高效节能项目提供较低利率以及贷款期限方面的有利条件。

预期成果如下。（1）多元化绿色金融工具的开发。目前，大多数绿色项目都是作为商业银行的常规贷款项目开展融资。这种模式可以通过推广绿色信贷、绿色债券、绿色基金、再融资和其他金融工具的使用来改变。在降低项目回收期长的投资风险的同时，这种多元化使得融资更加长期和稳定。（2）风险预警和分担机制的建立。绿色融资能够弥补投资者在环境风险评估和分析上的弱项。压力测试和风险分析能够帮助投资者分配更多资源到绿色和低碳产业上，而不是碳密集型产业。（3）政策激励的应用。绿色交通、绿色建筑和可再生能源项目都需要大规模的融资，主要通过银行贷款和债券进行。政府可以鼓励银行发放更多的贷款，并通过对绿色项目进行贴息贷款，减少绿色项目的融资成本。政府也可以极大地激发投资热情，并通过提供税收优惠或信用增级等措施来鼓励各方对绿色项目的融资。（4）标准的制定和绿色项目的实施监督。绿色融资所固有的环保活动信息披露机制，将鼓励企业完成相关信息的自愿性披露，从而减少投资者的鉴定成本，提高区分绿色企业和褐色企业资本市场的能力。

6. 发展可再生能源

可靠且合理的能源供应价格对发达国家和发展中国家的经济发展具有决定性意义，能源将为家庭和社区提供电力等，促进经济和人类的发展。

过渡到可再生能源，将减少室内空气污染、改善全球居民健康状态和生活质量。这也将有助于加强能源安全，从而刺激经济增长和减少贫困。多方面推进可再生能源的开发与利用，加强能力建设，促进直接投资可再生能源利用技术。

预期成果如下。（1）消除障碍：发展中国家在推广可再生能源利用技术的过程中面临着许多政治、监管和技术上的障碍，绿色技术中心将协助消除障碍并转换能源市场，如建立专门的经济激励机制来刺激可再生能源和电力生产商。（2）加强能力建设：绿色技术中心将举办国际研讨会，并对各国政府机构代表、工程师和其他技术人员进行培训，从而协助各国加强技术和体制能力建设。（3）制定国家政策：绿色技术中心将协助政府制定支持可再生能源市场所必需的国家政策，包括国家战略、路线图和行动计划。（4）建立示范项目：在完全转变为可再生能源利用之前，各国必须对新技术进行试验并准备好市场，这有助于使相关方认为，利用可再生能源具有市场价值,可将其商业化。(5)获取社会认可:绿色技术中心将协助各国制定可再生能源利用技术的标准并进行实验和认证,也将支持可再生能源技术公信度提升活动,如发放宣传材料、制作视听设备等。

7. 增加绿色增长潜力

支持国家之间的绿色技术、科学研究和试验设计工作,加强各国政策制定和交流方面的相互协作,协助推动和加强以下组织之间的合作和经验交流,发展绿色技术:现有的国际组织和国际技术中心之间,如联合国环境规划署国际环境技术中心(The International Environmental Technology Centre)、联合国亚太技术转移中心(Asia and Pacific Centre for Transfer of Technology)、向发展中国家传递知识和高新技术的国际科学与高科技中心(International Centre for Science and High Technology,ICST)、上海科威国际技术转移中心有限公司(Shanghai Co-Way International Technology Transfer Center Co.,Ltd.)、联合国工业发展组织国际太阳能技术促进转让中心(UNIDO-ISEC)和联合国南南合作办公室(UNOSSC);清洁技术网之间,如国家清洁能源生产中心全球网;支持创新的金融机构之间,如清洁技术基金和世界银行的战略气候基金、环保专利共享(Eco-Patent Commons)(WBCSD – 免费使用环保发明的倡议)、联合国工业发展组织投资技术促进办事处网络。

预期成果如下:(1)支持绿色技术领域的科学研究,制定试验设计工作政策与规划;(2)创造新的就业机会,包括创新型绿色产业的高等技能就业岗位;(3)为绿色产业培训人才,并进行专业技能培训;(4)建立绿色技术国际合作体系,促进技术转让与推广;(5)分析绿色技术发展及统计数据管理水平;(6)预测绿色技术的未来发展趋势。

二 开展国际合作情况

(一)主要合作内容和合作对象

绿色技术中心将引进诸多国际基金会及金融机构等资源,如绿色气候基金、欧洲投资银行、欧洲复兴开发银行、世界银行、全球生态资源等,为大型投资项目提供技术支持和融资。

为了实现绿色技术中心可持续发展,哈萨克斯坦引进资源、协同实施绿色项目,并将积极吸引国家控股公司和发展研究所加入项目实施过程,如"萨姆鲁克 – 卡泽纳"国家福利基金会、哈萨克斯坦油气能源企业协会、

"拜捷列克"（Baiterek）国家控股公司、"阿拉木图科技园"自主集群基金会、"达姆"企业发展基金股份公司、哈萨克斯坦发展银行等。绿色技术中心与阿斯塔纳国际金融中心①也建立了合作伙伴关系（见图1）。

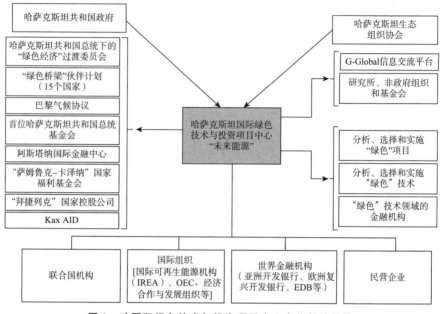

图1 哈国际绿色技术与投资项目中心合作伙伴结构

作为科学与研究协会的合作伙伴，绿色技术中心将会与以下诸多大学及研究中心开展合作：纳扎尔巴耶夫大学、哥伦比亚大学、哈萨克斯坦萨特巴耶夫国立技术大学、奥地利技术中心、新加坡麻省理工学院科研中心以及双方协议框架下的其他科研机构。此外，哈计划积极吸引非政府部门共同参与绿色技术中心工作，在与非政府机构和社会组织（如"绿色经济联盟"以及 G-Global 信息交流平台）的合作框架下协同工作。

（二）与中国的合作情况

自 2011 年中哈环保合作委员会成立以来，中哈两国在跨界水、绿色技术、大气污染防治等方面的交流与合作均取得了丰硕成果，尤其是近两年，双方增加了绿色技术和大气污染防治的经验交流，愿意在"一带一路"倡

---

① 阿斯塔纳国际金融中心，2015 年由哈萨克斯坦总统纳扎尔巴耶夫提议设立，于 2018 年 1 月运行，2018 年 7 月 5 日，举行全球推介会，该中心将对中亚地区基础设施、交通设施建设等项目进行投资，旨在打造区域金融枢纽，对接"一带一路"建设。

议、上海合作组织（以下简称"上合组织"）及"绿色桥梁"伙伴计划等多边框架下开展合作，哈方积极支持中方各项相关活动。

2017年6月1日，在阿斯塔纳举办的中哈环保合作委员会第六次会议上，中国生态环境部副部长赵英民表示，中哈两国是好邻居、好伙伴，双方愿意在中哈环保合作委员会的组织下，落实绿色"一带一路"倡议、哈萨克斯坦"绿色桥梁"伙伴计划，加强交流与合作，保护好跨界河流水环境，探讨大气污染防治、环保技术新领域交流，分享环保成功经验，稳步推进中哈环保合作，共同造福两国人民，促进绿色发展。

2017年7月12～13日，由哈萨克斯坦能源部主办的"'绿色桥梁'伙伴计划"国际论坛在阿斯塔纳召开。会议主要交流了本国在推动绿色环保技术和绿色金融发展方面的举措和实践。中国－上海合作组织环境保护合作中心（以下简称"环保中心"）副主任张洁清率中方代表团应邀出席，在《绿色技术助推可持续未来》报告中指出，中国未来将继续依托双边和区域现有环保合作机制，推动绿色"一带一路"建设，与各国一道分享绿色发展的成果。中国在绿色发展理念和实践方面的领先性经验得到了参会代表的高度肯定。

2018年1月，中国代表团应邀出席"制定阿斯塔纳市改善环境的战略和行动计划"圆桌会，哈萨克斯坦能源部生态管理与监督委员会副主席若尔达索夫在会上表示，在国家层面，哈萨克斯坦一直高度重视环保问题，颁布了《哈萨克斯坦共和国向绿色经济转型构想》，并签署了《巴黎协定》，争取在2030年以前将温室气体排放量减少15%～25%；在地方层面，为解决阿斯塔纳雾霾问题，哈能源部正在探索实施阿斯塔纳市煤改气项目，铺设天然气管道。哈对中方介绍的大气污染治理经验颇感兴趣，肯定了中方的成功经验，希望未来与中方进一步加强城市大气污染治理方面的交流与合作。

2018年4月19日，哈绿色技术中心首席执行官萨克·努尔兰一行到访环保中心，并就双方关心的问题开展了深入交流，努尔兰先生表示，双方合作的契合点非常多、范围非常广，特别是近年来，中国在大气、水污染治理及固废处理等方面取得了显著成效，相关经验和技术非常值得哈方学习，哈方希望在习近平总书记提出的"一带一路"倡议框架下，与中方在环保技术方面加强交流与合作，借鉴中国的环保经验，并期望在适当时机与环保中心签署相关合作备忘录，以推动生态环保领域的合作。

三 相关建议

通过了解和分析哈萨克斯坦国际绿色技术和投资项目中心任务、目标等，结合中哈环保合作进展，对中国开展环保合作建议如下。

一是学习、借鉴哈方与其他国家和国际机构的合作模式。借鉴西方国家在哈开展环保合作的经验，持续关注哈萨克斯坦"绿色桥梁"、绿色经济、绿色金融等相关动态和计划，哈萨克斯坦在环境保护领域开展的活动和修订的法律，哈萨克斯坦与其他国家环保合作动态；了解哈萨克斯坦具体合作需求；学习和借鉴哈方与其他国家和国际机构的合作模式，为中哈双边环保合作提供有益参考；宣传我国绿色环保技术和经验，转变合作模式，丰富合作成果。

二是鼓励与哈绿色技术中心进行交流与合作，推动中哈环保迈向务实合作新阶段。继续加强与哈萨克斯坦能源部对口司局以及哈绿色技术中心的联络、沟通，鉴于环保中心与哈绿色技术中心成立背景和发展目标相似，建议适时推动环保中心与哈绿色技术中心签署合作备忘录，加强两国在生态环保各领域的政策对话、人员交流，加强环保项目示范等领域的合作，促进环境质量改善，增进互信，让哈方进一步了解中方国内先进的环保技术和设备、环保督查的决心和环境治理的成功经验，在"一带一路"倡议框架下传播我国的生态文明理念，推动中哈环保迈向务实合作新阶段。

三是邀请哈共建上合组织环保信息共享平台、"一带一路"生态环保大数据服务平台，加入"一带一路"绿色发展国际联盟。在哈对中国环境治理经验感兴趣的契机下，进一步加大宣传力度，增加两国政府、科研机构、企业等人员互访机会，将中国先进的绿色环保技术和经验推介到哈萨克斯坦，加强绿色技术交流和产业合作，推动与哈能源部或相关机构合作建立联合示范中心和示范项目，丰富中哈环保合作内容，积累合作成果，提升我国绿色"一带一路"建设的影响力。

参考文献

Международный центр зеленых технологий и инвестиционных проектов, http://igtic. kz/.

Комитет экологического регулирования и контроля, https://energo. gov. kz/.

生态环境专题研究

中国与中亚国家贸易隐含污染排放分析

谢　静　何宇通*　毛显强

摘　要　"一带一路"倡议自提出以来，中国不断扩大市场开放程度，与"一带一路"沿线国家间的贸易往来更加密切，为中国及"一带一路"沿线国家的贸易发展注入了新的活力。"一带一路"倡议促进了发展中国家间的贸易合作，使"一带一路"沿线国家和区域的贸易竞争优势扩大，并通过贸易转移的方式影响了全球的贸易格局。而贸易格局的变化又对各国、各地区的经济产生影响，促使生产要素在全球范围内实现再流动和再分配，使得全球尤其是"一带一路"沿线国家和区域的经济规模和结构发生相应变化，这一系列的经济规模和结构的变化又进一步引致全球污染排放与资源消耗情况的变化。

本文旨在通过研究中国与中亚地区"一带一路"沿线国家贸易发展所带来的环境影响，对二者贸易中的环境保护提出政策建议。

关键词　"一带一路"　中亚国家　隐含污染排放

一　中国与中亚国家"一带一路"贸易现状分析

（一）贸易总体情况

2016 年，中国与中亚地区"一带一路"沿线国家贸易额占中国与所有"一带一路"沿线国家贸易总额的 2.57%。其中，中国对中亚地区"一带一路"沿线国家的进口总额为 120.72 亿美元，出口总额为 179.65 亿美元，与2015 年相比进口总额下降，出口总额稍有上升。

2016 年，中亚地区"一带一路"沿线国家与中国的贸易额为 300.37 亿美

---

* 谢静、何宇通，中国－上海合作组织环境保护合作中心；毛显强，北京师范大学教授。

元，占其总贸易额的 48.52%，其中对中国的出口额占其总出口额的 32.84%，自中国的进口额占其总进口额的 71.45%。图 1 展示了 2012～2016 年中亚地区"一带一路"沿线国家与中国的贸易额变化，以及与中国的贸易额占其总贸易额的比重变化情况，虽然双方贸易额自 2013 年以来有所下降，但与中国的贸易额占该地区"一带一路"沿线国家总贸易额的比重在不断上升，中国在中亚地区"一带一路"沿线国家的贸易发展中扮演着越来越重要的角色。

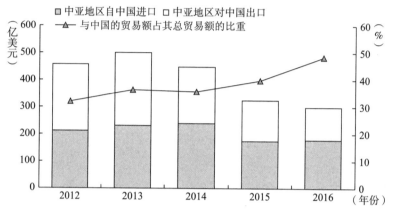

图 1 2012～2016 年中亚地区"一带一路"沿线国家与中国贸易额变化情况及占其总贸易额比重

2016 年，中国与中亚地区"一带一路"沿线国家中贸易额最大的国家为哈萨克斯坦，中国与其贸易额占中亚地区所有"一带一路"沿线国家贸易总额的 43.57%。哈萨克斯坦是中国在该区域最大的出口目的地；土库曼斯坦是中国在该区域最大的进口来源国（见图 2）。2016 年，中国在与中亚地区"一带一路"沿线国家的贸易中，进出口总额增长最快的是吉尔吉斯斯坦，其增长速度高达 30.76%，而哈萨克斯坦、土库曼斯坦、塔吉克斯坦的进出口总额呈现下降趋势。

（二）贸易商品结构情况

2016 年，中国自中亚地区"一带一路"沿线国家进口商品最多的集中在矿物燃料、矿物油及其蒸馏产品，沥青物质，矿物蜡等商品种类上，进口额为 71.46 亿美元，约占所有商品进口总额的 59%。无机化学品、贵金属、稀土金属、放射性元素及其同位素的有机及无机化合物等商品是中国自中亚地区"一带一路"沿线国家进口的第二大类商品，约占所有商品进口总额的 11%（见图 3）。

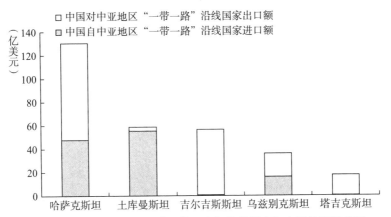

图2 2016年中亚地区各"一带一路"沿线国家与中国的贸易情况

资料来源：EPS 数据库，http://olap.epsnet.com.cn/；UNcomtrade，https://comtrade.un.org/。

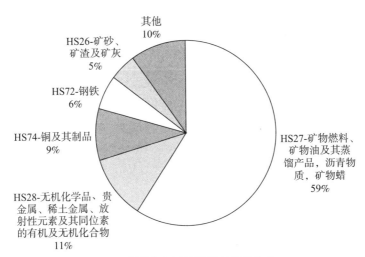

图3 中国自中亚地区进口商品结构

2016 年，中国对中亚国家出口商品最多的集中在鞋靴、护腿和类似品及其零件等商品种类和非针织或非钩编的服装及衣着附件等商品种类上。HS64 商品出口额为 22.95 亿美元，约占所有商品出口总额的 13%；HS62 商品出口额为 22.28 亿美元，约占所有商品出口总额的 12%（见图4）。

中国从中亚地区"一带一路"沿线国家进口的商品中，90%是各类金属、矿产、石油、天然气等资源。对中亚国家来说，出口这些原料均需在中亚国家进行大量勘探、开采等工作，会在一定程度上对这些国家的生态环境状况造成影响。而中国对中亚国家出口的商品大多为制造类商品等，在中国加工制造所产生的污染排放较高。

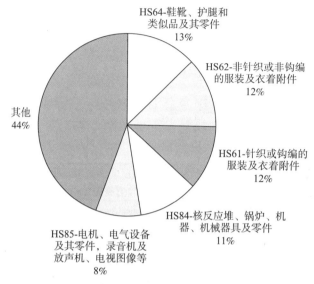

图4 中国对中亚地区出口商品结构

二 中国与中亚国家间"一带一路"贸易的隐含污染排放及资源消耗分析

（一）中亚地区国家生态环境概况

1. 水资源污染和短缺状况严重

中亚地区地处欧亚大陆腹地，区域内气候干燥，地貌形态以沙漠和草原为主，是一个水资源严重不足的地区。由于多年来对水资源过度开发而未进行有效的保护，出现了非常严重的危机。主要表现有：湖泊面积缩小或消失，水质下降；河流水量减少，河流缩短或消失，水质下降；地下水位下降，水质变坏；盐碱化土地面积增加。这些变化在咸海流域（包括阿姆河、锡尔河）表现得最为典型。

不合理地耗用水资源，大大加重了因缺水造成的各类问题，水资源成为阻碍中亚社会经济发展的主要因素之一。造成水资源短缺和污染的最主要原因是农业生产。中亚是农业生产较发达的地区，特别是它的灌溉农业，更占有重要地位，曾是苏联农田灌溉面积最大的地区。由于在农业生产中长期大量使用化肥和农药，土壤和水污染严重。

2. 空气质量较差

整体来讲，中亚地区大气污染并不严重。这主要得益于中亚地区领土广阔、人口不多、产业分散。但在某些地区，主要是工业城市，空气质量并不令人满意。在这些地方，汽车尾气是重要的污染源之一。

3. 可再生能源开发利用率低

中亚地区的可再生能源消耗占比很少，因为该区域油气资源丰富，如该地区的哈萨克斯坦、土库曼斯坦是重要的石油和天然气输出国。中亚五国油气资源丰富，还有更为丰富的风能、太阳能、生物质能和水能等可再生资源：一是地处北半球风带，是世界上最适合开发风能的地区之一；二是中亚地区沙漠广阔，适合建大型的太阳能电站；三是中亚人均水能资源高居世界第一。然而，可再生能源储量虽然丰富，但开发利用率极低，中亚地区可再生能源的发电占比不足1%。

4. 森林面积不足，土地荒漠化严重

中亚地区的森林面积稀少，该地区人均森林面积约为世界人均森林面积的三分之一，该地区森林覆盖率约为世界森林覆盖率的十分之一（见表1）。此外，这一地区和我国西北部一样，生态系统薄弱，地貌复杂，土地荒漠化严重。例如，哈萨克斯坦约有66%的土地在逐步退化，近1.8亿公顷的土地荒漠化，生态脆弱，对经济活动和人类活动的承载力差。虽然中亚各国有着十分丰富的能源资源，但在开发资源过程中，如果措施不当，极易引发水土流失等地质灾害以及加剧荒漠化进程，也会对当地物种的多样性产生巨大的影响，造成生态失衡。

表 1　中亚与世界及部分国家和地区森林资源对比（2015 年）

	人均森林面积（公顷）	森林覆盖率（%）
世界	0.54	30.83
"一带一路"沿线国家平均水平	0.49	21.51
中国	0.15	22.19
亚洲及大洋洲	0.39	40.73
中亚	0.17	2.98
西亚	0.09	4.72
南亚	0.05	17.48
中东欧	2.24	47.50
拉美及非洲	0.32	15.01

资料来源：根据世界经济发展数据库相关数据测算。

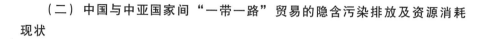

（二）中国与中亚国家间"一带一路"贸易的隐含污染排放及资源消耗现状

1. 研究方法

（1）隐含污染

隐含污染是指在商品和服务的生产过程中（包括从资源开采到最终出售的总过程）和能源消费过程中排放的污染物总和。须从消费者责任的原则出发，将消费者看作污染排放的责任者，才能认清隐含污染的实质。

隐含污染转移具有较强的隐蔽性，且往往由法律规制严格的地区向法律规制松弛的地区转移，由此学术界提出"污染天堂假说"理论。

中国作为世界上最大的发展中国家，在与世界各国开展贸易时不可避免要面对隐含污染转移的问题。研究表明，中国出口商品中的隐含污染远大于进口商品中的隐含污染。因此，从消费者责任的角度来看，其他国家的消费是中国污染物排放的重要原因之一，这也与现阶段中国在世界产业链中"世界工厂"的角色分工相对应。

（2）环境投入产出法

20世纪60、70年代投入产出法开始运用到环境污染方面，用于计算出口商品的污染含量或者进口商品的污染含量（对进口国来说，属于污染减排量）。此方法不仅要考虑到各个产业部门的本国最终需求（包括出口）和他国最终需求（包括进口）对环境造成的直接影响，还需要考虑到各部门全部间接投入需求对环境造成的间接影响。

2. 中国与中亚国家间"一带一路"贸易的隐含污染排放及资源消耗现状分析

（1）总体情况

在中国与中亚地区国家的贸易中，中亚地区国家一直是隐含温室气体（Greenhouse Gas，GHG）、NO_x、PM10及水资源的净出口国。在"一带一路"倡议提出前的2012年，中亚净出口到中国1.64亿吨隐含温室气体、18.44万吨隐含NO_x、12.55万吨隐含PM10、185.23亿立方米隐含水资源。在"一带一路"倡议提出后的2015年，中亚对中国净出口的隐含温室气体、NO_x、PM10均有所减少。其中，隐含温室气体下降到0.91亿吨（与2012年相比约下降了44.5%）、隐含NO_x下降到11.06万吨（与2012年相比约下降了40.0%）、隐含PM10下降到7.52万吨（与2012年相比约下降了40.1%），而隐含水资源下降到166.15亿立方米（与2012年相比约下降了10.3%）。2012年两国贸易中隐含SO_2的出口量基本持平，而2015年，中国对中亚出口隐含 SO_2 的量高于中亚对中国出口隐含 SO_2 的量，这使得中国成为两地区贸易中隐含 SO_2 的净出口国（见图5）。

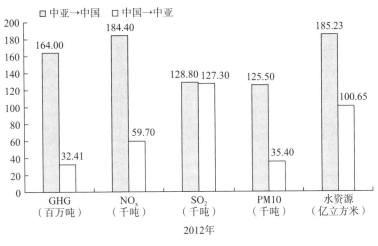

2012年

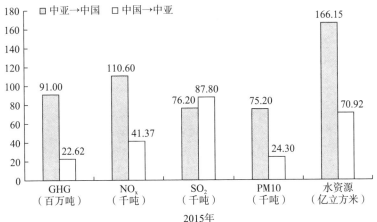

2015年

图5　2012年、2015年中国与中亚地区贸易隐含污染排放及资源消耗总量

（2）各部门隐含污染排放情况

中亚地区对中国

中亚地区对中国出口的隐含温室气体主要集中在石油精炼、炼焦与核燃料加工业（PCN）部门及采矿业（MIN）部门。2012年，中亚地区石油精炼、炼焦与核燃料加工业（PCN）部门及采矿业（MIN）部门对中国出口的隐含温室气体分别为1.06亿吨、0.35亿吨，占向中国出口的隐含温室气体总量的86%；2015年，中亚地区石油精炼、炼焦与核燃料加工业（PCN）部门向中国出口的隐含温室气体减少到0.57亿吨，采矿业（MIN）部门向中国出口的隐含温室气体减少到 0.13 亿吨，两部门隐含温室气体出口比重下降到 77%，而中亚地区化学工业（CRP）向中国出口的隐含温室气体则有一定程度的上升。

中亚地区对中国出口的隐含 NO_x、SO_2 及 PM10 主要集中在石油精炼、炼焦与核燃料加工业（PCN）部门、金属及其制品业（MMP）部门及采矿业（MIN）部门。2012 年，中亚地区石油精炼、炼焦与核燃料加工业（PCN）部门向中国出口的隐含 NO_x、SO_2 及 PM10 分别为 11.94 万吨、7.99 万吨及 7.72 万吨，金属及其制品业（MMP）部门向中国出口的隐含 NO_x、SO_2 及 PM10 分别为 2.25 万吨、1.98 万吨、1.97 万吨，采矿业（MIN）部门向中国出口的隐含 NO_x、SO_2 及 PM10 分别为 1.85 万吨、1.11 万吨、1.10 万吨，三部门向中国出口的隐含 NO_x、SO_2 及 PM10 分别占向中国出口的隐含 NO_x、SO_2 及 PM10 总量的 87%、86%、86%；2015 年，中亚地区石油精炼、炼焦与核燃料加工业（PCN）部门向中国出口的隐含 NO_x、SO_2 及 PM10 分别为 6.60 万吨、4.30 万吨及 4.16 万吨，金属及其制品业（MMP）部门向中国出口的隐含 NO_x、SO_2 及 PM10 分别为 1.42 万吨、1.22 万吨、1.21 万吨，采矿业（MIN）部门向中国出口的隐含 NO_x、SO_2 及 PM10 分别为 0.72 万吨、0.42 万吨、0.42 万吨，三部门对中国出口的隐含 NO_x、SO_2 及 PM10 分别占向中国出口的隐含 NO_x、SO_2 及 PM10 总量的 79%、78%、77%。

中亚地区对中国出口的隐含水资源主要集中在石油精炼、炼焦与核燃料加工业（PCN）部门及农业（AGR）部门。2012 年，中亚地区这两个部门分别向中国出口隐含水资源 81.02 亿立方米、56.05 亿立方米，两部门共占向中国出口的隐含水资源总量的 74%；2015 年，中亚地区石油精炼、炼焦与核燃料加工业（PCN）部门向中国出口的隐含水资源减少到 46.81 亿立方米，而农业（AGR）部门向中国出口的隐含水资源则增加到 84.45 亿立方米，两部门共占向中国出口的隐含水资源总量的 79%。

中国对中亚地区

中国对中亚地区出口的隐含温室气体、NO_x、SO_2 及 PM10 主要集中在纺织、皮革与服装鞋帽制造业（TLF）部门、其他制造业（OMP）部门和金属及其制品业（MMP）部门，隐含水资源主要集中在纺织、皮革与服装鞋帽制造业（TLF）部门和其他制造业（OMP）部门。其中，2012 年，中国纺织、皮革与服装鞋帽制造业（TLF）部门向中亚地区出口的隐含温室气体、NO_x、SO_2 及 PM10 与水资源分别为 0.12 亿吨、2.38 万吨、4.83 万吨、1.28 万吨及 62.20 亿立方米；其他制造业（OMP）部门向中亚地区出口的隐含温室气体、NO_x、SO_2 及 PM10 与水资源分别为 558.06 万吨、1.08 万吨、2.33 万吨、0.60

万吨、10.27 亿立方米；金属及其制品业（MMP）部门向中亚地区出口的隐含温室气体、NO_x、SO_2 及 PM10 分别为 510.65 万吨、0.90 万吨、2.13 万吨、0.56 万吨。TLF、OMP、MMP 三部门对中亚地区出口的隐含温室气体、NO_x、SO_2 及 PM10 分别占向中亚地区出口的隐含温室气体、NO_x、SO_2 及 PM10 总量的 70%、73%、73%、69%；TLF、OMP 两部门占对中亚地区出口的隐含水资源总量的 72%。2015 年，中国纺织、皮革与服装鞋帽制造业（TLF）部门向中亚地区出口的隐含温室气体、NO_x、SO_2 及 PM10 与水资源分别为 811.30 万吨、1.58 万吨、3.25 万吨、0.84 万吨及 37.29 亿立方米；其他制造业（OMP）部门向中亚地区出口的隐含温室气体、NO_x、SO_2 及 PM10 与水资源分别为 455.48 万吨、0.88 万吨、1.91 万吨、0.49 万吨、8.81 亿立方米；金属及其制品业（MMP）部门向中亚地区出口的隐含温室气体、NO_x、SO_2 及 PM10 分别为 316.99 万吨、0.56 万吨、1.34 万吨、0.35 万吨。TLF、OMP、MMP 三部门对中亚地区出口的隐含温室气体、NO_x、SO_2 及 PM10 分别占向中亚地区出口的隐含温室气体、NO_x、SO_2 及 PM10 总量的 70%、73%、74%、69%；TLF、OMP 两部门占对中亚地区出口的隐含水资源总量的 65%。

因此，从中国与中亚地区国家贸易总体情况来看，"一带一路"倡议实施以来，贸易中隐含的温室气体、NO_x、PM10 下降幅度均较大。

2012 年、2015 年中国与中亚地区"一带一路"沿线国家间贸易隐含污染物排放和资源消耗状况的分析结果表明，在石油精炼、炼焦与核燃料加工业（PCN）和采矿业（MIN）等部门，双方的贸易发展实现了对部分温室气体、污染物排放的规避，间接地减轻了中国的环境、资源负担。

但在金属及其制品业（MMP）和其他制造业（OMP）等部门，中国对中亚国家出口所带来的环境压力增大。由于中国与中亚国家间在制造业等部门产品的贸易中中国具有比较优势，中国对这些国家的出口量增大，拉动这些部门的产出量上升，相应的污染排放使中国面临的环境压力有增大的趋势。

（三）"一带一路"沿线贸易对中亚国家污染排放及水资源的影响

1. 研究方法

本文按照"贸易政策冲击→贸易变化→经济影响→环境影响"的逻辑思路，运用可计算的一般均衡（Computable General Equilibrium，CGE）模型分析贸易政策冲击（"一带一路"沿线贸易自由化和便利化）对中国与"一带一路"沿线国家以及全球各个国家和地区的环境影响。降低或取消关税的贸易自由化政策冲击通过变动 CGE 模型中的关税变量来实现，贸易便利化政策冲击则是通过将非关税壁垒（Non-Tariff Barriers，NTBs）转化为关税等价物（AVE）并依据 AVE 的数值对模型中关税税率进行调整的方法实现。

2. 资料来源与情景设置

本文以 2011 年为基准年进行动态 CGE 模拟预测，选取 2015 年、2020年、2025 年、2030 年及 2035 年为时间节点，模拟预测"一带一路"沿线贸易自由化和便利化的政策冲击对中国与"一带一路"沿线国家以及全球各个国家和地区的环境影响（见表 2）。

表 2　情景设置

	2015 年	2020 年	2025 年	2030 年	2035 年
基准情景	维持原有关税水平（贸易自由化水平）及非关税水平（贸易便利化水平）不变				
贸易自由化	关税削减 20%	关税削减 40%	关税削减 60%	关税削减 80%	取消关税
贸易便利化	非关税壁垒削减 10%	非关税壁垒削减 20%	非关税壁垒削减 30%	非关税壁垒削减 40%	非关税壁垒削减 50%
贸易自由化及贸易便利化的政策组合	关税削减 20% + 非关税壁垒削减 10%	关税削减 40% + 非关税壁垒削减 20%	关税削减 60% + 非关税壁垒削减 30%	关税削减 80% + 非关税壁垒削减 40%	取消关税 + 非关税壁垒削减 50%

3. 环境影响预测及分析

短期来看，"一带一路"贸易自由化和便利化会使中亚地区温室气体、PM10 产生增排；而长期来看，"一带一路"贸易自由化和便利化的提升，会给中亚地区温室气体、NO_x、SO_2、PM10 带来减排（见图 6）。

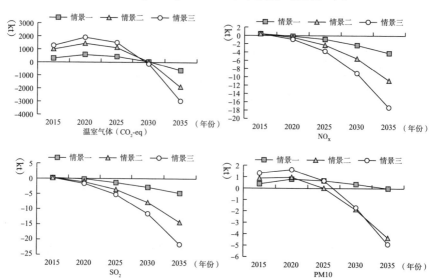

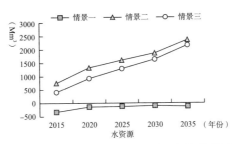

图 6 "一带一路"贸易自由化和便利化对中亚地区污染排放及水资源消耗的影响

三 工作建议

中亚国家是"一带一路"沿线的重要区域，多数为上海合作组织国家，目前合作正处于战略机遇期与历史最好时期，战略契合点和利益交汇点非常多。为促进我国与中亚地区国家间贸易与环境协调发展，进一步落实绿色"一带一路"倡议，建议做好以下几个方面的工作。

一是加快与中亚"一带一路"沿线国家开展贸易自由化和便利化谈判。总体上，"一带一路"贸易的发展，包括贸易自由化和贸易便利化水平的提升，对各国污染减排方面的有利影响总体上大于不利影响，其中多数国家的污染将会出现减缓趋势，而中国因贸易引致的污染排放则略有增大；中国需要通过实施贸易领域的相关生态环境保护政策措施，同时配合实施贸易自由化和便利化激励措施加以调整化解。

未来"一带一路"贸易的发展过程中，应进一步推进贸易自由化、便利化与环境保护的协调发展，特别是"一带一路"贸易便利化政策相对于贸易自由化政策具有更显著的经济、贸易影响和环境效应，具有相对较大的政策调控空间。因此，应继续推动贸易自由化和便利化，同时通过在自由贸易协定中强化环境条款、鼓励绿色产品贸易等途径控制不利于环境的影响。鼓励国内绿色产品进口和消费，并加大宣传教育，鼓励中国消费者采取"负责任"的消费模式，帮助消费者识别绿色产品，并优先选择消费绿色产品。

二是推动与中亚"一带一路"沿线国家建立绿色产品认证互认制度。绿色产品贸易是实现"一带一路"贸易可持续发展的重要途径，只有避免经贸合作可能带来的潜在的环境影响，才能实现可持续发展。在"一带一路"贸易发展进程中，应鼓励绿色标准的应用，推动多国间绿色标志互认，统一绿色认证标准。

三是推进"一带一路"框架下环境产品清单的制定和出台。中国应主动联合多国开展国际合作研究，借鉴 APEC 环境产品清单经验，尽快研究制定"一带一路"框架下的环境产品清单，并利用"一带一路"高峰论坛等平台，尽早发布。在"一带一路"框架下，促进环境产品贸易自由化、便利化，这既有助于降低总体关税水平，又有助于帮助"一带一路"国家转向有利于绿色发展的生产模式和消费模式；既能化解环境风险，又能促进多边经贸合作，实现共赢。

四是搭建生态环保服务合作平台，鼓励环保产业和环境服务等"走出去"。中国的环保水平与中亚"一带一路"沿线国家相比相对较高。中国应进一步加强与"一带一路"沿线发展中国家的生态环境治理援助与合作，通过搭建生态环保服务合作平台，鼓励环保产业和环境服务（包括环保技术、设备推广、资源环境管理咨询服务等）"走出去"，这既有利于绿化中国的货物与服务贸易，又有利于提高"一带一路"国家的绿色发展水平，同时，这也是中国的生态环境保护服务贸易"走出去"的一个重要途径。

参考文献

王海燕：《土库曼斯坦天然气多元化出口战略（1991—2015）：一项实证主义分析》，《俄罗斯研究》2015 年第 5 期。

赵欢、王丽艳：《土库曼斯坦油气资源投资法律环境分析》，《资源与产业》2015 年第 2 期。

《针对目前天然气进口局势　应加速构筑天然气境外供应安全体系》，国际燃气网，2018 年 5 月 2 日，http://gas. in-en. com/html/gas – 2824040. shtml。

王甲山、王婷、杨洪波：《油气资源开发的生态环境影响与环境税费改革取向》，《资源开发与市场》2016 年第 9 期。

丁克永等：《亚太天然气供需格局下的中国天然气安全形势及应对策略》，《中国矿业》2018 年第 9 期。

Accountability C. , *Turkmenistan's Crude Awakening Oil*, *Gas and Environment in the South Caspian*, 2009.

Ishanguly, Jumayev, *Foreign Trade of Turkmenistan*：*Trends*，*Problems and Prospects*, Kyrgyz Republic：University of Central Asia, 2012.

附件 1　中国与中亚 "一带一路" 沿线国家贸易隐含污染排放及资源消耗现状

		AGR	MIN	FOP	TLF	WOP	PPP	PCN	CRP	NMM	MMP	TRE	EEQ	OMP	EGW	SUM
中亚→中国 2012年	GHG (kt)	1677	34837.8	66.45	4589.83	0.03	1.16	105861	8691.81	11.49	7997	0.34	0.48	8.98	1.08	163744.45
	NOx (kt)	2.15	18.47	0.13	11.45	0	0	119.40	9.80	0.01	22.52	0	0	0.03	0	183.96
	SO2 (kt)	1.22	11.05	0.10	9.71	0	0	79.92	6.56	0.01	19.75	0	0	0.02	0	128.34
	PM10 (kt)	1.66	10.99	0.11	9.74	0	0	77.23	6.34	0.01	19.69	0	0	0.02	0	125.79
	水资源 (Mm³)	5605	1421.32	198.70	1552.74	0.01	0.56	8101.78	665.20	0.88	867.40	0.06	0.08	9.50	0.02	18423.25
中国 2015年	GHG (kt)	2305	12862.80	145.20	3505.59	0.08	0.53	56621.50	10062.96	32.03	5072	0	2.04	19.59	0	90629.32
	NOx (kt)	2.96	7.24	0.29	8.48	0	0	66	11.73	0.04	14.20	0	0.01	0.06	0	111.01
	SO2 (kt)	1.67	4.22	0.22	7.01	0	0	43.03	7.65	0.02	12.16	0	0.01	0.05	0	76.04
	PM10 (kt)	2.28	4.19	0.23	7.03	0	0	41.60	7.39	0.02	12.11	0	0.01	0.05	0	74.91
	水资源 (Mm³)	8445	560.07	446.80	1217.21	0.04	0.26	4680.73	814.10	2.59	599.30	0	0.37	21.78	0	16788.25

续表

		AGR	MIN	FOP	TLF	WOP	PPP	PCN	CRP	NMM	MMP	TRE	EEQ	OMP	EGW	SUM
2012年	GHG (kt)	226	157.54	335	12329.90	112.20	145.90	102.36	2838.67	2142	5106	2675	1207	5581	0	32958.57
	NOₓ (kt)	0.27	0.16	0.57	23.80	0.22	0.29	0.20	4.96	2.21	9.02	5.30	2.34	10.78	0	60.12
	SO₂ (kt)	0.34	0.34	1.02	48.31	0.44	0.59	0.37	10.85	4.70	21.34	11.49	5.02	23.29	0	128.10
	PM10 (kt)	0.22	0.10	0.35	12.75	0.12	0.16	0.17	2.78	2.69	5.64	2.83	1.29	5.99	0	35.09
	水资源 (Mm³)	565.20	8.45	497	6220.34	42.49	39.85	7.44	493.23	136.50	500.30	395.70	178.90	1027	0	10112.40
2015年	GHG (kt)	324.20	61.98	278.80	8113.02	87.73	104.60	225.17	2216	1516	3170	970.90	1024	4555	0	22647.40
	NOₓ (kt)	0.39	0.06	0.48	15.83	0.17	0.21	0.44	3.86	1.52	5.63	1.93	2	8.84	0	41.36
	SO₂ (kt)	0.50	0.13	0.88	32.48	0.35	0.43	0.83	8.49	3.24	13.38	4.19	4.29	19.09	0	88.28
	PM10 (kt)	0.31	0.04	0.29	8.40	0.09	0.11	0.40	2.16	1.92	3.51	1.03	1.09	4.90	0	24.25
	水资源 (Mm³)	824.80	3.35	409.10	3729	33.54	28.18	17.07	375.34	96.67	326.60	152.90	161.50	880.90	0	7038.95

中国→中亚

上海合作组织成员国城市生态环境保护
概述与合作建议

谢　静[*]　张力小

摘　要　当前，无论是发达国家还是发展中国家都在经历城市化。人们在享受城市化带来的经济成果的同时，也面临着"城市病"集中显现对城市建设带来的挑战。上海合作组织的 8 个成员国均属于发展中国家，城市化刚刚起步或正在处于快速发展阶段。迅速扩张的城市集聚了大量的城镇人口，传统城市产业结构不合理、基础设施落后或者老化，社会需求与城市供给之间缺口逐渐拉大，经济发展与环境保护之间的矛盾不断升级，城市空气和水污染、废物管理不善和绿色区域退化、资源短缺等城市生态环境问题尤为严重。随着地区经济和全球化的快速发展，城市化关联性也越来越大，这些城市环境问题所带来的影响已经不再仅危害城市本身，而是牵扯到多个城市、多个地区乃至全球性的环境治理。

本文对上海合作组织成员国 8 个城市的经济社会情况、气候地理位置、城市生态建设等现状进行了梳理和对比分析，并就莫斯科和孟买两个城市进行了重点对比分析。上海合作组织借助合作框架，积极倡导各成员国之间的城市环保合作，展现了巨大的发展空间和活力，必将在区域的城市生态环境建设合作的工作中发挥越来越实质性的作用。

关键词　上海合作组织　生态城市　环保合作

一　上海合作组织成员国城市环境质量现状对比

（一）城市空气质量现状对比

上海合作组织（以下简称"上合组织"）于 2001 年 6 月 15 日成立，成

---

* 谢静，中国－上海合作组织环境保护合作中心；张力小，北京师范大学教授。

员国包括中华人民共和国、哈萨克斯坦共和国、吉尔吉斯共和国、俄罗斯联邦、塔吉克斯坦共和国、乌兹别克斯坦共和国、印度和巴基斯坦（印度和巴基斯坦于 2017 年 6 月 9 日正式加入）8 个国家。

现以上合组织 8 个成员国的典型城市——北京、莫斯科、孟买、卡拉奇、阿拉木图、塔什干、比什凯克、杜尚别为例进行分析。从污染源来看，莫斯科与中亚 4 个城市（阿拉木图、塔什干、比什凯克、杜尚别）的主要污染源为移动污染源，卡拉奇、孟买、北京的工业污染排放和交通污染物排放均造成空气质量的恶化。各城市的主要污染源存在差异，再加上各国的气候条件、地理位置、污染处理技术以及能源结构的综合作用，导致 8 个城市大气质量水平有较大差异（见图 1）。

	PM10（μg/m³）	PM2.5（μg/m³）	NO_2（μg/m³）	SO_2（μg/m³）	汽车保有量（万辆）	GDP（亿美元）
北京	84	58	46	8	590.9	3820
莫斯科	28	14	35	3	350	2500
孟买	147.53	63	85.52	7.07	300	1738
卡拉奇	290	88	46	34	360	780
阿拉木图	30	9	70	56	51	329
塔什干	18	8.7	54	3	45	54
比什凯克	—	17.4	50	2	40	24.2
杜尚别	—	14.4	—		10	15.26
WHO 准则值	20	10	40	20	—	—

图 1　8 个典型城市空气污染主要污染物的组成

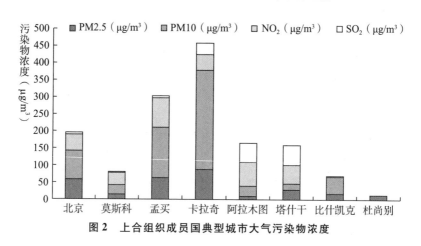

图 2　上合组织成员国典型城市大气污染物浓度

图 1 和图 2 显示，莫斯科的城市空气质量最好，由于工业搬迁和污染处

理技术先进，各项空气污染物浓度指标值较低；北京、卡拉奇、孟买的空气受工业发展、交通能耗以及能源结构的影响，细颗粒物、NO_2等浓度较高，不同程度上超过 WHO 准则值，空气污染相对严重。值得注意的是，孟买虽然消耗了大量的化石燃料，但这些燃料含硫量低，加上气候条件及地理位置利于污染物扩散，所以 SO_2 浓度较低；中亚 4 个城市的空气污染处于中等水平，NO_2 为主要的大气污染物，主要源于机动车辆能源消耗。阿拉木图出现 SO_2 浓度较高的现象，这与阿拉木图的发电采暖以煤炭为主要燃料相关。

（二）城市水环境质量现状

8 个城市中北京、莫斯科、孟买和卡拉奇地表水和地下水水质总体较好，基本可以保障安全用水，但已开始受到严重的污染威胁。中亚地区农业长期以来大量使用农药和矿物肥料，水中污染物浓度较高。这些污水流入自然水体，增加了水体氮磷酸盐等污染物的浓度。此外，随着城市人口的增加、工业的发展，中亚 4 个城市——杜尚别、塔什干、比什凯克和阿拉木图的污水产生量增大，且由于城市污水处理系统不完善，大部分生活污水和工业污水不经处理或处理不善排入城市或者城市周边的水体，增加了水体有机物（BOD）、COD 和生物细菌等污染物的浓度。杜尚别的地表水质良好，其他 3 个城市水质中等。流经杜尚别、塔什干、比什凯克和阿拉木图的河流均呈现水污染加重的现象，这表明 4 个城市对地表水产生了一定的影响，影响了其下游城市的水源水质。

由于人口数量多、工业相对发达并沿河分布、城市缺乏足够的污水处理设施、洪水泛滥等，孟买和卡拉奇地表水、地下水水源水质最差，城市用水中病原体细菌（大肠杆菌等）、悬浮物甚至重金属浓度出现超标的现象，严重影响两个城市的用水安全，造成周期性、水源性疾病的暴发。两个城市均存在大范围的贫民窟，这些区域居住人口密集、卫生设施缺失，因此垃圾露天倾倒以及未处理的生活污水直接流入自然水体的现象十分普遍，对孟买区域地表水以及地下水水质造成严重的影响。2015 年，孟买大部分区域的地表水水质较差或极差，其中微生物细菌的浓度最高，这主要源于城市生活污水以及农业污水的径流。在地下水方面，卡拉奇、孟买均存在较为严重的地下水污染、重金属等污染物超标的现象。孟买地下水超采，地下水水位严重下降。

北京、莫斯科的污水处理设施完善，能够对城市污水进行妥善处理，污水回用率高，排放量低，两个城市的水质呈现不断好转的趋势。随着

2007～2016 年城市污水处理系统的升级完善，莫斯科市污水的处理效率达到 99.8％，污水排放量逐年减少。这对莫斯科市内的地表水水质起到了一定的改善作用。2016 年，莫斯科河主干水道的污染物浓度基本达标，支流虽然存在水质超标现象，但是与 2009 年相比有明显改善的趋势。

中亚 4 个城市间以及巴基斯坦和印度的城市间存在共用同一条河流的上下游水源的现象。上游城市的污水处理不当威胁下游城市的用水安全，易造成水资源冲突。因此，未来的城市水环境管理应从整个流域或者从整个区域的范围内进行考虑，以保证区域水环境质量。

（三）城市固废管理现状

受经济发展水平及人口数量等因素影响，北京、莫斯科、孟买、卡拉奇的城市垃圾产生量明显高于中亚 4 个城市（见图 3）。从固废管理能力来看，莫斯科和北京在城市垃圾收集、分类、转运、处理、回收方面表现较好。虽然两个城市的城市垃圾产生量多，但是由于城市固废管理体系的逐步完善，城市垃圾基本得到妥善安置，未来将从增加回收率的方向进行完善。而对孟买和卡拉奇来说，存在垃圾收集和处理设施老化及分类体系不完善等问题，城市区域内往往出现垃圾焚烧或堆积的现象，回收、处理方式也有待进一步的改善（见图 4）。

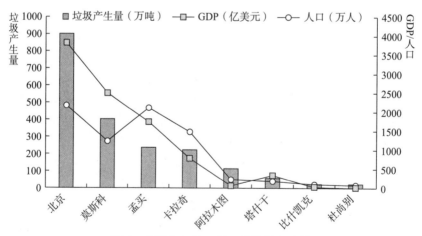

图 3　各城市人口、GDP 及垃圾产生量

妥善处理城市废物成为良好城市管理的重要一环。基于目前的技术水平，垃圾管理的成本相对较高，占城市预算的 20％～50％，这对发展中国家来说是较重的财政负担。

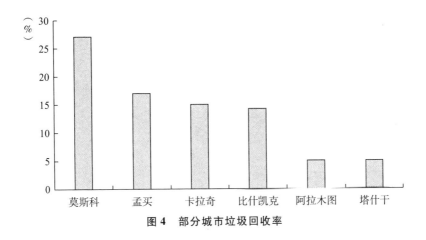

图4 部分城市垃圾回收率

（四）城市土壤质量现状

上合组织成员国8个典型城市中，城市土壤污染问题最为突出的是孟买和卡拉奇两个城市，主要是工业污水下渗、垃圾随意堆放等造成重金属、有机质的超标。莫斯科也存在重金属（Zn）、苯并芘和石油类土壤污染物（见图5）。中亚4个城市虽未出现明显的土壤污染，但由于化肥的使用、污水灌溉等，土壤盐渍化、土地退化现象明显。

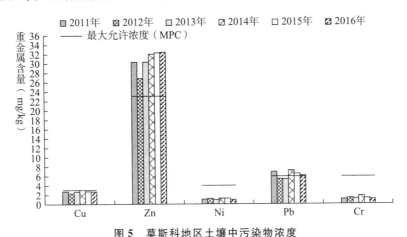

图5 莫斯科地区土壤中污染物浓度

资料来源：《2016年莫斯科市环境统计公报》。

（五）城市绿化建设现状

塔什干、比什凯克、杜尚别由于地理位置和气候条件的影响，其城市区域内及周边的天然植被丰富，其城市的绿地覆盖率分别为 35%、33.32%、22%，属于 8 个城市中绿地覆盖率较高的 3 个。孟买、阿拉木图、卡拉奇的城市绿地面积占比明显较低，孟买和卡拉奇的贫民区内更是鲜有植被。莫斯科和北京的绿地建设相对完善，两个城市的绿地覆盖率分别为 40%、48.42%，属于 8 个城市中绿地比例最大的两个城市（见图 6）。在以后的城市绿地建设中，应着重于中心城区绿化面积的保持，协调各种土地利用之间的关系，避免由于绿地覆盖率过高而带来的负面影响。

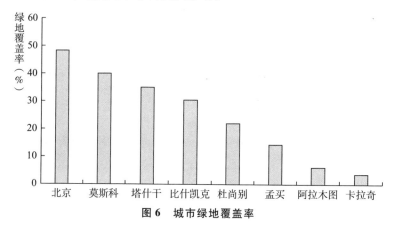

图 6　城市绿地覆盖率

（六）城市噪声污染现状

在 8 个城市中，卡拉奇和孟买两个城市的噪声分贝值为 90～120dB。在城市各功能区混杂，缺少噪声控制设施、政策的情况下，噪声污染成为这两个城市的突出问题，严重影响城市居民的正常生活及健康。未来，这两个城市的城市规划布局应该充分考虑噪声污染问题。

二　上海合作组织典型城市环境管理政策对比分析

为了更好地了解上合组织城市生态环境政策，特选取印度和俄罗斯的孟买和莫斯科作为典型城市进行对比分析，主要研究两个城市在大气、水、固废以及绿化建设四个方面的环境政策及成效，为上合组织成员国城市环境管理政策的完善提供建议。

（一）城市大气污染控制政策及成效分析

1. 大气污染控制政策对比分析

大气污染是孟买和莫斯科需重点解决的环境问题。虽然孟买和莫斯科大气污染的严重程度不尽相同，但是两者主要的污染源为交通部门、工业部门，因此采取的城市大气污染控制政策类似。

两个城市均建立了大气质量监测网络，随时追踪城市空气质量，为后续的大气管控提供反馈信息及决策依据。在交通政策方面，两个城市均通过控制能源质量、完善公共交通系统、车辆限行、尾气净化以及清洁能源（天然气）的推行等政策来控制交通污染物的排放。在工业政策方面，两个城市均通过调整产业结构、建立工业污染物排放标准、提升工业污染物处理技术来对固定污染源排放量进行控制。在能源政策方面，两者都推广天然气、电力以及可再生能源的使用（见表1）。

表1 莫斯科、孟买大气污染管控政策对比

政策	莫斯科	孟买
交通政策	控制能源质量	
	车辆限行	
	完善公共交通系统（地铁、电车、火车、公共汽车等）	
	尾气净化技术	
	推广天然气的使用	
	修建交通设施（道路等）	
	提高汽车的燃油效率（更新车队等）	
	—	差别停车收费计划
	—	拥堵收费
	扩建地下停车场	—
	—	尾气检测
工业政策	调整产业结构	
	建立工业污染物排放标准	
	工业污染物技术升级	
监测网络	建立大气质量监测网络	
能源政策	推广天然气、电力以及可再生能源的使用	

2. 城市大气污染管控政策成效分析

根据莫斯科政府部门近期的统计调查结果，莫斯科市的大气管控政策都得到了很好的实施。根据图7、图8，莫斯科的机动车使用高质油品的比例正在增大，工业企业的数量及固定污染源数量逐渐减少，由此可以看出莫斯科交通及工业政策实施情况良好。

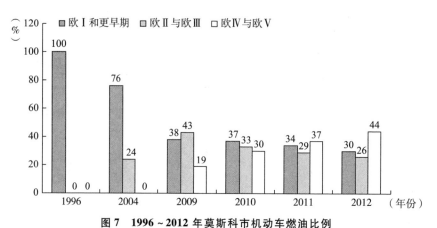

图 7　1996～2012 年莫斯科市机动车燃油比例

资料来源：*Moscow City Government Department for Environmental Management and Protection*，2018。

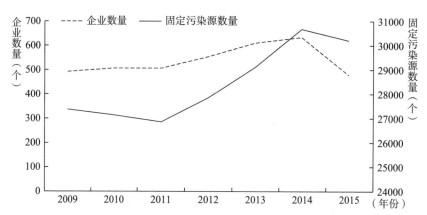

图 8　2009～2015 年莫斯科市行政区域内企业数量及固定污染源数量变化曲线

资料来源：《2016 年莫斯科市环境统计公报》。

　　从实施效果看，莫斯科的大气质量得到改善，各类污染物的浓度均有所降低，均保持在空气质量标准线内。根据莫斯科的监测数据（见图9）可以看出，从 2002 年到 2016 年 CO、NO_2、NO、SO_2 年均浓度整体呈现下降趋势，莫斯科城市大气环境质量得到改善。

　　对于孟买来说，其持续的经济增长模式对空气质量的恶化造成直接影响，尽管政府已经出台了应对这一问题的政策，但效果并不明显，城市大气环境形势仍然严峻。孟买区域大气污染控制政策对不同污染物的控制效果不一，对 SO_2 的控制作用较为明显，对 NO_x 等的控制效果并不理想，尤其

是 NO_x 的污染浓度不减反增。

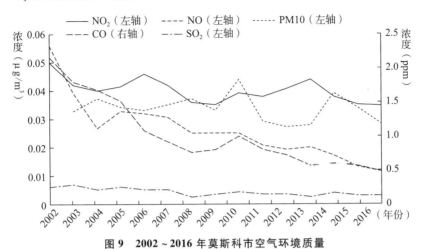

图 9　2002～2016 年莫斯科市空气环境质量

资料来源：《2017 年莫斯科市环境统计公报》。

SO_2 的主要污染源是工业、发电厂燃油以及机动车尾气。随着孟买地区相关政策的收紧，各部分的 SO_2 排放浓度及区域 SO_2 平均浓度均呈持续下降的趋势（见图 10）。即使孟买地区机动车数量逐渐增加，政府通过政策干预降低柴油、汽油含硫量，有效地将区域以及各部分的 SO_2 排放浓度控制在国家标准线以下（见图 11）。

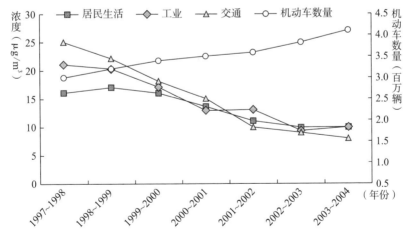

图 10　1997～2004 年孟买市各部分排放 SO_2 浓度与机动车数量的变化曲线

资料来源：B. Sengupta，2009。

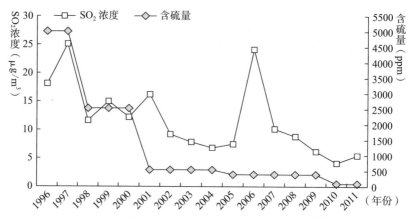

图11 1996～2011年孟买市SO$_2$浓度与燃油含硫量的变化曲线

资料来源：B. Sengupta，2009。

NO$_x$主要源于机动车尾气、工业部门和电热厂的污染物排放。由图12可以看出，1997～2003年，工业和居民生活产生的NO$_x$的浓度向上轻微浮动，这与孟买地区部分区域的工业企业数量的增加以及高污染企业数量的占比相关，侧面反映了区域产业定位及限制的政策的实施情况并不可观。同一时期，交通产生的NO$_x$浓度也大幅度上升，与注册机动车数量增长幅度大体一致。2004～2013年，NO$_x$的浓度波动性较大（见图13）。2014年，浓度略有增加，是排放标准的两倍。交通部门相关政策的实施效果也未有效体现。

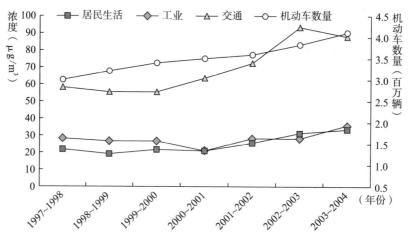

图12 1997～2004年孟买市各部分排放NO$_x$浓度与机动车数量的变化曲线

资料来源：B. Sengupta，2009。

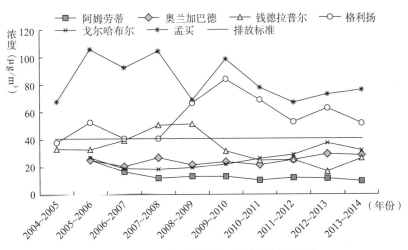

图 13　2004～2014 年 NOₓ 排放量年际变化

说明：直线表示印度中央污染控制委员会（Central Pollution Control Board）制定的排放标准。

资料来源：B. Sengupta，2009。

RSPM 主要污染源为道路扬尘、发电厂工业污染物排放以及建筑活动扬尘。2000～2004 年，孟买地区工业 RSPM 的平均排放浓度略有降低，但机动车数量增加，交通排放浓度总体来看有所增加（见图 14）。2004～2006 年，RSPM 浓度大幅增长，经历 2007～2009 年的显著下降后，下降速度放缓（见图 15）。目前，孟买 RSPM 浓度相对于印度其他城市依然较高，为标准值的 3～5 倍。

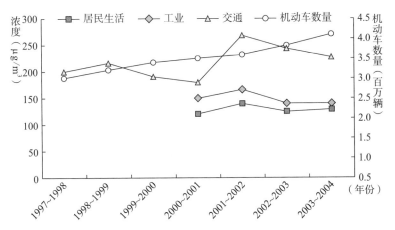

图 14　1997～2004 年孟买市各部分 RSPM 排放浓度年际变化

资料来源：B. Sengupta，2009。

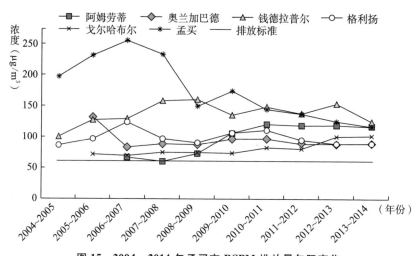

图 15 2004～2014 年孟买市 RSPM 排放量年际变化

说明：直线表示印度中央污染控制委员会（Central Pollution Control Board）制定的排放标准。

由 2004～2014 年孟买 Bandra 区和 Sion 区污染物浓度变化可以看出，两区的 RSPM 浓度远超过质量标准，但均有所降低。两区 NO_x 浓度都在标准以上，Sion 区 NO_x 的浓度略有增加。SO_2 的浓度保持在较低水平且持续降低（见图16）。这种政策效果差距的造成有如下几个原因。

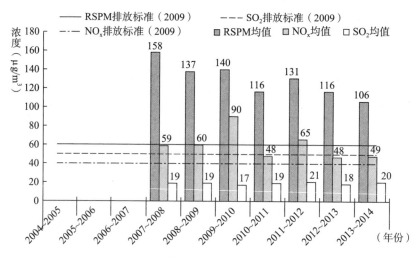

a 2007~2014年孟买Bandra区污染物平均浓度变化

194

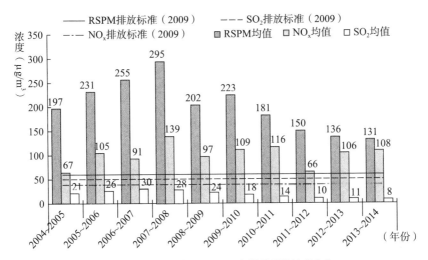

b 2004~2014年孟买Sion区污染物平均浓度变化

图16 2004~2014年孟买Bandra区和Sion区污染物浓度变化

首先，孟买政府政策执行力不足。孟买自1993年就开始实行产业区位政策，调整孟买城市的产业结构，规定只有无污染、高技术和高附加值的产业才被允许在新孟买、塔纳邦和米拉邦地区开办。但是根据2004~2012年孟买地区工业企业的数量变化趋势，新孟买的工业企业数量不减反增，且高污染的企业仍然分布较多（见图17、图18）。此外，孟买的大气监测网络也面临着监测点数量不足、分布范围窄、监测能力不佳等问题，对监测结果作用的实现有一定的限制作用。由此可见，孟买的政策执行力并不令人满意。

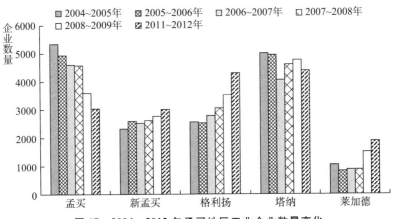

图17 2004~2012年孟买地区工业企业数量变化

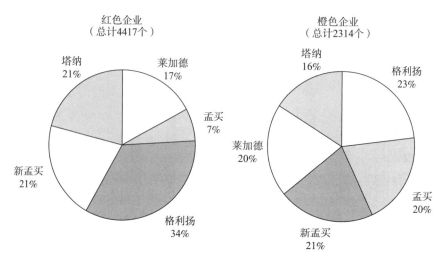

图18 2011年孟买地区红色、橙色企业的分布情况

其次，政策本身的缺陷。以道路建设为例，孟买为减缓道路堵塞，启动了一批公路建设项目。但这种政策可能造成道路上行驶的车辆数量的增加，引起负面效果。因此，大气污染控制政策在制定时，忽略了各种措施间的关联性，引起了政策之间的矛盾，造成污染控制效果大打折扣。

最后，与孟买地区城市环境质量本底值有关。孟买地区工业经济迅速发展、人口快速膨胀，而一个环境政策的实行以及成效的显现是一个长期的过程，一旦环境的恶化速度快于城市应对政策的实施速度，就很难引起大幅度环境质量的改善。

（二）城市水资源管理政策及效果对比分析

1. 城市水资源管理政策对比分析

由于苏联的经济发展模式以及莫斯科污水管理制度的不足，莫斯科区域的地表河流污染一度十分严重。为改善地表水质，保障用水安全，莫斯科市在国家法律政策的引导下，从技术升级、法律制定等多方面进行水资源管理。莫斯科在《俄罗斯联邦环境保护法》《俄罗斯联邦水法典》等环境法律法规框架下，有效实施了水权管理制度、流域管理制度、水保护制度、水籍簿制度、水资源税制度等。

同时，莫斯科市建立了地表水水质监测网络、地下水水质监测网络，确保发现和预报水质和水体状况的有害进程的发展状态，监测结果可用于发现和预防水污染情况，评价水体保护措施的成效，从而促进公众对水体利用和保护的了解。

除了政策的推行，莫斯科还注重政策的实施，1993～1994 年，莫斯科市政府制定了莫斯科综合环境方案，加强城市污水处理与控制。2000 年以后，莫斯科逐步制订建立水资源自动监视站网络的长期规划，重点监视莫斯科河及其支流，包括饮用水源，并开始实行供排水水耗系统证书制度。2001 年，莫斯科使用自动检测仪对大型泄排水设备排入莫斯科河及其支流的水质进行监测，对水面的石油产品污染物使用碳混合剂进行清除。

2012 年，在"清洁水计划"的框架下，莫斯科市进一步将污水处理设施更换升级，发展效率高的现代化水工业。《莫斯科市 2025 年总体规划》指出，划定水资源保护区和总面积为 10400 平方米的岸边水利工程防护带，改善水利设施的现状；配置覆盖莫斯科市在建地区所有污水沟和排水沟的收集、排放和清理系统，逐渐向少污染和无污染的工业现代化生产过渡。2012 年，莫斯科自来水管道系统就已经杜绝使用氯气对饮用水进行消毒，转而开始采用次氯酸钠水溶剂净水技术。2015～2016 年，莫斯科市采取紫外线消毒技术，建立了两座全世界最先进的 UV 污水处理厂（Luberetsky 和 Kuryan-yansky）。同时，莫斯科市实行两个污水处理底泥发电项目，在有效地处理水污染底泥的同时供应电力以满足城市日益增长的用电需求。

与莫斯科相似，孟买地区也建立了水质监测网络，制订了污水处理设施升级计划，实行水资源税、流域管理等制度。此外，针对孟买地区贫民窟这一特殊区域，孟买地区自 1984 年起实施各类贫民窟项目，从改善贫民窟卫生设施、改建贫民窟向重建贫民窟过渡，减少贫民窟活动对孟买地区水质及用水安全的影响（见表2）。

表 2 莫斯科、孟买城市水资源管理制度

莫斯科	孟买
污水处理设施升级	
—	内河联网计划
流域管理	
水资源税	
水籍簿制度	—
—	贫民窟项目
水资源监测系统	

2. 城市水资源管理政策成效分析

在水资源管理方面，孟买的水资源管理注重一体化，即注重水质和水资源利用的双重管理。孟买的流域管理、贫民窟项目计划、节水增效项目等表明印度城市水资源管理已经建立起成熟的水资源一体化管理框架，但是由于执行方案的限制，政策成效不显著。对2016～2018年孟买污水处理厂进出水口监测结果进行分析，59%的污水水质未得到有效改善，处理后水中生化需氧量（BOD）和化学需氧量（COD）、悬浮物（SS）、溶解性总固体（TDS）、有机物污染物、大肠杆菌均远超排放标准。孟买地区周边的水质波动较大，但是各类污染物的浓度并无明显降低。这种措施成效不佳与孟买地区水资源管理的执行力、贫民窟的活动以及洪水的频繁暴发有极大的关系。

相比较而言，莫斯科水资源相对丰富，水质问题是城市水资源管理的关键。莫斯科在完善的涉水政策法律法规框架下，定期制订水资源管理计划，从城市污水处理管控以及经济激励措施两方面着手推动城市水质改善工作。其特有的水籍簿制度采取先进技术对城市的水资源量以及水质状况信息进行收集、编制入库，便于政府长期动态追踪城市水资源状况信息，为决策提供支持，对上合组织成员国城市水资源管理有着重要的借鉴意义。2007～2016年莫斯科城市污水处理系统的升级完善，使污水的处理效率达到99.8%，污水排放量逐年减少，莫斯科市内的地表水水质改善。2016年，莫斯科河主干道的污染物浓度基本达标，"肮脏""重污染"的支流数量减少，莫斯科市内的支流水质向好（见图19、图20）。

图19　2007～2016年莫斯科城市年污水排放量趋势

资料来源：《2017年莫斯科市环境统计公报》。

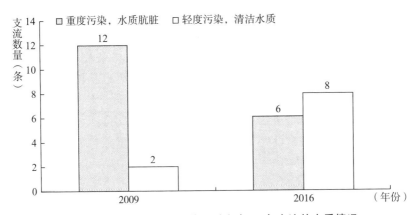

图20 2009年、2016年莫斯科市内14条支流的水质情况

资料来源:《2017年莫斯科市环境统计公报》。

(三) 城市固废管理政策及效果对比分析

在城市固体垃圾管理方面,莫斯科的相关法律框架以及管理体系都已形成。但是莫斯科的社区居民点分类收集项目正处于推广阶段,莫斯科在鼓励公众参与方面仍需努力。孟买形成了城市垃圾管理法律框架及计划,但是包括孟买在内的大多数印度城市都没有以强制立法的形式对城市垃圾管理的具体方案进行规定。2003年4月,孟买大多数机构并未遵守城市垃圾管理的相关条例、规则。征地程序冗长、公众反对、土地稀缺和土地成本高,以及城市垃圾管理部门和其他机构、单位之间的矛盾严重限制了城市固废管理政策的实行。此外,财政紧张、员工缺乏培训、设备陈旧、技术不足也导致城市垃圾管理停滞不前。总的来说,虽然印度已经建立起基本的管理框架,但是执行情况未能符合目前孟买地区城市垃圾管理的基本要求。城市垃圾管理机制并未建立起来,孟买城市垃圾的收集、回收、处理体系与莫斯科存在较大的差距,城市垃圾管理的任务相对较重(见表3)。

表3 孟买、莫斯科城市固体废物管理政策对比

莫斯科	孟买
社区居民点垃圾分类收集项目	分类收集系统(Parisar Vikas 项目以及家庭妇女的培训)
二次资源利用规定	垃圾回收再利用(垃圾纸张、塑料和木材燃料项目——RPPWF 以及公私合营 PPP 项目)
垃圾处理技术(垃圾填埋、垃圾发电等项目)	垃圾处理(垃圾卫生填埋标准制定)

（四）城市绿化建设管理机制及成效分析

在城市绿化建设方面，莫斯科将城市绿化作为城市环境管理的重点，因此相关政策形成时间较早，取得的成效显著。孟买也从城市规划和产业结构调整角度调整城市绿化面积，但由于孟买地区城市大气污染、水污染以及固体废物管理的问题更为严重，在有限的资金支持下孟买政府更关注以上问题的改善，绿化建设并非其城市环境管理的重点，因此规划完成度不高（见表4）。

表4　孟买、莫斯科城市绿化建设管理政策对比

莫斯科	孟买
城市规划	城市规划（划定生态敏感区以及制定绿化面积目标）
特殊保护区	—
绿化审计	—

三　城市生态环境建设合作建议

从以上分析可以看出，上合组织成员国典型城市既有一些共性的城市环境问题，也有各自更为突出的问题。为解决区域城市环境问题以及各国特有的环境问题，需要建立城市生态环境建设双边和多边合作相结合的模式，针对环境问题利益相关者选择合适的合作模式。同时，由于城市环保合作的维持需要各种要素的支持，因此，成员国应采取多元的合作形式，将建立合作制度框架、建立对话机制、构建绿色金融体系、统一环境相关标准四种形式结合起来，寻求城市各领域环保合作中资金、人力、经验、科技等的支撑，为环保合作提供良好的前提、基础。要针对各国城市生态环境建设的优缺点进行优势互补，建议未来合作方向如下。

第一，建立环境监测网路，完善信息共享机制。

中亚四国的环境监测网络并不完善，且部分数据未实现公开、共享，这导致对各城市生态环境建设现状所知甚少。中亚大多数国家的监测人员储备下降，环境监测设备过时。现有的先进的技术、方法和自动化的手段，由于费用高昂以及技术人员的需求或其他原因而没有被广泛使用。尤其是塔吉克斯坦、吉尔吉斯斯坦由于经济发展较为落后，缺少资金建设相关的监测网络。建议由中国、印度、巴基斯坦、俄罗斯等监测网络相对完善的国家协助中亚国家完善国内城市环境监测网络，建立信息共享机制以及区域预警网络，造福该区域所有国家，为未来的城市生态环境建设打下坚实的基础。邀请上合组织各国共建环保信息共享平台，建立长期动态的环境信息库，为立法和决策提供信息支持。

第二，促进能源结构转型，提高能源利用效率。

上合组织成员国城市的能源结构具有较强的互补优势。各国城市生态环境建设应注重能源环保方面的合作，着重提高能源使用效率，发展清洁能源。一方面，提高能源使用效率，减少大气污染物产生。另一方面，就可再生能源的开发和利用在该组织的框架内进行广泛的多边合作，充分利用自身的资源优势和地缘关系，在消化、吸收、交流和利用较为成熟的技术的基础上，扩大可再生能源在经济发展中的能耗比，依赖自然条件缓解自然之灾。

第三，制定综合城市环境规划，鼓励公共参与。

城市环境管理应形成综合型的城市环境规划，纳入全部环境要素，协调好各环境要素管理措施之间的关系，避免各不同要素管理之间的矛盾，力求取得多要素环境管理机制的协同作用。制定综合城市环境规划的同时，还需要通过制定强制性的执行计划和方案，加强地方当局在城市环境管理方面的执行力度。城市环境管理政策的制定和实施除依靠政府力量外，还要鼓励非正式团体（非政府组织和CBOs）、社区居民、企业家和技术专家等社会各阶层参与。让受城市发展影响的利益相关者直接参与城市环境管理，不仅能够减轻政府的财政压力，也能提高城市社会环保意识，减少政策实施的阻力，提高政策的执行效率。

参考文献

Maharashtra Pollution Control Board（MPCB），*Environmental Status Report for the Mumbai Metropolitan Region*，2015，https：//www. researchgate. net/publication/308748146_Environmental_status_Report_for_the_Mumbai_Metropolitan_Region.

Murthy，R. C. ，Rao，Y. R. ，& Inamdar，A. B. ，"Integrated Coastal Management of Mumbai Metropolitan Region，" *Ocean & Coastal Management*，2001，44（5）.

Правительство москвы，2016，о состоянии окружающей среды в городе москве в 2016 году.

B. Sengupta，2009，*Paper Presented at Indo-Japanese Conference on Fuel Quality and Vehicular Emissions*，http：//www. jari. or. jp/Portals/0/resource/pdf/india_2009/Session4–3_E. pdf.

Moscow City Government Department for Environmental Management and Protection, *Transport Emission Reduction in a Big City: View from Moscow*, 2018, https://www. epa. gov/sites/production/files/2014 – 05/documents/transport-emission-reduction. pdf.

Правительство москвы, 2016, о состоянии окружающей среды в городе москве в 2016 году.

Правительство москвы, 2015, о состоянии окружающей среды в городе москве в 2015 году.

Правительство москвы, 2014, о состоянии окружающей среды в городе москве в 2014 году.

中亚跨国境流域生态承载力
及可持续发展分析

张　扬[*]

摘　要　中亚地区主要涉及五个国家，即哈萨克斯坦、吉尔吉斯斯坦、塔吉克斯坦、乌兹别克斯坦、土库曼斯坦。1991年，苏联解体后，五国之间缺乏有效的沟通和协调机制，水资源利用矛盾不断激化，直接后果就是下游国家水资源供给严重不足，再加上农业发展耗水，导致里海、咸海等水面不断减小，流域生态环境恶化，已经引起世界的关注。为了更好地支持"一带一路"沿线重要区域中国和中亚地区重大工程和国际产能合作，本文收集了中亚五国土地利用、水资源利用、社会经济、物种保护等方面的数据，并利用2001年、2005年、2010年和2016年国内外卫星遥感数据［对地观测系统（EOS）、MODIS、美国陆地卫星（Landsat）、国产高分（GF）等卫星数据］，提取和分析了近些年中亚地区典型跨国境河流上游、下游河道水资源与植被的时空动态格局及生态环境质量，得出了相关结论及建议。

关键词　中亚　跨国境流域　生态承载力

一　中亚跨国境流域基本情况

（一）自然地理概况

中亚地处亚欧大陆腹地，包括哈萨克斯坦、吉尔吉斯斯坦、塔吉克斯坦、土库曼斯坦和乌兹别克斯坦5个国家，位于35°08′N~55°25′N，46°28′E~87°29′E，东西长约3000千米，南北宽约2400千米，总面积400.3万平方千米，总人口为6644万人（2013年）。中亚东与中国新疆维吾尔自治区

---

* 张扬，中国－上海合作组织环境保护合作中心。

相邻，西与俄罗斯联邦、阿塞拜疆隔里海相望，南与伊朗、阿富汗接壤，北与俄罗斯联邦相接。中亚属于典型的内陆干旱、半干旱地区，气候炎热干燥，蒸发量远大于降雨量。地势东南高、西北低，地貌形态以沙漠和草原为主，其中沙漠面积超过 100 万平方千米，占总面积的 1/4 以上，是一个水资源严重不足的地区。

（二）社会经济概况

受国际金融危机的影响，特别是欧债危机的冲击，世界经济发展的动力严重不足，世界经济增速从 2010 年的 5.1% 降至 2011 年的 4.0%，2013 年进一步降至 3.0%，在较长时期内呈低速增长的态势；据世界银行 2014 年 1 月份的数据估计，按汇率法 GDP 汇总，2013 年全球经济增长 2.4%，比上年放缓 0.1 个百分点。金融危机以来，在世界经济仍旧低迷的情况下，中亚五国积极采取应对措施，通过扩大内需、发展基础设施建设、增加出口等措施，拉动经济发展，保持了宏观经济持续增长的势头。中亚地区经济从 2009 年普遍有所下降的平均增幅 4.3% 回升到 2012 年的 6.2% 再到 2013 年的 8.5%，既大大超过世界平均值，又远远高于独联体平均值，发展势头良好。

2014 年，受乌克兰危机及其他因素影响，中亚国家经济普遍有所下滑。为使经济发展多元化和稳定化，中亚各国对响应中方提出的"丝绸之路经济带"倡议越来越积极。

（三）土地利用状况

通过土地利用分析可知，总体上，沙漠和戈壁总面积占中亚总面积的比重超过 60%，沙漠占各种土地利用类型总面积的比例最大，超过 45%，其次是戈壁的面积，约占 23%。由此可见中亚地区大部分面积被沙漠和戈壁所占，主要分布在中部、南部和西部地区，也可知中亚地区生态系统的脆弱性。除了沙漠、戈壁，面积排在第三位的是农田，约占 11%，由此可见除了沙漠和戈壁，余下约 30% 的土地中，1/3 为农田，这说明农田的面积占有很大的比例，农田主要分布在各河流的两岸、哈萨克斯坦的北部和上游国家地区。余下大约 20% 的土地中，林地和草地主要分布在上游国家和哈萨克斯坦北部区，其中，草地约占一半面积，草地、林地二者的总面积占了余下的大部分面积。其他，冰雪主要分布在哈萨克斯坦和上游国家的高山地区，相比之下，城镇面积较小，且近几十年变化比较缓慢，约占总面积的 0.2%。

二 中亚跨国境流域生态承载力评估

(一) 生态资源条件

1. 上游国家 10% 的国土面积，控制 60% 的地表水资源，水资源格局差异明显

中亚所有重要的河流均为跨国境河流，中亚处于干旱半干旱地区，多数区域的年降水量为 100·300 毫米，主要水源来自上游国家塔吉克斯坦和吉尔吉斯斯坦境内，占中亚地表水量的 60%，国土面积却只占 10%；植被生长季节下游区会出现河流径流量季节性的急剧减少甚至断流现象，而秋冬季会出现水灾；下游国家的城镇和农业主要分布在跨国境流域河流附近，农业粗放式的施肥、施农药和工业废水的肆意排放，造成下游水质恶化，生物多样性丧失和地方病的出现。

2. 过度发展灌溉农业，上下游国家植被覆盖情况差异大

农业是中亚地区的主要经济来源，据统计，20 世纪 60 年代以来，中亚地区用水量翻了一番，90% 以上的新增水量用于水稻、棉花等的灌溉。近些年灌溉农业的发展，挤占了中下游的自然植被用水，90% 以上的高覆盖植被和主要农田主要依河流生长，自然植被从河流向两翼逐渐过渡到沙漠地带；上游国家除一些冰川、雪山外，由于降水和地表水资源丰富，农田分布广、自然植被覆盖情况相对较好。

3. 荒漠化、盐碱化严重，生态系统脆弱

荒漠化区域主要分布在中亚中部，盐碱化区域主要分布在各流域的中下游，沙漠、戈壁和盐碱化等区域占中亚总面积的 60%。严重的荒漠化、盐碱化区域植被覆盖率极低或成为不毛之地，其形成的灾害造成区域生态系统失衡，严重损害了流域生态系统的防风固沙、食物供给、生物多样性维持等重要的服务功能，生态系统非常敏感和脆弱。

(二) 生态环境约束

1. 水资源短缺、水质恶化与荒漠化成为产能合作的首要考虑条件

水资源分配不均、下游区域水质恶化、大面积荒漠化，导致生态系统敏感而脆弱、生态系统服务功能低下和生态系统安全系数低。任何形式的合作开发，如果不充分了解和诊断生态系统的基本情况，就可能造成生态

系统耗水量增加、水质恶化或荒漠化加剧，甚至导致生态系统退化，乃至影响整个区域的可持续发展。因此，水资源、水环境和荒漠化是产能合作的首要考虑因素。

2. 水资源受制于上游国家成为产能合作的硬约束

上游国家通过大坝等工程设施掌握着河道水资源的控制权，根据卫星遥感影像分析，在总放水量一定的情况下，上游地区出于电力需要，每次的放水时间、放水量具有不确定性，导致大坝以下的中下游地区（占中亚面积的90%）的河流在植被生长季节——4~9月份出现水量逐渐减少甚至断流的情况，然而9月份以后的秋冬季，河流水面开始扩大、充盈，上游地区由于供暖发电的需求，开始大量放水。因此，在涉水方面的合作，首先需要考虑上游的水资源控制会对产能合作带来的影响。

3. 上下游国家水资源分配的矛盾和粗放的水资源管理增加了产业合作的难度

除上游国家出于发电的需要导致的上下游水资源矛盾外，上游农业种植和工业排放导致下游区域水质污染，需要建立有效的协调机制，如面对咸海生态危机，塔、吉两国认为，这是咸海周边国家的事情，所以谁受害谁治理；而哈、乌、土三国认为，咸海生态危机给整个中亚地区都带来了危害，其根源在于注入咸海的水量减少，所以应该由区域各国共同治理。总之，各国相互指责、推卸责任，导致的结果是生态承载力降低。塔吉克斯坦产生60%以上的径流量，乌兹别克斯坦仅为6%，但根据《阿拉木图协议》，塔吉克斯坦分水比例仅为13.6%，而乌兹别克斯坦为43%，用水量和产水量的差异使矛盾尖锐化；同时，各个国家人均占有的水资源量、经济发展水平和节水意识的差异，导致相比发达国家水资源浪费惊人，据统计，中亚的人均耗水量是发达国家的20~30倍，吉尔吉斯斯坦不合理使用的水资源已达到总量的1/3，同时吉尔吉斯斯坦水质不断恶化，地方病流行，增加了涉水行业合作的难度。

4. 电力、工农业等基础设施的薄弱影响合作进程

中亚五国地广人稀，各国之间的经济结构相差很大，由于电力等基础设施薄弱和不平衡，各国之间很难形成优势互补和深度合作。如中亚地区水库水利设施的严重老化使有效蓄水的能力下降了30%以上，甚至不能准确计量水量，容易引起争端；上游地区的节水技术和废水回收技术也相当落后，"跑滴漏"的现象十分严重，也容易产生矛盾；电力基础设施落后，不能及时公布发电和需求信息。因此，很难形成国家或区域之间产业的良

性互动，这严重影响了产能合作的进程。

5. 严酷的自然条件制约了产能合作的进度

冰川、雪山主要分布在各流域的上游或高寒地带，部分区域如吉尔吉斯斯坦和塔吉克斯坦西部的山区海拔达到4000～5000米，甚至高达7000多米，这些高山既有年降水1000～2000毫米的区域，也有不到60毫米的区域，如帕米尔高原，这些高海拔地区影响了基础设施建设的进度、增大了基础设施建设的难度。此外，全球变暖、过度发展农业等因素使得土地退化十分严重，严重制约产能合作的建设与发展空间。

6. 濒危物种保护将是产能合作不可避免的考虑因素

中亚地区243种濒危物种中，大概有97种鸟类、43种哺乳动物、40种鱼类和63种植物，其中62种鸟类、28种哺乳动物、28种鱼类和34种植物分布在下游国家。这些动植物已被列入《濒危物种红皮书》，是荒漠区重要的基因库，具有非常重要的生物多样性保护价值。针对部分物种已经建立自然保护区，但是仍有部分物种缺乏有效的保护，如果环境继续恶化，部分物种将很快消失。濒危物种的保护将是产能合作不可避免的考虑因素。

（三）跨国境流域分区域生态承载力分析

水资源、水环境和生态系统弹性是生态承载力的三个主要方面。

1. 上游生态承载力分析

上游区域整体上生态承载力相比中下游高，上游区域的年降水量，尤其是山区的年降水量可达1000～2000毫米，并且分布有大量冰川和雪山融水，可产生径流，水量大、水质清洁。平原地区的农田、森林和草地分布广，生态承载力比较高；山地、高寒地带或高寒荒漠区则承载力相对低；冰川和雪山承载力最低。

总体来看，上游区域的生态承载力比较高，产能合作潜力很大，但是由于高寒地带和高寒荒漠区等存在严酷的自然条件，如一些永久的冰川、雪山常年在0℃以下，生态承载力极低，会增加基础设施建设的难度、影响建设进度。

2. 中游生态承载力分析

中游区域主要为位于下游区域的国家，生态承载力整体与上游给水情况相关，具有明显的空间特征，以河流为中心向两翼逐渐减弱。另外，农业生产和工业污水肆意排放，导致水环境容量小，生态承载力弱；除水量和水质

207

外，上游区域的给水时间和给水量也是直接影响中游区域生态承载力的因素。

3. 下游生态承载力分析

下游区域多为沙漠、戈壁和盐碱化区域，承载力低下；水环境恶化，上游和中游累积的污染物集中在下游，导致生物多样性危机和地方病流行。俄罗斯和中亚相关的环保数据显示，阿姆河的入河污水量占径流量的 35%；别尔迪斯湾中的铜浓度超过国际水质标准的 30 倍；锡尔河从乌兹别克斯坦流出进入哈萨克斯坦时，其矿化度已达 $1.2 \sim 1.3 g/L$，在 40 项监测指标中，有一半超过正常标准。土地盐碱化和水质盐碱化导致咸海危机、严重的地方病和生物多样性危机，最终严重降低了下游区域的生态承载力。

4. 湖泊生态承载力分析

阿拉湖、萨瑟克湖、赛里木湖、伊塞克湖、卡普恰盖水库主要补给源是冰川和雪山，水量充足、水质好，承载力高，然而冰川和雪山却以每年 0.44% 的速度在减少；萨雷卡梅什湖、咸海南湖、咸海北湖、巴尔喀什湖属于平原尾闾湖，以河流补给为主，由于河流流经处农业生产过量施用农药、化肥，水质恶化，水环境容量低；部分平原尾闾湖，如咸海南湖湖泊面积急剧萎缩，也导致水资源承载力降低。

5. 承载力与可持续发展分析

近些年，呈增长趋势的植被面积超过中亚面积的 8%，总体承载力也因此呈上升趋势。然而从可持续发展的角度来看，水资源仍然是最重要的考虑因素，如人均年淡水供应量，乌兹别克斯坦为 702 立方米，土库曼斯坦为 217 立方米，远低于世界人均年淡水供应量 1000 立方米的水平。从可持续发展的角度来看，未来的水资源争端可能会进一步升级，将给产能合作带来更多的不确定性，因此需注意涉水合作产业的水资源使用、水环境质量及可能对生态系统带来的影响。

三　中亚跨国境流域结论与建议

第一，跨国境流域生态环境问题复杂，产能合作需全流域综合统筹考虑。几乎所有的中亚生态环境问题都是围绕着跨国境流域及其上下游水资源管控与需求之间的矛盾展开的，不同的水资源利用和管控模式影响着水资源的分配、水环境的管理和陆地生态系统的质量，并直接影响产业合作机制与模式。

因此，建议：在现有的环保合作平台的基础上，充分依托已有的成果和优势,从全流域问题产生的根源入手,统筹考虑水资源约束下的水利和水电项目、农产品贸易可能带来的区域生态环境问题。

第二,水资源产出效益不高,产能合作需从生态承载力提升入手。中亚国家水资源产出效率较低,水资源浪费惊人,水利设施已经许多年没有得到很好的维护,电力设备和管道设施正在逐渐老化,水利调节能力也明显下降,这一系列问题使本来就存在的水资源匮乏问题更加突出。

因此,建议:中国与中亚可以在提高水资源利用率和保持水环境的前提下进行合作,如可以利用节水型技术和设备以及废水回收技术,以减少水资源的浪费,减轻用水的压力,在此基础上开展产能合作;除此之外,也可以考虑风能和光能充足的优势,进行光伏和风力发电合作,这样不仅不会影响生态承载力,还会缓解能源支出压力。

第三,生态承载能力空间格局差异明显,需从可持续发展的角度确定产能合作的优先级。产能合作与开发需要首先综合考虑生物多样性保护、生态服务功能维持、生态系统安全及区域可持续发展。

因此,建议:在生态承载力综合评估结果的基础上,既要考虑冰川、雪山、高山等开发具有一定难度的区域,也要考虑区域水资源环境和合理保护各种动植物濒危物种,确定合作开发红线和合作开发的优先级。

第四,水资源争端对区域生态承载力影响严重,需通过公共对话平台,建立水资源协调机制。从流域整体出发,科学核算重要生态功能区的需水量,协调农业及社会经济发展用水分配。

因此,建议:在上合组织环保合作平台的基础上共享水文信息与水利技术,推动水资源环境信息共享的顺利实施,以弥补中亚五国信息共享的不足;同时,增加水文气象、水环境与发电信息交换功能,以达到对水资源环境分配利用科学调整、科学规划和科学决策的目的。

第五,中下游水环境承载力不容乐观,水处理合作和医疗合作存在很大空间。水处理方法简单、设施落后,导致水环境恶化、地方病流行,因此需要进行医疗和水环境管理合作。

因此,建议:设立公共基金,利用上合组织环保合作平台,共享实时动态水质信息以及地方病发生的时空分布信息,以达到精准水环境容量诊断和精准辅助医疗的目的。

第六,从全球化和水资源可持续利用的高度认识涉水国际合作。咸海流域水资源危机发生后,让我们不得不正视中亚地区水资源不合理分配、水资源过度开发利用和水资源过度污染等带来的灾难性后果。如何避免咸海危机重演，仍然是十分紧迫的话题。全球化的背景下，水资源分配和利用更具不确定性，可能导致矛盾升级甚至发生战争，水资源可持续利用具有高度敏感性。

因此，建议：（1）在上合组织环保合作平台启动"中亚水资源环境可持续利用"子平台；（2）充分发挥中国的协调国作用，分享节水和水处理经验；（3）促进争端国的对话交流，从上下游水资源科学协调、配置、补偿等机制中，找到最佳结合点，通过借鉴国际经验解决区域水资源争端的相关法律、法规问题；（4）慎重筛选涉水的国际合作，包括大坝等水利设施建设、工农业生产合作等；（5）通过电力、交通、环保等基础设施投入与建设，促进上下游国家合作，营造良好的合作生态。

参考文献

朱雅宾：《中亚跨境水资源合作——非正式国际机制的视角》，硕士学位论文，上海师范大学，2014。

皋媛：《中亚国家的跨境水资源问题及其合作前景》，硕士学位论文，华东师范大学，2012。

成晨等：《基于遥感技术的近 30 年中亚地区主要湖泊变化》，《国土资源遥感》2015 年第 1 期。

胡汝骥等：《中亚（五国）干旱生态地理环境特征》，《干旱区研究》2014 年第 1 期。

张宁：《中亚国家的水资源合作》，《俄罗斯中亚东欧市场》2005 年第 10 期。

杨胜天等：《中亚地区水问题研究综述》，《地理学报》2017 年第 1 期。

姚海娇、周宏飞：《中亚地区跨界水资源问题研究综述》，《资源科学》2014 年第 6 期。

毛汉英：《中国与俄罗斯及中亚五国能源合作前景展望》，《地理科学进展》2013 年第 10 期。

Petrov G. N., Normatov I. Sh., "Conflict of Interests between Water Users in the Central Asian Region and Possible Ways to Its Elimination," *Water Resources* 1 (2010).

Hedi Oberhänsli, Kateřina Novotná, Anna Písǩková, et al., "Variability in Precipitation, Temperature and River Runoff in Central Asia During the Past ~ 2000 yrs," *Global and Planetary Change* 76 (2011).

中亚地区跨国界水合作与"绿色丝绸之路"环保合作建议

魏　亮　段飞舟　曹嘉涵[*]

摘　要　中亚地区是"一带一路"建设的关键节点，该地区跨界河流众多，而跨界河流管理的制度安排早已因苏联解体而失效，这导致跨界河流管理混乱，对区域经济合作与发展造成了负面影响。因此，妥善应对跨界水问题，是在中亚地区推进"绿色丝绸之路"建设过程中亟须重视的问题。本文梳理了中亚地区水资源分布及主要跨国界河流的基本情况，总结了中亚地区自苏联解体以来的跨界水资源与生态环保合作的进展，调查了中亚五国参与跨界水治理相关国际公约的情况，并从生态脆弱性、水资源争端、域外势力干预、国际水公约履行等方面识别了在中亚地区推动"一带一路"建设面临的主要风险，提出了加强"绿色丝绸之路"合作的对策建议。

关键词　"绿色丝绸之路"　跨国界河流　国际公约　水纠纷

一　中亚地区主要跨国界水体基本情况

中亚地区的淡水总量约为 1.09×10^{12} 立方米，60%以上的水资源为难以开发的冰川，真正可利用的水资源约为 2.66×10^{11} 立方米，其中地表水约为 2.38×10^{11} 立方米。据统计，中亚地区人均年耗水量为 2800 立方米，总体属于轻度缺水地区，且区域内水资源分布极不均衡。

中亚地区主要水源位于塔吉克斯坦和吉尔吉斯斯坦两国境内。处于跨国界河流上游的塔吉克斯坦和吉尔吉斯斯坦两国拥有的地表水资源超过整个中亚地区的三分之二，而处于下游的乌兹别克斯坦、哈萨克斯坦和土库曼斯坦三国地表水资源的总和仅占中亚地区的三分之一。乌兹别克斯坦和土

---

[*]　魏亮、段飞舟，中国 - 上海合作组织环境保护合作中心；曹嘉涵，上海国际问题研究院助理研究员。

库曼斯坦人均水资源量远低于联合国水资源危机的临界线（1000 立方米/人），属于严重缺水型国家。考虑到地区内人口规模和用水需求的持续增长，低效的水资源利用进一步加剧了下游国家的缺水问题和地区的水资源争端。

中亚地区主要河流和湖泊有阿姆河、锡尔河、楚河、塔拉斯河、伊犁河、额尔齐斯河、咸海、巴尔喀什湖、伊塞克湖等，多为跨界水体。中亚是世界上跨界河流最为密集和复杂的地区之一，主要河流分布及基本情况见表1。

表 1 中亚地区主要跨国界河流基本情况

河流	河源	流域国家	河流长度（千米）	流域面积（万平方千米）	年平均径流量（亿立方米）
阿姆河	塔吉克斯坦、阿富汗	阿富汗、塔吉克斯坦、土库曼斯坦、乌兹别克斯坦	2540	46.5	578
锡尔河	吉尔吉斯斯坦	吉尔吉斯斯坦、塔吉克斯坦、乌兹别克斯坦、哈萨克斯坦	3019	21.9	336
楚河	吉尔吉斯斯坦	吉尔吉斯斯坦、哈萨克斯坦	1067	6.3	39.5
塔拉斯河	吉尔吉斯斯坦	吉尔吉斯斯坦、哈萨克斯坦	661	5.3	18.3

阿姆河是中亚地区水量最大的内陆河，咸海的两大水源之一。上源瓦赫基尔河位于阿富汗境内，接纳来自塔吉克斯坦的瓦赫什河后称阿姆河。阿姆河全长 2540 千米，沿途流经阿富汗、塔吉克斯坦、土库曼斯坦和乌兹别克斯坦，流域面积达 46.5 万平方千米，年平均径流量为 578 亿立方米。主要支流有：苏尔哈勃河、卡菲尔尼干河、苏尔汉河、泽拉夫尚河和舍拉巴德河等。

锡尔河是中亚地区最长的河流，咸海的两大水源之一。发源于天山山脉，分右源纳伦河和左源卡拉达里亚河两源，两河汇合后称锡尔河，沿途流经乌兹别克斯坦和哈萨克斯坦等，后注入咸海。锡尔河全长 3019 千米，流域面积达 21.9 万平方千米，年平均径流量为 336 亿立方米。锡尔河的水量小于阿姆河，主要支流有阿汉加兰河、奇尔奇克河、克列斯河和阿雷西河。

楚河为中亚地区内陆河，发源于天山山脉，由朱瓦纳鲁克和科奇科尔两河汇合而成。沿途流经吉尔吉斯斯坦与哈萨克斯坦，在肥沃的楚河流域，径流量几乎全部被吉、哈两国的水利设施调节控制,全部用于灌溉。楚河全长1067千米,流域面积达6.3万平方千米,年平均径流量为39.5亿立方米。

塔拉斯河为中亚地区内陆河流,发源于吉尔吉斯斯坦,流入哈萨克斯坦,与楚河一样,径流主要用于灌溉,河流最终消失于穆云库姆沙漠之中。塔拉斯河全长661千米,流域面积达5.3万平方千米,年平均径流量为18.3亿立方米。

二 中亚地区跨国界水问题和对"一带一路"合作的影响

(一)跨国界水合作的历程与现状

苏联解体后,中亚地区主要河流绝大多数由内河成为跨国界河流,水资源问题成为阿姆河和锡尔河"两河流域"沿岸国家之间重要争端的来源之一。当前,中亚地区跨国界水合作的矛盾焦点仍集中于水资源如何得到公平合理的分配和利用,跨界水生态环保领域合作一直难以有效推进。为保证经济社会发展用水,尤其是农业灌溉用水需求,同时避免跨国界水资源矛盾上升为地区冲突,中亚五国自独立以来开展了一系列合作,主要经历了以下四个阶段。

1. 后苏联时代过渡期(1991~1999年)

1991年10月,中亚五国经过多轮谈判,最终达成《中亚各共和国和哈萨克斯坦水利经济组织领导人宣言》(即《塔什干宣言》),拉开了跨国界水合作的序幕。《塔什干宣言》是后苏联时代指导咸海流域跨国界水合作的纲领性文件,其核心思想是遵循苏联时期制定的阿姆河与锡尔河水量分配定额和比例,根据咸海流域各国人口分布,在保证公民基本生存权的基础上,考虑自然和经济条件,从减少生态和社会危机的角度采取联合行动,合理开发利用咸海流域水资源。

1992年2月,中亚五国于哈萨克斯坦阿拉木图签署《关于就联合利用与保护跨国界水资源开展合作的政府间协议》(即《阿拉木图协议》),成立跨国界河流水资源合作委员会,并同意沿用苏联时期上下游各国的水量分配方案。根据该协定,经济社会发展程度较高的下游国家得以分配两河的大部分水量,而上游两个落后国家分配到的水量较少。在阿姆河流域,塔吉克斯坦的径流量占62.5%,而分水比例仅为13.6%,而下游乌兹别克斯坦和土库曼斯坦两国的分水比例均为43%。

1993 年 3 月，中亚五国签署《关于解决咸海及其周边地带、改善环境并保障咸海地区社会和经济发展联合行动的协定》，并根据此协定成立了咸海流域危机国家间理事会（后更名为"咸海问题中亚国家元首理事会"），下设国际拯救咸海基金会（IFAS）、国家间水协调委员会（ICWC）和可持续发展国家间委员会（ICSD）及下属机构，由此初步形成了中亚地区跨国界水合作的制度架构。

此后，随着上下游国家发展需求的变化，各国开始重新审视阿姆河与锡尔河水资源分配问题。1996 年 1 月，乌兹别克斯坦与土库曼斯坦率先在阿姆河流域克尔基以下河段达成《乌土关于水资源管理问题的合作协议》，规定该河段水量平均分配。同年 5 月，乌兹别克斯坦、吉尔吉斯斯坦和哈萨克斯坦三国要求在锡尔河制定新的水资源分配方案，用经济方法重新规划跨国界水资源和电力资源利用战略。经过多次协商与谈判，乌、吉、哈三国与塔吉克斯坦于 1999 年 5 月达成新的《锡尔河协定》，缓解了上下游国家之间的矛盾。

2. 新千年初平稳期（1999~2004 年）

新的《锡尔河协定》达成后，中亚跨国界水合作开启了五年的短暂蜜月期。吉尔吉斯斯坦、乌兹别克斯坦、哈萨克斯坦、塔吉克斯坦四国签署了一系列双边水能互换协定，细化了每年灌溉期上游水库的调度过程，明确了上游国家向下游国家输送电力、下游国家给予上游国家能源补偿的数量及交付期限。国家间水协调委员会（ICWC）的会议公报显示，在此期间围绕锡尔河的水能互换协议均得到了较好的执行。

3. 合作停滞期（2004~2016 年）

2003 年，锡尔河下游经历了罕见的强降水，乌兹别克斯坦和哈萨克斯坦境内主要水库满蓄，减少了对上游水库的泄水需求。为此，乌、哈单方面中止执行《锡尔河协定》及年度水能互换协议，从而使中亚跨国界水合作再次陷入停滞状态。在阿姆河流域，乌兹别克斯坦和塔吉克斯坦不仅在协调规划水力发电和灌溉需求方面对话少，在水质监控上也极少合作。由于乌反复强调按照国际市场价格向塔供应能源，但随着能源价格不断攀升和需求的不断增加，塔越来越难以负担。在此背景下，塔更加决心修建罗贡等大型水电站进行水力发电，从而激化了塔、乌之间的矛盾，并最终导致两国关系的极度恶化。受此影响，阿姆河的主要支流泽拉夫尚河已成为中亚地区污染最重、水质最差的跨国界河流之一。塔吉克斯坦声称，正是乌兹别克斯坦的过度农业灌溉和生活废水排放导致了泽拉夫尚河水质的恶化；而乌兹别克斯坦则认为，塔吉克斯坦在上游开发矿产资源，尤其是安佐布综合采矿场的锑矿开采，对泽拉夫尚河的水质造成了严重破坏。

4. 矛盾修复期（2016 年至今）

2016 年 12 月，米尔济约耶夫当选乌兹别克斯坦第二任总统，对乌外交政策做出重大调整，将深化与中亚各国的合作确立为乌外交政策的最优先方向，这为中亚地区跨国界水合作的逐步恢复奠定了政治基础。针对塔吉克斯坦在阿姆河上游修建罗贡水电站的问题，乌兹别克斯坦的立场明显软化。2018 年 3 月，米尔济约耶夫访问塔吉克斯坦期间表示乌方考虑全面参与塔境内的水电项目建设。目前，塔吉克斯坦罗贡水电站首台发电机组已实现并网发电。与此同时，乌兹别克斯坦与塔吉克斯坦关于锡尔河的矛盾也有所缓和，米尔济约耶夫已公开表态支持在联合国框架下签署公平合理利用锡尔河水资源国际公约的倡议。

（二）中亚国家加入国际水公约和环保公约情况

1.《联合国国际水道非航行使用法公约》

《联合国国际水道非航行使用法公约》（以下简称《水道法公约》）于1997 年联合国大会上通过，现已成为解决国际河流争端的重要法律依托，其确定的公平合理利用水资源的原则比较公正地平衡了上下游国家的利益，但部分条款却过分强调上游国家的责任，从而让许多国际河流的发源国和上游国家处于极其不利的地位，包括中国在内的许多国家迄今尚未加入该公约。中亚国家参与《水道法公约》总体并不积极，仅处于下游的乌兹别克斯坦加入了该公约。

2.《跨界水道与国际湖泊保护和利用公约》

《跨界水道与国际湖泊保护和利用公约》（即《赫尔辛基水公约》）由联合国欧洲经济委员会（以下简称"欧经委"）于 1992 年 3 月达成，1996年 10 月正式生效，已成为《水道法公约》之外跨界水资源领域的第二部全球性公约，其宗旨是保证跨界水资源的可持续利用和发展，强调在不对生态环境造成损害的情况下合理利用跨界水资源。相比之下，中亚五国参与《赫尔辛基水公约》的兴趣要高于《水道法公约》，这一定程度上体现了生态环保问题已引起中亚国家的重视。目前，哈萨克斯坦、乌兹别克斯坦与土库曼斯坦均已加入该公约。

3.《关于跨界背景下环境影响评价的埃斯波公约》

《关于跨界背景下环境影响评价的埃斯波公约》（以下简称《埃斯波公

约》）由联合国欧经委于 1991 年 2 月通过，1997 年 9 月生效，2001 年 2 月修正后允许欧经委区域以外的国家加入。《埃斯波公约》主要决策机构为公约缔约方大会，主要负责审查公约的实施情况和各国的履约情况。公约设立了专门负责判定可能造成重大不利跨界环境影响的调查委员会，规定了跨界环境影响评估程序的基本步骤。目前，中亚地区哈萨克斯坦、吉尔吉斯斯坦已加入该公约，塔吉克斯坦、乌兹别克斯坦和土库曼斯坦也有在未来加入的可能。《埃斯波公约》作为跨界环评法律制度，我国应密切关注中亚国家的参与及履约情况。

4.《工业事故跨界影响公约》

《工业事故跨界影响公约》于 1992 年 3 月由联合国欧经委通过，2000年 4 月正式生效。公约对因工业事故造成跨界影响而产生损害的民事责任与赔偿进行了规定，并制定了跨界流域事故应急方案清单。中亚五国当中，只有下游国家哈萨克斯坦加入了该公约。

5.《在环境事务上获得信息、公众参与决策和诉诸法律的奥胡斯公约》

《在环境事务上获得信息、公众参与决策和诉诸法律的奥胡斯公约》（以下简称《奥胡斯公约》）由联合国欧经委于 1998 年 6 月通过，2001 年10 月正式生效，确立了公众环境知情权和参与环境治理权的国际法律基础。中亚五国当中，除乌兹别克斯坦没有参加外，其余四国均加入了该公约。值得注意的是，《奥胡斯公约》于 2003 年制定了《关于污染物排放与转移登记的议定书》，该议定书成为全球首个具有法律约束力的污染物排放与转移登记国际协定。但目前中亚地区仅塔吉克斯坦签署了这一协定，迄今尚未完成国内批准程序。

6.《巴黎协定》

《巴黎协定》由联合国第 21 届气候大会于 2015 年 12 月在巴黎通过，2016 年 11 月正式生效，为 2020 年以后全球应对气候变化的行动做出了制度安排，其主要目标是努力将 21 世纪全球平均气温上升幅度控制在 2℃以内，并将全球气温上升幅度控制在前工业化时期水平之上 1.5℃ 以内。目前中亚五国当中，哈萨克斯坦、乌兹别克斯坦、塔吉克斯坦和土库曼斯坦四国已签署并批准了《巴黎协定》，吉尔吉斯斯坦签署了该协定但尚未完成国内批准程序。

除上述条约外，中亚五国均加入了与流域生态保护密切相关的《生物多样性公约》和《湿地公约》。中国于 1992 年加入了《生物多样性公约》《湿地公约》，于 2016 年签署并批准了《巴黎协定》。目前，我国尚未加入

《水道法公约》《赫尔辛基水公约》《埃斯波公约》《工业事故跨界影响公约》《奥胡斯公约》等国际水公约（见表2）。

表2　中亚五国和中国加入的国际水公约与环保公约

公约名称 ＼ 国家	哈萨克斯坦	吉尔吉斯斯坦	塔吉克斯坦	乌兹别克斯坦	土库曼斯坦	中国
《水道法公约》	×	×	×	√	×	×
《赫尔辛基水公约》	√	×	×	√	√	×
《埃斯波公约》	√	√	√	×	×	×
《工业事故跨界影响公约》	√	×	×	×	×	×
《奥胡斯公约》	√	√	√	√	×	×
《巴黎协定》	√	√	√	√	√	√
《生物多样性公约》	√	√	√	√	√	√
《湿地公约》	√	√	√	√	√	√

综上，对于敏感的跨界水资源问题，处于下游的哈萨克斯坦、乌兹别克斯坦和土库曼斯坦参与跨界水治理公约的积极性更高，其中又以哈萨克斯坦最为积极，对跨界水资源问题与生态环保合作尤其重视。相比之下，作为上游国家的塔吉克斯坦、吉尔吉斯斯坦对加入此类公约极为谨慎。对于低敏感的环保领域公约，中亚五国均持较高的开放姿态，生态环保问题正越来越受到中亚国家的重视。

（三）中亚跨界水问题对"绿色丝绸之路"合作的潜在影响

中亚水纠纷虽在局部地区有缓和的趋势，但以水资源分配为核心的跨界水问题，在政治经济、生态环境、域外势力等因素的相互交织下，仍将是中亚地区高度敏感的议题。因此，在该地区推动"绿色丝绸之路"合作仍面临诸多风险。

一是脆弱的生态环境引发资源环境承载力下降的风险。按照目前中亚地区生态环境现状和生态环境治理能力，现有的资源环境承载能力越发难以支撑地区的经济社会发展需求。从长远角度看，如果中亚地区生态环境治理能力无明显改善，气候变化加剧将导致地区水量型缺水，跨国界河流污染则会加剧地区水质型缺水，从而使中亚地区的资源环境承载力进一步下降，导致中亚地区生态功能持续退化。"一带一路"倡议中的许多基础设施建设和资源、能源等产业合作项目都需要地区资源环境承载力的支撑，"一带一路"建设项目将面临巨大的生态环境压力。

二是水资源开发利用引发上下游国家间的纠纷。中亚地区跨国界河流上下游国家之间的政治互信基础仍很薄弱，相关国家因水争端出现关系紧张甚至冲突的可能性依然存在。乌、吉、塔在水资源利用上的矛盾时有出现，三国在费尔干纳地区边界划分上也存在争议，再加上费尔干纳盆地极端势力的影响以及三国国内民族主义情绪的上升，极易激化矛盾。若"一带一路"建设项目涉及敏感的跨界水资源问题，有可能引发上下游国家间的纠纷。

三是中亚国家履行国际水公约和环保公约带来的法律风险。哈萨克斯坦、乌兹别克斯坦、土库曼斯坦三国或加入《水道法公约》，或加入《赫尔辛基水公约》，并参加了联合国欧经委框架下的部分环保公约，吉尔吉斯斯坦、塔吉克斯坦虽尚未加入两项水公约和大部分环保公约，但在参加的法律程序上不存在任何障碍，未来不排除加入的可能性。同时西方国家也积极拉拢上游国家加入有关公约，以期在中亚地区构建以《水道法公约》《赫尔辛基水公约》等国际水公约与环保公约为基础的跨界水治理制度体系。中国不是相关国际水公约的缔约国，应当积极研判这些公约对"一带一路"建设项目实施和相关合作的影响。

三　相关建议

（一）开展绿色"一带一路"规划对接，促进区域可持续发展

我国提出了设立生态环保大数据服务平台、建立"一带一路"绿色发展国际联盟、支持相关国家应对气候变化等倡议和举措，并专门制定了《关于推进绿色"一带一路"建设的指导意见》。当前，国家层面"一带一路"倡议已与中亚五国相关战略完成对接，建议积极推动绿色"一带一路"规划与中亚各国生态环保战略规划对接，共同设计、实施一批示范工程，以应对水质型缺水、咸海危机等突出的区域生态环境问题。充分借鉴我国环境治理成功经验，通过绿色"一带一路"规划对接，务实推动中国环境治理的理念、政策、标准与技术服务于中亚，促进中亚地区生态环境质量改善，促进区域可持续发展。

（二）以落实《上海合作组织成员国环保合作构想》为契机，积极引领中亚地区的生态环保合作

经过多年的对话与磋商，上海合作组织各成员国于 2018 年就《上海合作组织成员国环保合作构想》（以下简称《构想》）达成一致，这标志着上海合作组织框架下的环保合作进入了新阶段。建议以落实《构想》为契机，将《构想》落实与绿色"一带一路"建设、2030 年可持续发展目标有机结合，积极引领中亚地区的生态环保合作。建议继续依托中国－上海合作组织环境保护合作中心等平台，积极向中亚国家宣传、推广中国长江生态保护修复、城市黑臭水体治理、饮用水源地保护等生态环境治理经验，总结、包装经典的地方环保案例，辅以文字报告、统计图表、视频影像等多种形式的成果宣传材料，使中亚国家深切感受到生态文明和美丽中国的建设成就。

（三）加大资金投入、加强技术援助，提升中亚各国的环境治理能力

中亚地区生态环境脆弱，资源环境承载力十分有限，同时经济发展水平和环境治理能力普遍较低。建议加大对中亚国家生态环保领域的资金投入，加强技术援助。

一是完善生态环保合作的资金支持机制。推动与上海合作组织银行联合体的合作，争取设立上海合作组织环保合作专项资金，用于支撑《构想》的落实。

二是为应对气候变化提供援助。中亚地区的生态环境深受气候变化影响，由气候变化导致的冰川消融加剧了地区水资源纠纷。我国应将应对气候变化作为推动绿色"一带一路"建设的重要内容，以落实《巴黎协定》为契机，加强与中亚国家在应对气候变化领域的合作与交流。协助中亚国家建立区域气候监测网络，搭建气候信息平台，以便及时、准确、完整地掌握地区气候变化的动态趋势。共同研究气候适应和减缓措施，利用发展援助等手段，帮助中亚国家提高对气候灾害的管理水平。

三是加强环境治理能力建设。在环境监测、污染治理、环境信息化、生态修复等重点领域，协助中亚国家完善环境治理基础设施建设，重点工程项目可配套提供资金、仪器设备、人员培训等援助。针对突出的生态环境问题，可联合开展科研攻关，加快推动中亚国家环境治理能力的提升。

（四）强化中资项目的引导约束，服务"绿色丝绸之路"建设

基建、能源等大型投资项目在中亚地区实施，往往涉及供水、灌溉、防洪、发电等水资源开发活动。考虑到中亚地区跨界水体生态系统的敏感性、脆弱性及复杂性，若建设项目的环境影响评估和公众参与不充分，在建设、营运期间稍有不慎，产生负面生态环境影响，就会在当地与国际上引发巨大的社会舆论，影响"一带一路"建设。建议相关部门根据《关于推动绿色"一带一路"建设的指导意见》，加强关于各部门落实指导意见的工作进展、沿线国家动态等方面的信息交流和通报。组织研究力量做好中亚地区的基础性调查工作，重点识别跨界流域范围内的生态环境敏感区和脆弱区，在规划中尽量避开这些区域。推动绿色基础设施建设，重大项目要开展项目环境影响联合评估，并提升项目环评的公众参与度，最大限度规避项目可能产生的负面生态环境影响。

参考文献

《乌兹别克斯坦拟加大水电投资》，中国电力企业联合会，2017 年 7 月 11 日，http://www.cec.org.cn/guojidianli/2017 - 07 - 11/170720.html。

田向荣、王国义、樊彦芳：《咸海流域跨界水合作历史、形势及思考》，《边界与海洋研究》2017 年第 6 期。

张宁：《中亚国家的水资源合作》，《俄罗斯中亚东欧市场》2005 年第 10 期。

张宁：《乌兹别克斯坦和塔吉克斯坦之间的水资源矛盾》，《俄罗斯中亚东欧市场》2009 年第 11 期。

钟茂初：《"人类命运共同体"视野下的生态文明》，《河北学刊》2017 年第 3 期。

World Economic Forum, *The Global Risks Report 2015*, 2016.

UNECE/UNEP-ROE, *Transboundary Water Cooperation*: *Trends in the Newly Independent States*, 2006.

United Nations, *Strengthening Cooperation for Rational and Efficient Use of Water and Energy Resources in Central Asia*, 2004.

International Crisis Group, *Water Pressure in Central Asia*, 2014.

Farkhod Aminzhonov, *Independence in an Interdependent Region*: *Hydroelectric Projects in Central Asia*, 2016.

Zainiddin karaev, "Water Diplomacy in Central Asia," *Middle East Review of International Affairs*, 2005, 9 (1).

Richard Weitz, *Uzbekistan's New Foreign Policy*: *Change and Continuity under New Leadership*, 2018.

Eurasianet, *Uzbekistan Breaks Silence on Tajik Giant Dam Project*, 2017.

East West Institute, *Nexus Dialogue on Water Infrastructure Solutions-Central Asia*, 2014.

Simon Marsden, "The Helsinki Water Convention: Implementation and Compliance in Asia," *Nordic Environmental Law Journal* 2 (2015).

United Nations Development Programme (Uzbekistan), *Integrated Water Resources Management and Water Efficiency Plan of the Zarafshan River Basin*.

哈萨克斯坦城市大气污染状况分析与建议

谢　静　段飞舟*

摘　要　近年来哈萨克斯坦经济的发展，尤其是人口的增加和城市的发展，给环境带来了巨大压力，哈国内环境问题日益显现，特别是一些大型工业城市大气环境污染问题突出。受工业污染物排放超标、交通污染物排放超标和用煤量增加等因素影响，哈城市冬季重污染天气频发，个别城市甚至出现降黑雪的情况，哈萨克斯坦开始关注城市大气污染问题。通过研究哈萨克斯坦水文气象局下属的国家水文气象站监测网对哈萨克斯坦环境现状进行生态监测后得出的数据和资料，以及《2017年上半年哈萨克斯坦环境状况公报》，了解和分析了哈萨克斯坦2017年上半年的城市大气污染状况，具体结论如下：哈萨克斯坦的污染城市主要分布在东部地区（乌斯季卡缅诺戈尔斯克、里德），南部地区（阿拉木图、奇姆肯特、克孜勒奥尔达、塔拉兹）和中央区（卡拉干达、铁米尔套、杰兹卡兹甘）等，这些地方聚集着哈萨克斯坦的大多数人口，分布着大量大型冶金、化工、石化企业和热电厂，城市的大气污染物主要是硫化物。这些城市的空气污染已持续多年，亟须采取环境保护措施来改善大气的情况。生态环保是阿斯塔纳市政府2018年的工作重点，尤其是要改善阿斯塔纳市空气质量、解决水污染和土壤污染问题等。为此，阿斯塔纳市愿意学习中国、新加坡、俄罗斯以及欧洲国家的有益经验，推动城市环境质量改善。

关键词　大气污染状况　哈萨克斯坦　降黑雪

一　哈萨克斯坦大气环境质量状况

（一）总体情况

哈萨克斯坦是大气污染最严重的国家之一。根据哈萨克斯坦水文气象局

---

* 谢静、段飞舟，中国－上海合作组织环境保护合作中心。

发布的哈主要城市大气污染物浓度数据，哈萨克斯坦存在较严重的大气污染问题，主要城市的悬浮颗粒物、SO_2、NO_2 等指标存在不同程度的超标现象，阿斯塔纳、阿拉木图等重点城市冬季 PM2.5、PM10 等污染物浓度严重超标。

根据在固定监测站获取的空气试样分析与处理结果，评估了哈萨克斯坦大气污染状况。根据《向国家机关、社会各界和居民通报城市空气污染状况的材料》，按照标准指数值评估了哈萨克斯坦共和国境内的空气污染状况。

哈萨克斯坦的污染城市多分布在东部地区（乌斯季卡缅诺戈尔斯克、里德），南部地区（阿拉木图、奇姆肯特、克孜勒奥尔达、塔拉兹）和中央区（卡拉干达、铁米尔套、杰兹卡兹甘）。

1. 大气污染指数

哈萨克斯坦通过对比杂质浓度与最高容许浓度（单位为毫克/立方米，微克/立方米）来评价空气受到杂质污染的程度。

使用两个空气质量指标来评价一个月内空气的污染水平。

一是标准指数：指在城市所测的任何一种污染物质的一次最高浓度除以最高容许浓度而得出的指数。

二是最高容许浓度超标的最大概率（%）：指城市大气中任何一种污染物质超过最高容许浓度的最大概率。

将标准指数和最大概率分为四级，由此评价空气污染程度。如果标准指数和最大概率位于不同等级，则根据这些指标的最大值确定空气污染程度。

2. 大气污染状况总体评价

根据标准指数和最大概率的计算结果（见图1），2017 年上半年，哈萨克斯坦属于严重污染（标准指数超过 10，最大概率超过 50%）的地区有：铁米尔套市、卡拉干达市、阿特劳市、巴尔喀什市、彼得罗巴甫洛夫斯克市、阿克托别市、乌斯季卡缅诺戈尔斯克市。

属于重度污染（标准指数为 5~10，最大概率为 20%~49%）的地区有：谢梅市、卡拉套市、热兹卡兹干市、楚城市、阿斯塔纳市、格卢博科耶镇、别伊涅乌镇。

属于中度污染（标准指数为 2~4，最大概率为 1%~19%）的地区有：阿克赛市、济良诺夫斯克市、鲁德内市、科斯塔奈市、图尔克斯坦市、萨兰市、科克舍套市、克孜勒奥尔达市、什姆肯特市、里杰尔市、乌拉尔斯克市、扎纳奥津市、阿克苏市、扎纳塔斯市、肯套市、埃基巴斯图兹、巴甫洛达尔市、塔拉兹市、阿克套市、塔尔迪库尔干市、卡拉巴雷克镇、阿拉木图和科尔达伊镇。

属于轻度污染（标准指数为 0~1，最大概率为 0）的地区有：斯捷普诺戈尔斯克市、库利萨雷市、萨雷布拉克镇、阿凯镇、托列塔姆镇、扬瓦尔采沃镇、别廖佐夫卡镇、博罗沃耶自然环境本底值综合监测站和休钦斯克–博罗夫斯克疗养区。

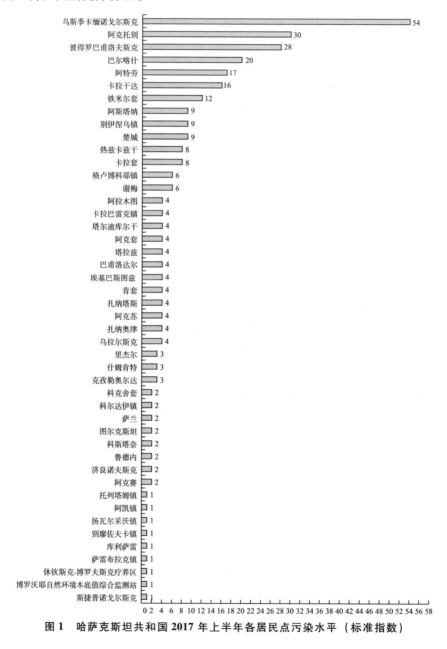

图1 哈萨克斯坦共和国 2017 年上半年各居民点污染水平（标准指数）

3. 主要污染物及成因

造成城市居民点空气重度污染和严重污染的污染物有：二氧化氮、一氧化碳、二氧化硫、甲醛、硫化氢、悬浮物、苯酚、氨。主要原因包括：城市道路负荷过重、工业企业排放物扩散、居民点通风条件不好、能源结构以煤为主等。

4. 重度污染事件

2017 年上半年，一共记录了 299 起空气重度污染和 67 起严重污染事件，其中：阿克托别市发生了 70 起重度污染和 3 起严重污染事件，阿特劳市发生了 129 起重度污染和 48 起严重污染事件[①]，巴尔喀什市发生了 11 起重度污染和 1 起严重污染事件，日奇卡拉市发生了 1 起重度污染事件，卡拉干达市发生了 35 起重度污染事件，彼得罗巴甫洛夫斯克市发生了 11 起重度污染和 1 起严重污染事件，乌斯季卡缅诺戈尔斯克市发生了 40 起重度污染和 14 起严重污染事件，铁米尔套市发生了 2 起重度污染事件。上述污染事件中主要污染物是硫化氢、二氧化氮、细微颗粒物（PM2.5）、一氧化碳。

（二）重点城市大气环境质量情况

1. 阿斯塔纳市

2018 年 1 月 9 日，纳扎尔巴耶夫总统发表的国情咨文阐述了哈萨克斯坦在第四次工业革命背景下新的发展机遇，其中也对节能环保和资源开发领域提出了新要求，包括提高企业能效、开发清洁和可替代能源、引进信息技术平台、发展绿色技术、吸引中小企业参与生活垃圾处理等，这也将成为阿斯塔纳市环保工作的优先领域。

随着城市的不断发展和人口的增加，阿斯塔纳市的环境问题日益突出，大气、水、土壤、生态等方面的问题亟须解决，需要政府、企业、社会等各界力量共同参与。为解决城市大气污染问题，需要制定相应的经济激励政策，减少煤的使用量，推动煤改气项目尽早完成，使首都成为其他城市环境问题解决的榜样。

在大气环境方面，根据水文气象局代表介绍，阿斯塔纳市共有 7 个监测站点和 1 个流动实验室，监测指标共 9 项。根据监测数据，1990～2017 年，阿斯塔纳市的空气污染指数总体呈上升趋势，主要的污染物包括悬浮颗粒物（PM2.5、PM10、粉尘）、二氧化氮、一氧化碳、氟化氢。由于近年来无

---

① 来自阿吉普国际财团和阿特劳炼油厂监测站的数据。

风天气增加，污染物浓度也有所上升。阿斯塔纳市环保局代表介绍，阿斯塔纳市大气污染物中50%以上来源于交通，其次是热电站、私人采暖和锅炉房的使用等。PM2.5和PM10对人体健康产生危害，因此阿斯塔纳市市民对冬季雾霾天气表示担忧。为减少阿斯塔纳市的雾霾天气，阿斯塔纳市能源局、住房管理局、交通运输局在企业提高能效、建筑节能和发展绿色交通方面采取了措施。在阿斯塔纳市7个固定监测站对大气状况进行监测（见表1）。

表1 监测站分布位置及监测的污染物

监测站编号	采样周期	监测方式	监测站地址	监测的污染物
1	一昼夜两次	手动采样（不连续采样法）	江布尔街211号	悬浮颗粒物（粉尘）、二氧化硫、硫酸盐、二氧化氮、氟化氢
2			奥埃佐夫街与塞富林街十字路口	悬浮颗粒物（粉尘）、二氧化硫、二氧化氮、氟化氢
3			塔什干街，木材加工厂片区	悬浮颗粒物（粉尘）、二氧化硫、一氧化碳、二氧化氮、氟化氢
4			沙帕加特市场，瓦利哈诺夫街，博根巴伊巴特尔大街转角处	
5	每隔20分钟一次	连续采样	图兰大街，集中救护站	细微颗粒物（PM2.5）、可吸入颗粒物（PM10）、二氧化硫、一氧化碳、二氧化氮、一氧化氮
6			莫扎伊斯基街，过滤泵站片区	可吸入颗粒物（PM10）、二氧化硫、一氧化碳、二氧化氮、一氧化氮
7			多斯塔尔住宅小区	

监测网数据显示，阿斯塔纳市大气污染程度为重度污染，标准指数为9，最大概率为31%。城市的主要大气污染物是二氧化氮（3号监测站片区）、悬浮颗粒物（粉尘）（4号监测站片区）。

总体来说，城市中悬浮颗粒物（粉尘）的平均浓度为日平均最高容许浓度的2.1倍，二氧化氮的平均浓度为日平均容许浓度的2.3倍，其他污染物质的浓度没有超过最高容许浓度。

悬浮颗粒物（粉尘）的最高浓度为最高容许浓度的4.4倍，细微颗粒物（PM2.5）则为最高容许浓度的4.1倍，可吸入颗粒物（PM10）则为最高容许浓度的2.6倍，二氧化硫则为最高容许浓度的1.5倍，一氧化碳则为最高容许浓度的2.0倍，二氧化氮则为最高容许浓度的8.7倍，氟化氢则为最高容许浓度的 5.0 倍，其他污染物质的浓度均不超过最高容许浓度。

2. 铁米尔套市

卡拉干达州位于哈萨克斯坦的中部，该州地下矿产资源储量非常丰富。铁米尔套在哈萨克语中意为"铁山"，哈萨克斯坦卡拉干达州各城市，在第二次世界大战期间随哈萨克斯坦钢厂的建设而兴起，并建有卡拉干达钢铁公司，是哈国钢铁工业中心之一。另外，此地还有合成橡胶厂、铸造机械厂、火电厂和食品加工厂等。

据哈通社 2018 年 2 月 23 日报道，卡拉干达州铁米尔套市 1 月份连降"黑雪"，这让当地居民感到担忧，也使环境问题更加凸显。为此，卡拉干达州州长表示，铁米尔套市的"黑雪"问题引起了很大的社会反响，政府正在认真研究并制订关于改善铁米尔套市环境状况的综合计划。"黑雪"的出现让哈萨克斯坦开始严肃对待环境保护问题，所有的工业城市都需要制定并逐步实施环保规划。卡拉干达州还将继续开展绿化带建设和植树造林工作。2017 年，该州共栽种 150 万棵树木；2018 年，计划栽种 140 万棵，以改善大气污染状况。

企业污染物排放、汽车尾气和锅炉加热产生的烟雾，这些因素导致雪的颜色变黑，主要是工业排放物超标导致。哈能源部相关部门已经对铁米尔套阿塞洛金属公司进行了调查。调查显示，该公司排放量超过最大允许排放标准，未实施环保措施计划。对于此类违规行为，哈政府对其处罚了 1.05 亿坚戈（约合人民币 207 万元）的罚金。另外，该公司对环境造成的损害达 4.95 亿坚戈（约合人民币 976.7 万元），政府已对该企业下达命令，要求务必将所有已查明的违规行为进行整治，达到核定标准，并告知了最后期限。哈气象公司在铁米尔套有 4 个监测站点，1 个流动实验室。哈政府要求对该市主要污染企业进行不定期检查，包括：铁米尔套阿塞洛金属公司，"Bassel Group LLS"，铁米尔套电冶炼联合企业等。

（三）哈萨克斯坦大气监测体系

哈萨克斯坦在境内 46 个居民点共计 140 个监测站开展了大气状况监测工作，范围覆盖境内 14 个州及阿斯塔纳、阿拉木图等重要城市。在各大气污染固定监测站主要测定以下指标：悬浮颗粒物（粉尘）、细微颗粒物（PM2.5）、可吸入颗粒物（PM10）、二氧化硫、可溶性硫酸盐、二氧化碳、一氧化碳、二氧化氮、一氧化氮、臭氧、硫化氢、苯酚等气体及重金属元素 32 类。

在 46 个气象站监测大气降水、积雪的化学成分。大气降水和积雪中所测定的所有污染物质（镉除外）的浓度均不超过最高容许浓度。哈萨克斯坦共和国境内大气降水水样、积雪雪样主要呈弱酸性、中性和弱碱性。

哈萨克斯坦共和国 14 个州共计 43 个气象站对近地层大气放射性污染进行了监测，使用卧式平板仪采集空气样品。所有监测站均运用五日法采样。

二 哈萨克斯坦大气污染的主要原因

据研究，哈萨克斯坦约有 500 万人口生活在大气污染地区，大气污染造成的人均健康和经济损失达到 70.8 美元。世界银行和哈萨克斯坦原环境与水资源部的联合研究报告表明，哈萨克斯坦每年因空气污染而导致的经济和健康损失达 13 亿美元[1]。

哈萨克斯坦大气污染的主要原因有工业污染物排放、汽车尾气排放超标、交通企业污染物排放超标、气候及地理因素、以煤为主的能源结构等。

1. 工业污染物排放超标

哈经济结构主要是以石油开采和矿石出口为支撑的资源输出型经济。监测数据显示，哈萨克斯坦工业越发达、经济发展水平越好的城市，空气污染的情况越严重。城市大气污染地区大多是人口密集区，城市大气污染物主要是硫化氢。这些地方坐落着大型冶金、化工、石化企业和热电厂。导致空气重度污染的有害物质都是源于企业生产过程中工业产物的燃烧。这些有害物质扩散到居民点上空的大气中，对城市、郊区和场镇空气质量产生重大影响。

2. 交通污染物排放超标

哈国大气中的部分污染物来自公路和铁路交通企业。城市道路负荷过重，汽车尾气、交通污染物排放超标，交通尾气处理技术缺失，生活废气直接排放等均造成哈萨克斯坦的大气污染。哈城市汽油车、柴油车排放的尾气组成成分较多，是居民点空气中二氧化氮、一氧化碳、有机物质等的主要来源之一，即使在通风条件良好的城市，公路负荷过重也会导致空气中有害杂质大量聚集。

3. 地理环境不利于扩散

哈萨克斯坦属于内陆地区，地形和气候等原因导致污染物不易扩散，城市大气污染物聚集，夏季多风引发沙尘暴，部分城市如阿拉木图市处于

---

[1] The World Bank, "Towards Cleaner Industry and Improved Air Quality Monitoring in Kazakhstan," *World Bank Other Operational Studies*, 2014.

谷地，不利于空气扩散。居民点通风条件不好，空气中的污染物聚集在近地层大气中，浓度非常高。此外，哈萨克斯坦有部分大气污染物是从邻国俄罗斯进入的。

4. 煤炭消耗比重较大

哈能源结构以煤为主要燃料。哈萨克斯坦的空气污染来源主要是以煤为主要燃料的能源部门。哈萨克斯坦的煤储量占世界的4%，尽管哈政府实施了低碳发展战略并颁布了发展清洁能源的法律，但是因为煤开采成本低、运输方便，仍然在哈萨克斯坦的能源中占据主要地位。哈萨克斯坦的煤灰含量高，容易影响燃烧的稳定性，导致一氧化碳、氮氧化物和硫氧化物的排放量增加。除了西部石油和天然气储藏丰富区，全国其他地区都主要以煤为能源，甚至部分地区完全以煤为燃料。在采暖季，许多无集中供暖的独立居民多采用自制炉子燃煤取暖，烟尘排放量大。

综上，哈萨克斯坦城市空气质量随着经济的快速发展呈现下降趋势，空气污染指数总体呈上升趋势，工业企业污染物排放超标、汽车尾气排放物超标、供暖设备使用不当、气候条件不利于污染物扩散等均是影响哈城市空气质量的因素。目前，哈亟须增加建立自动监控监测站，对空气污染物进行实时在线监测，根据监测结果采取行政和经济措施；重点实施城市煤改气项目，解决城市大气污染问题，改善居民居住环境。

三　相关建议

一是深化合作，推动合作重点从跨界水向大气等领域全方位拓展。积极落实中哈环保合作委员会第六次会议达成的共识，在跨界水环境监测与突发环境事件应急等环保合作的基础上，继续在双边和上海合作组织（以下简称"上合组织"）、亚洲相互协作与信任措施会议（以下简称"亚信"）等多边合作机制下开拓中哈在大气污染防治、水环境保护、固废处理、清洁能源开发、环保技术和设备研发等方面的合作，将原来以谈判为主的模式提升为政府、研究机构、企业之间的多领域、全方位互利共赢的合作交流模式，将原来哈方侧重跨界水协定的执行，转向全面执行中哈环保合作协定，促进务实环保合作，抓住机遇，继续推动中哈环保合作全面深化，共同推动"绿色丝绸之路"建设。

二是加强交流，积极宣传我国大气治理成效和生态文明成果。随着环保交流合作的增多，哈方对我国生态文明建设成果，特别是区域大气污染治理的成效表现出浓厚的兴趣。应借助各种场合和平台，大力宣传我国大气污染治理的政策、措施和成效，不断开展水污染治理、固废处理、生态修复、环保信息化领域的全面技术交流，帮助哈解决国内环境问题，推动我国生态文明理念、环保产业和环境标准"走出去"。

三是加强产业技术交流，推动我国企业技术"走出去"，开拓哈环保市场。选取大气污染治理作为优先领域，探索推动中哈环保技术交流和产业合作，如在煤改电、燃煤企业采用超低排放技术等方面开展交流，在改善能源结构项目上推动合作，加强企业间产业技术交流，促进我国企业污染治理技术"走出去"，及早占领哈环保市场。

四是加强与哈相关机构的合作，推动绿色"一带一路"建设。加强与哈生态组织、国际绿色技术和投资项目中心、阿斯塔纳国际金融中心等机构的沟通与合作，推动中国-上海合作组织环境保护合作中心与上述机构签署合作备忘录，开展环保法律法规等方面的对话和绿色技术经验交流，促进在上合组织、亚信等区域性国际合作框架下的信息和经验分享，为中哈两国环保技术和环保产业等领域合作搭建平台，为环保企业界人员交流提供支持，邀请哈方共建上合组织环保信息共享平台和"一带一路"生态环保大数据服务平台，加入"一带一路"绿色发展国际联盟，服务和支撑绿色"一带一路"建设。

参考文献

哈萨克斯坦水文气象局：《2017年上半年哈萨克斯坦环境状况公报》，2017。
哈萨克斯坦能源部官网：https：//energo. gov. kz/。

印巴两国环境状况分析及相关重点问题研究

段光正[*]

摘　要　印度和巴基斯坦是上海合作组织的新成员国，也是我国重要的邻国，且中巴、孟中印缅经济走廊是"一带一路"合作框架中的两个重要平台，不仅对促进中巴、中印共同发展具有重要意义，还有助于促进地区互联互通，促进地区国家的共同发展和繁荣。所以有必要对两国环境问题进行分析，进一步推动环保合作取得更大进展。

2018年，青岛峰会上通过了《上海合作组织成员国环保合作构想》，同时指出成员国将继续在环保等领域开展富有成效的多边和双边合作。因此，环境问题应当在上海合作组织合作框架中被充分考量。

本文主要分析印巴两国在水、气、固废领域的环境状况、问题和原因，以及印巴两国加入上海合作组织后对环保合作的影响和环保合作对策，为我国与印巴两国的环保合作提供建议，也为促进上海合作组织环保合作提供参考。

关键词　印巴　上海合作组织　环境状况　环保合作

一　印巴两国空气污染状况分析

（一）印巴两国空气污染现状

印度和巴基斯坦（以下简称"印巴"）两国的空气污染较为严重。世界卫生组织2014年发布了"城市空气质量数据库"，涵盖了91个国家的空气中细颗粒物（PM2.5）和可吸入颗粒物（PM10）的年平均值。根据世界卫生组织的建议，PM2.5污染物年安全标准为平均每立方米不超过10μg，PM10则不超过20μg。然而，数据显示印度PM2.5和PM10的年平均值分别为59μg/m³和134μg/m³，分别居于所涵盖国家的第83位和第80位。其中，印度首都新德

---

*　段光正，中国－上海合作组织环境保护合作中心。

里记录的最高悬浮颗粒物高达 $420\mu g/m^3$。巴基斯坦 PM2.5 和 PM10 的年平均值分别为 $101\mu g/m^3$ 和 $282\mu g/m^3$，均为所涵盖国家的最后一名。

印度的一次 PM2.5 排放量从 1979 年的 3.0Tg 一直上升至 2014 年的 6.0Tg，而巴基斯坦的一次 PM2.5 排放量变化较小。印度的二氧化硫排放量从 1979 年开始直线上升，2014 年的排放量约是 1979 年排放量的 10 倍。印度的一次氮氧化物排放量从 1979 年到 2014 年基本呈现快速增加趋势，并且在未来很长一段时间可能会持续增长（见图 1、图 2 和图 3）。

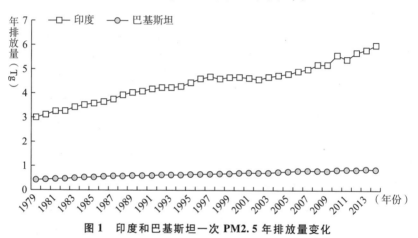

图 1　印度和巴基斯坦一次 PM2.5 年排放量变化

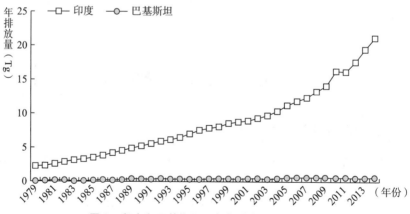

图 2　印度和巴基斯坦二氧化硫年排放量变化

空气污染与居民生活和身体健康息息相关，受到媒体和公众的广泛关注，而且空气质量对一个地区或国家的形象有很大影响，因此空气污染极有可能成为当地的政治问题，并成为政府选举、政党竞争、政治辩论中的焦点，也会影响到当地的产业发展及投资建设。

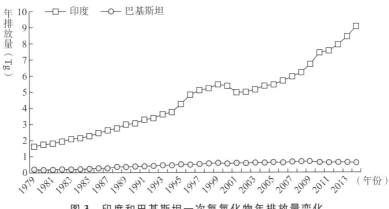

图3　印度和巴基斯坦一次氮氧化物年排放量变化

（二）印巴两国的空气污染对其他区域的影响

空气污染普遍被认为是局部问题，但由于大气环流，本国空气污染排放有可能对其他国家尤其是邻国产生影响，印巴两国存在领土争端和政治冲突，很有可能因跨国空气污染产生国际纠纷。

地表污染物浓度对人类健康影响较大，其中黑碳是颗粒物污染物中的重要组分之一。2011年，印度的平均黑碳地表浓度在13个区域中最高，并且印度的排放对其他区域的地表浓度有很大影响，使东南亚和东亚的地表浓度分别升高了7%和2%。

二　印巴两国的水环境状况分析

"一带一路"倡议的提出，对于范围内水资源合作与治理而言既有挑战也有机遇。一方面，沿线经济带的跨国河流较多，相关国家在水电开发、资源分配以及水污染等方面存在较多矛盾；另一方面，"一带一路"倡议的实施可以建立更有效的水资源协调机制，加强各国之间的合作，缓解水资源冲突，实现双赢。

印巴两国都是水资源紧缺型国家。相关研究表明，巴基斯坦和印度北部地带的地下水正在以飞快的速度枯竭。此外，印巴两国的水污染较为严重，且随着社会经济的发展，印巴两国的水污染有趋于严重的倾向。

由于严重缺水，印巴两国与周边国家为争夺水资源产生了很多国际冲突。印巴、印中、印尼、印孟等跨国河流的水资源争夺十分激烈。对此，1960年，印巴两国就印度河的水资源问题签署了《印度河河水条约》，避免了多次国际冲突。

（一）印巴两国的水环境现状

印度的主要河流有恒河、布拉马普特拉河（上游为雅鲁藏布江）、印度河、讷尔默达河、戈达瓦里河、克里希纳河和默哈讷迪河等，其中恒河最长，布拉马普特拉河、恒河和梅克纳河在孟加拉国汇合，注入孟加拉湾。

印度河流多年平均径流量为 18694 亿立方米，水资源可利用量为 11220 亿立方米，约占水资源总量的 60.0%。其中，地表水可利用量为 6900 亿立方米，约占 36.9%；可更新的地下水资源量为 4320 亿立方米，约占 23.1%。由表 1 可知，布拉马普特拉河（含梅克纳河）地表水资源量最多，其次是恒河，这三条河的地表水资源量占印度水资源总量的 59.4%。印度拥有世界约 1/10 的可耕地，面积约 1.6 亿公顷，农业灌溉是用水大户，灌溉用水主要依赖恒河水。

1997~1998 年全国灌溉用水量为 5240 亿立方米，占总用水量的 83.3%，生活用水占 4.8%，工业用水占 4.8%，电力用水占 1.4%，蒸发损失占 5.7%。地表水用水量占总用水量的 63.4%，地下水用水量占总用水量的 36.6%[1]。

表 1　印度水资源情况

单位：亿立方米

河流	地表水资源量	地表水资源可利用量	地下水资源量
印度河	733	460	265
恒河	5250	2500	1716
布拉马普特拉河和梅克纳河	5856	240	351
戈达瓦里河	1105	763	406
克里希纳河	781	580	264
高韦里河	214	190	123
本内尔河	63	63	49
默哈讷迪河 - 本内尔河之间东流诸河	225	131	188
本内尔河 - 坎亚库马瑞河之间东流诸河	165	165	182
默哈讷迪河	669	500	165
婆罗门河 - 白塔尔尼河	285	183	41

[1] 钟华平、王建生、杜朝阳：《印度水资源及其开发利用情况分析》，《南水北调与水利科技》2011 年第 1 期，第 151~155 页。

河流	地表水资源量	地表水资源可利用量	地下水资源量
苏巴尔那热哈河	124	68	18
萨巴尔马蒂河	38	19	32
马希河	110	31	40
卡奇奇河、索拉什特拉河、卢尼西流诸河	151	150	112
讷尔默达河	456	345	108
达布蒂河	150	150	83
达布蒂河到塔德瑞西流诸河	874	119	177
塔德瑞到卡奇奇西流诸河	1135	243	—
流入孟加拉国和缅甸诸小河	310	—	—
合计	18694	6900	4320

资料来源：钟华平、王建生、杜朝阳：《印度水资源及其开发利用情况分析》，《南水北调与水利科技》2011 年第 1 期；Gupta, S. K., R. D. Deshpande, "Water for India in 2050: First-order Assessment of Available Options," *Current Science* 9 (2004): 1216 - 1224。

随着社会经济发展以及城镇化进程加快，印巴两国的淡水抽水量都在不断上升。印度淡水抽水量增长最快，1977 ~ 2014 年增长了一倍多。同一期间，巴基斯坦的淡水抽水量增长了 20% 多。2014 年，印巴两国的淡水抽水量分别为 7610 亿立方米和 1840 亿立方米（见表 2）。

表 2 印巴年度淡水抽水量

单位：十亿立方米

年份\国家	1977	1982	1987	1992	1997	2002	2007	2012	2014
印度	380	438	497	500	—	610	—	761	761
巴基斯坦	153	—	—	156	—	173	—	184	184

资料来源：世界银行数据库。

（二）印巴两国的水环境问题

1. 水资源短缺且分布不均

水资源时空分布不均、人口快速增长和水污染加剧，导致印巴水资源供需不协调。目前，印巴许多地区水资源不能满足需水要求，尤其是印度半岛内陆地区。印度为了保证国家粮食安全，不断扩大灌溉面积，加剧了水资源短缺状况，如喀拉拉邦西高止山流域，森林砍伐和毁林造田导致大规模的水土流失和河道淤积，使原先 7 条永久性河流近 10 年变为季节性河流，其他 5 条河流也存在变为季节性河流的趋势。工业化与城市化的发展，使得对水资源的需求越来越大，造成水资源压力也越来越大，在未来 20 年左右，印度将面临更加严重的水资源短缺问题。

2. 水环境污染问题

印度水环境的污染主要由地下水补给平衡受到破坏、城市化、海水入侵、土地盐渍化、人类活动等造成。近年来，印度南部的基岩山区，地下水过度开采且开采面积呈逐年增长趋势，造成了当地含水层的疏干，单位出水量在逐年减少。同时，由于该地区人口的不断增长，对水资源的需求量不断增加，地下水的使用和补给失去了平衡，也限制了该地区的经济发展。

在印度西部地区的艾哈迈达巴德、焦特布尔以及南部的泰米尔纳德邦，私营地下水开发企业较为活跃。这些企业开采近郊的地下水，再通过管道运输，将水供应给高收入的人群。据不完全统计，南亚有 400 多个城市生活用水靠地下水供给，但沿海地区的城市化导致地下水过度开采，这成为水资源问题的主要原因之一。

20 世纪 60 ～ 70 年代，印度西部古吉拉特邦的撒拉萨特海岸私营农场不断兴起，其间连续、过量地开采，使得沿海地区的含水层遭到了海水的快速入侵，海水的距离增加了 6 公里左右。最终，该地区因为海水入侵，使得沿海地区含水层疏干，水资源无法得到很好的利用，无法实现可持续发展。

印度的 12 个主要灌溉区总面积约为 1100 万公顷，积水面积约有 200 万公顷，而其中 50% 的土壤发生了盐渍化的问题，整个印度盐渍化的土壤面积也已经达到了 600 万公顷以上。

3. 能源生产破坏水资源

印度一直在喜马拉雅山脉所在的北部 5 个邦进行水电开发，以缓解该国的电力紧张状况。对此，政府出台了激励政策，以鼓励所在地区的水电公司生产更多的电力，并创造更多的就业机会。但是，由于该地区经常发生地震、洪水和山体滑坡，开发水电项目不仅代价巨大，而且操作和维护管理都很困难。最近几年，国际社会和印度国内也一直对印度政府在该地区进行水电开发持批评态度。

印度大多数发电项目依赖于燃煤，这推动了该国的煤炭开采，国有企业垄断了大多数煤矿，提高煤的产出效率是企业的最大追求。产煤所引发的环境与水资源问题却很少受到关注。在印度，水资源极为短缺，燃煤发电需要大量冷却水，而这会导致不同部门和个人之间的用水竞争。燃煤发电还会造成严重的水体污染。在印度东北部的梅加拉亚邦，煤炭开采都依靠手工完成，很多坑塘和竖井对矿工们来说十分危险，而且煤炭开采带来的酸性污染十分严重。

4. 水资源的国际争端

印度河、恒河、布拉马普特拉河和梅克纳河均是跨界国际河流，且这几条河流的水资源占印度水资源总量的 63.3%。因此，跨界国际河流水资源的开发利用在印度是一个突出问题，印度长期与邻国存在国际河流用水争端。目前，与邻国的用水矛盾主要集中在印度河和恒河。

1947 年，印巴分治后，印度河上游印度与下游巴基斯坦两国出现上下游用水纠纷，且矛盾日趋激化。印巴两国经过长达 13 年的协商和谈判，在世界银行的调停下，两国政府于 1960 年签订了《印度河水条约》，并同时成立了印度河常设委员会，共同管理印度河水资源。

印度和尼泊尔之间也存在水资源争端。尼泊尔境内丰富的水资源最后经数条河流注入印度境内的恒河。水资源不仅是尼泊尔社会经济发展的重要资源，而且还关乎印度众多人口的福祉。尼泊尔河流注入恒河的径流量占恒河全部径流量的 46%，在枯水期则占 71%[1]。

1950 年以来，印度和尼泊尔签订了一系列共同开发水资源的协议，内容涉及共同开发水利水电项目、河流航运的可行性研究、交换水文信息和治理洪水等方面。然而，尼泊尔和印度两国在共同开发水资源方面却成效甚微，且围绕水资源开发而产生的一系列问题成为影响两国关系和尼泊尔国内政治斗争的一个重要因素。

（三）印巴水环境污染现状及治理

过去几十年，人口增长、工业化和农业发展深刻影响了水资源。这给印度、巴基斯坦和中国都带来了巨大压力。亚太地区是世界上年取水量最高的区域，这是由它的面积、人口和灌溉面积决定的。全球超过一半的灌溉发生在亚洲。农药的大量使用也带来了严重的水资源污染。

根据印度水资源部的统计，印度接近 70% 的地表水以及越来越多的地下水正在受到各种污染物的影响。这些水资源给人类带来不安全因素。工业、

① 李敏：《尼泊尔 - 印度水资源争端的缘起及合作前景》，《南亚研究》2011 年第 4 期，第 80~92。

农业以及居民活动都会影响水资源质量。全国地下水位迅速下降，多达 19 个州的地下水受到影响。包括盐、铁、氟、砷等在内的污染物影响了印度超过 19 个州 200 个区的地下水[①]。

印度水质量监控由印度中央污染控制委员会负责，主要监控生化需氧量（BOD）和病原菌。印度水资源中 BOD 含量非常高，严重影响了水质量。这主要是由于排放源没有遵守国家标准，或者即使遵守了标准，但高排放量还是会导致污染物的提升。目前，由于取水站的数量不足，印度水资源状况并无法得到充分的评估。

巴基斯坦的水资源绝大部分被用于灌溉。农业中化肥的使用，对当地水资源造成了严重的污染（见图 4）。工业发展给巴基斯坦水资源带来了巨大压力。皮革、食品加工、制药和纺织等行业是水污染物的主要来源，包括 BOD、酸、氨、重金属和烃等。尽管巴基斯坦进行了水资源保护立法，但是只有 5% 的国家产业提供环境评估，全国只有不到 1% 的废水在排出前进行了处理。根据巴基斯坦国家环境质量检测结果，巴基斯坦在过去 10 年中河流、湖泊和地下水的污染物含量大大超过了国家标准。近期内并没有明显改善的迹象。

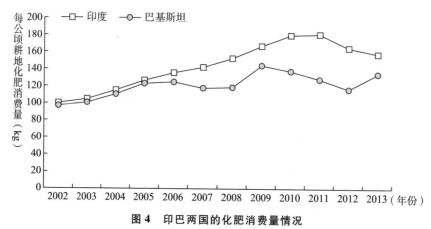

图 4　印巴两国的化肥消费量情况

资料来源：世界银行数据。

印度 BOD 排放量最高的行业是纺织业，占其全部 BOD 排放量的 55.6%。这是因为纺织业是印度的重要行业，在其出口产品中占有很重要的地位。巴

① Murty, M., S. Kumar, "Water Pollution in India: An Economic Appraisal," *India Infrastructure Report 2011: Water Policy and Performance for Sustainable Development*, New Delhi, IDFC and Oxford University Press, 2011, pp. 285 – 298.

基斯坦 BOD 排放量占比最高的行业是食品行业，占全国排放量的51.5%。

印度城市中获得改善水源的人口占比在逐年上升，从1990年的89%上升至2015年的97%。然而，巴基斯坦城市中获得改善水源的人口占比不升反降，从1990年的97%下降至2015年的94%。在农村，印巴两国获得改善水源的人口占比均在上涨。2015年，印巴两国农村获得改善水源的人口占比分别为92.6%、89.9%。

三 印巴两国的固体废物状况分析

印巴两国的固体废物污染较为严重。印度主要的固体废物为煤燃烧残渣、甘蔗渣、煤矿、城市固体废物。印度每年在工业生产中产生的有害废物达8300万吨，非危险固体废物达2亿吨；农业生产有机废物约为3.5亿吨。其中，孟买和德里是固体废物产生量最大的城市。城市生活垃圾和拆建产生的垃圾等废物多数都没有得到妥善处理，并某种程度上造成了二次污染。巴基斯坦在发展经济以及城镇化的同时，也产生了大量的固体废物。

（一）印巴两国固体废物现状

由于人口增长、工业化、城镇化和经济发展，印度和巴基斯坦的固体废物产生量呈现明显的增长趋势。全世界范围内，固体废物产生量和经济增长有明显的正相关性。由于快速的工业化以及农村人口向城镇的转移，固体废物产生量持续增长。人均固体废物产生量也随着居民生活水平的改善而不断增长。

1. 印度

固体废物产生量取决于很多因素，包括饮食习惯、生活标准、商业活动水平和季节等。由于城镇化和生活方式改变，印度固体废物产生量迅速增长。2012年城市固体废物产生量比1947年增长了8倍多。人均固体废物产生量年均增长1%~1.33%，印度大部分地区人均固体废物产生量为0.2~0.5千克/天，其中城镇人均固体废物产生量明显高于农村（见表3）。

表3　印度城市固体废物情况

序号	地区	城市数（个）	人口（人）	固体废物产生量（吨/天）	人均固体废物产生量（千克/天）
1	安得拉邦	32	10845907	3943	0.364
2	阿萨姆邦	4	878310	196	0.223

序号	地区	城市数（个）	人口（人）	固体废物产生量（吨/天）	人均固体废物产生量（千克/天）
3	比哈尔邦	17	5278361	1479	0.28
4	古吉拉特邦	21	8443962	3805	0.451
5	哈里亚纳邦	12	2254353	623	0.276
6	喜马偕尔邦	1	82054	35	0.427
7	卡纳塔克邦	21	8283498	3118	0.376
8	喀拉拉邦	146	3107358	1220	0.393
9	中央邦	23	7225833	2286	0.316
10	马哈拉施特拉邦	27	22727186	8589	0.378
11	曼尼普尔邦	1	198535	40	0.201
12	梅加拉亚邦	1	223366	35	0.157
13	米佐拉姆邦	1	155240	46	0.296
14	奥里萨邦	7	1766021	646	0.366
15	旁遮普邦	10	3209903	1001	0.312
16	拉贾斯坦邦	14	4979301	1768	0.355
17	泰米尔纳德邦	25	10745773	5021	0.467
18	特里普拉邦	1	157358	33	0.21
19	北方邦	41	14480479	5515	0.381
20	西孟加拉邦	23	13943445	4475	0.321
21	昌迪加尔	1	504094	200	0.397
22	德里	1	8419084	4000	0.475
23	本地治里	1	203065	60	0.295
	总计	299	128113865	48134	0.376

资料来源：Kaushal，R. K.，G. K. Varghese and M. Chabukdhara，"Municipal Solid Waste Management in India-current State and Future Challenges：A Review，" *International Journal of Engineering Science and Technology* 4（2012）：1473 – 1489.

印度城镇固体废物产生量预计会从 2015 年的 0.84 亿吨，增长至 2030 年的 2.21 亿吨。同时，人均固体废物产生量将会增长至 1.032 千克/天（见图 5）。

固体废物产生量和国内生产总值之间有很强的正相关性。一般说来，一个国家的 GDP 越高，废物产生量也越高。大量研究已经揭示了固体废物产生量和社会经济因素之间的强相关性。过去 10 年中，印度的社会经济状况快速变化。例如, 2000 ~ 2010 年, 印度 GDP 年均增长 6.4%。

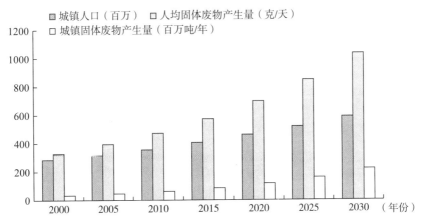

图 5 印度城镇人口、城镇固体废物产生量、人均固体废物产生量及预测

资料来源: 印度中央污染控制委员会网站。

印度固体废物组成及危害与发达国家很不相同。印度固体废物种类很多, 包括食品废物、商业废物、机构废物、街道清扫垃圾、建筑废物、卫生废物等。城市固体废物包括可降解有机物(果蔬皮、食物垃圾), 可回收物(纸张、塑料、玻璃、金属等), 有毒物质(油漆、杀虫剂、电池、药品等)等。从湿重百分比角度, 印度固体废物主要包括有机物(40% ~ 60%), 灰及细土(30% ~ 40%), 纸张(3% ~ 6%), 塑料、玻璃和金属(少于1%)。其中, 纸张、塑料、玻璃的比重分别从 1971 年的 4.1%、0.7%、0.4% 增长至 2005 年的 8.18%、9.22%、1.01%。同一时期, 惰性物质的比重从 49.2% 下降到 25.16%。固体废物组成变化表明建立正规的回收和再循环设施在经济上是可行的。随着国家经济发展以及城镇化加快, 固体废物组成中, 纸张、包装材料、塑料和消费品比重将会增加, 而有机物比重将会下降(见图6)。

2. 巴基斯坦

固体废物管理不善是巴基斯坦环境恶化的重要原因之一。目前, 巴基斯坦城市固体废物的收集、运输和处置都没有得到有效和适当的管理, 城市环境和卫生状况逐年恶化。在过去几十年中, 大量农村人口迁徙到城市, 进一步加重了城市基础设施和公共服务的负担。

人口和住户的数量及其增速是影响固体废物管理的重要因素。巴基斯坦的人口年均增速为 2% ~ 3%, 而特大城市的人口增速可达到 4% ~ 8%, 家庭规模一般在 6 ~ 8 人。由于人口的增长, 巴基斯坦的固体废物产生量也随之增加, 给固体废物管理带来更加严峻的挑战。

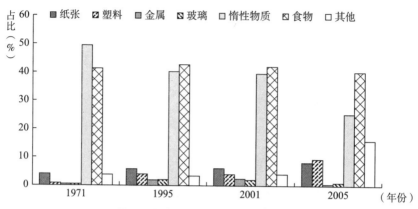

图6　印度固体废物组成的变化趋势

巴基斯坦的固体废物主要包括三类：一是可降解废物，比如食物废物、动物粪便、树叶、草、木材等；二是不可降解废物，比如塑料、橡胶、纺织废物、金属、石头等；三是可回收利用材料，比如纸张、硬纸板、骨头等。

在巴基斯坦，固体废物常常在未经任何处理的情况下被堆弃在低洼地，比如池塘。卫生填埋、堆肥和焚烧等处置技术在巴基斯坦属于比较新的技术。露天堆弃在巴基斯坦仍然较为常见。垃圾厂常通过焚烧来减少垃圾存量，这进一步增加了露天废物对空气的污染。目前，巴基斯坦尚无完善的垃圾填埋规则或标准。

巴基斯坦固体废物中包含大量有毒的工业和医疗废物。目前，巴基斯坦并没有系统的机制来收集并处理医院、工业和农业活动产生的有毒废物，很多地方政府在处理有毒废物时也没有统一规范的程序，甚至没有意识到这些废物的危害。

工业污染是巴基斯坦的一种重要问题，巴基斯坦的工业大部分围绕主要城市建立，产生的固体废物正在污染着河流以及阿拉伯海。仅在卡拉奇一个城市，就有超过6000家工业企业，占全国的60%，坐落在沿海岸带上。

（二）印巴两国固体废物管理

1. 印度

固体废物已经成为印度城市的最主要环境问题之一，印度固体废物在未经适当处理的前提下被存放在一些低洼地区。在绝大多数的印度城市，固体废物管理只包括生产、收集、运输、处置等四个过程。收集和运输不力导致生活垃圾遍布于城市每个角落。不完善的固体废物管理给环境和居民健康带来巨大危害。

印度垃圾箱分为可移动型和固定型两种，在大多数城市，主要收集系统布置在沿道路的各个点上，有时会产生未授权的收集点。在非政府组织的帮助下，一些特大城市开始出现挨家挨户收集固体废物的情况，如德里、孟买、班加罗尔、马德拉斯等。一些城镇地区正在使用社会福利系统，通过每月付款进行固体废物收集。

在很多地区，从垃圾收集点到处置场所的固体废物运输交由私人承包商负责。而另一些地区，则委托非政府组织和公民委员会监督固体废物从收集点到处置场所的运输。在一些低收入地区，固体废物的收集和处置服务较差，居民不愿意或者没能力支付此类服务。市民将固体垃圾随意丢弃在房子附近，使得固体废物的收集和运输非常困难。印度中央污染控制委员会在299个一级城市的调研结果中发现，人工收集固体废物占50%，而使用卡车收集的仅占49%。

印度在固体废物处置方面缺乏资源以及专业技术，露天堆弃等垃圾处理方法，产生了大量的有害气体以及剧毒液体，造成严重的大气污染、水污染及土壤污染。

印度如今较少采用焚烧的废物处置方法，印度第一个大型垃圾焚烧发电厂于1987年建于新德里，每天可处置300吨垃圾，但由于表现不佳，该工厂在运行6个月后便被市政公司关闭。不过印度的一些城市仍在使用小焚烧炉。

垃圾填埋是印度一种主要的固体废物处理方法，但是不加控制以及管理不善的垃圾填埋，正在引发严重的环境质量问题。60%～90%的城市固体废物以令人不满意的方式直接放置在土地上，这些方法并没有遵循垃圾填埋的规则。垃圾经常被堆弃在低洼地区，在雨季会增加地表水和地下水污染的可能性，许多沿海城市的这种垃圾堆弃行为已经造成了沿海地区的重金属污染。然而，垃圾填埋在近期仍然是印度最为广泛的垃圾处理方法。

2. 巴基斯坦

巴基斯坦的固体废物管理相对落后，主要表现在固体废物管理的相关法律和条例不足。虽然政府出台过有关将医疗废物和普通废物进行隔离的规定，但并没有得到落实；有毒的医疗废物依然和普通固体废物一样简单地堆放在路边垃圾桶里；一些垃圾在未经处理的情况下被填埋，这带来了严重的土壤污染。巴基斯坦亟须制定固体废物管理方面的法律法规，来规定相关公民、企业以及政府应当承担的责任。

巴基斯坦规划与发展部以及省级研发部门对发展规划和资源分配负责。巴基斯坦国家以及省级的环境保护部是保障《国家环境保护法》落实的主要监管部门。各级地方政府负责固体废物的收集、运输和处置。但是，目前由于资金缺乏、技术落后、标准不规范等，未妥善处理的城市固体废物量仍在增加。

为了改善固体废物的管理，巴基斯坦可以从以下几方面进行努力：一是通过非政府组织提高民众和私人部门的参与度，以提高固体废物管理的效率；二是从小学开始培养公共意识；三是城市内随意丢弃固体废物应该受到惩罚；四是应该鼓励挨家挨户的垃圾收集；五是增加垃圾桶的数量，以保证储存能力是预期垃圾量的 20% 以上；六是积极推行垃圾分类，以保障更好的垃圾处置方法的推行；七是不可降解以及惰性废物不可进行填埋。

四　中国与印巴环保合作建议

印度和巴基斯坦是上海合作组织的新成员国，也是我国重要的邻国，且中巴经济走廊、孟中印缅经济走廊是"一带一路"合作框架中的两个重要平台，不仅对促进中巴、中印共同发展具有重要意义，也有助于促进地区互联互通。2018 年，青岛峰会上通过了《上海合作组织成员国环保合作构想》，也指出成员国将继续在环保等领域开展富有成效的多边和双边合作。因此，有必要开展我国和印巴两国之间的环保合作。

（一）加强环境政策对话，深化战略互信

印巴作为上海合作组织成员国和中国邻国，中国应加强和印巴两国的环境合作，从双方共同关注的环境问题着手，开展政策对话与交流，随着合作条件日益成熟，可进一步推动建立双边环境合作机制。

中国与巴基斯坦是全天候战略合作伙伴关系，但与印度还存在矛盾，印巴之间也存在政治冲突。互信不足，不利于开展合作，也不利于区域的稳定发展。对此，应加强环境政策对话、环境战略对接，以此为契机，深化战略互信，为环保领域乃至全方位的合作打开新局面。

（二）加强环境污染防治的研究与交流

大气污染防治、水环境和固废管理是中国和印巴两国共同关注的环境

问题，而且，中国已建立了行之有效的大气污染治理方法，并发布了水污染防治行动计划、固废管理的相关规定，建议以大气污染防治、水环境和固废管理的研究与经验交流为切入点，加强中国与印巴两国在节能减排、污染防治、环境管理等领域的交流，取长补短，互利共赢，共同探索环境污染防治与发展的平衡点。

（三）依托上海合作组织框架，加强地区间国际合作

依托上海合作组织框架，继续发挥好中国-上海合作组织环境保护合作中心的作用，积极升展对外务实合作。研究建立上海合作组织成员国环境问题专家库或工作组，负责落实合作计划和项目，探讨交流具体的环境问题及其解决方案。

一是开展环保国际交流活动，共同探讨面临的环境问题与解决办法；二是开展环境智库之间的交流与合作，促进环境政策对接；三是开展企业间的环保技术与标准的对话交流，推动国内环保企业走出去。

参考文献

李敏：《尼泊尔-印度水资源争端的缘起及合作前景》，《南亚研究》2011 年第 4 期。

孟靖：《区域间贸易活动对全球黑碳气溶胶空间分布格局的潜在影响》，博士学位论文，北京大学，2016。

岩雪松：《印度能源生产破坏水资源》，《中国水利报》2014 年第 8 期。

钟华平、王建生、杜朝阳：《印度水资源及其开发利用情况分析》，《南水北调与水利科技》2011 年第 1 期。

The UN Secretary-General's Advisory Group on Energy and Climate Change（AGECC），*Energy for a Sustainable Future：Summary Report and Recommendations*，2010.

Dentener，F.，T. Keating and H. Akimoto，*Hemispheric Transport of Air Pollution*，United Nations，2010.

Dinar，A.，J. A. Murillo，S. Farolfi，A. Mejia and R. M. Saleth，*Water Pollution and Abatement Policy in India：A Study from an Economic Perspective*，Dordrecht，Springer Netherlands，2014.

Gupta，S. K.，R. D. Deshpande，"Water for India in 2050：First-order Assessment of Available Options，"*Current Science* 9（2004）.

IEA，Emissions from Fuel Combustion Statistics，OECD and IEA，2013.

Kaushal，R. K.，G. K. Varghese and M. Chabukdhara，"Municipal Solid Waste Management in India-current State and Future Challenges：A Review，"*International Journal of Engineer-*

ing Science and Technology 4 (2012).

Moss, T. , J. Roger Pielke and M. Bazilian, *Balancing Energy Access and Environmental Goals in Development Finance: The Case of the OPIC Carbon Cap*, Center for Global Development, 2014.

Murty, M. , S. Kumar, "Water Pollution in India: An Economic Appraisal," *India Infrastructure Report* 2011: *Water Policy and Performance for Sustainable Development*, New Delhi, IDFC and Oxford University Press, 2011.

World Bank Group, *World Development Indicators 2012*, World Bank Publications, 2012.

印度环保行业市场研究

摘　要　位于南亚次大陆的印度，由于经济发展迅速，重型工业等造成的污染增多，配套的治理设施和技术无法跟上污染速度，人口增长快，对电力、化石能源等的需求不断增加，而以煤电为主的电力生产发展迅速，又给大气环境带来持续压力；由于印度时常停电，印度中产阶级以上群体多备有柴油发电机，而燃烧不充分使得污染进一步加剧；机动车数量迅速增加，尾气排放标准低，城市建设步伐加快，道路和建筑施工扬尘，使悬浮颗粒物增多。本文在此基础上，对印度的环保行业发展概况做了概述和分析，从印度的环保行业发展规模到投资准入政策，再到投资模式、投资机遇、市场需求等进行了分析。

关键词　印度环保行业　空气污染　污水处　环保市场　行业投资

印度是南亚次大陆最大的国家。国土面积 298 万平方千米（不包括中印边境印占区和克什米尔印度实际控制区等），居世界第 7 位。印度东北部同中国、尼泊尔、不丹接壤，东部与缅甸为邻，东南部与斯里兰卡隔海相望，西北部与巴基斯坦交界。东临孟加拉湾，西濒阿拉伯海，海岸线长约 8000 千米。

中国是世界工厂，以加工制造业闻名；印度则是世界办公室，以服务信息业起家，走虚拟经济路线。但印度的现状是整体经济水平仍处在较低阶段，目前急缺的是与衣、食、住、行相关的行业，包括基础设施建设，在印度都是发展正当时。

一　印度环境管理体系

（一）主要环境保护机构、组织和职责

印度的主要环境保护机构是环境、森林与气候变化部，其主要职能类似

＊　安娜·贾尔恒，中国－上海合作组织环境保护合作中心。

于我国的生态环境部+国家林业局。此外，印度还有其他一些部门与环境保护有关，包括：印度水资源开发部，负责水资源的保护与利用；印度农村发展部，负责农村饮用水问题；印度电力部，辅助监控大气、水资源、森林资源等的变化；印度城市发展和减贫部，负责城市饮用水和卫生等问题；印度新能源与可再生能源部（MNRE），负责新能源开发和促进新能源及可再生能源的推广和利用。由于水的管理涉及多个政府部门，印度存在"多龙治水"的情况，协调难度不小。例如，因环境、森林与气候变化部和农业部相互掣肘，全国荒地开发委员会从其建立之日起就没有发挥作用。

除了环境、森林与气候变化部，印度的环境保护机构还有全国环境计划委员会，其成立于1981年5月，取代了之前的国家环境规划与协调委员会。

印度政府还设立了具体的环境领域的管理组织、机构和单位，现列举如下。

森林和野生动物领域的管理机构有5个：印度植物考察队、印度动物考察队、印度森林考察队、全国植树造林和生态发展委员会、印度野生动物委员会。

污染控制领域的管理机构有3个：中央污染治理委员会、国家河流保护局、国家环境控诉局（其下面还设立了环境影响评估机构等来具体处理环境控诉事宜）。

土地资源的管理机构是全国荒地开发委员会。

能源领域的管理机构有4个：国家能源调查局、补充能源委员会、非传统能源部、国家能源顾问委员会。

水资源领域的管理机构是水资源局，下设中央水利委员会和中央地下水管理局。

除上述领域的机构外，印度还有全国环境气候质量监督署、全国遥感监测署、地球与科学研究中心、环境信息系统、退役军人生态发展特遣队、印度人类与生物圈全国委员会、环境调查委员会、针对生态发展的联合行动调查委员会、优质环境教育中心、全国环境顾问委员会等。

司法和非政府组织

根据《印度环境非政府组织指南（2008）》，印度有环境非政府组织2313个，这些非政府组织对政府环境决策和利益集团有关项目形成巨大的压力。如果印度政府推出的发展项目，如大型水利工程的建设、矿山的开采等，破坏了环境的话，双方的对抗是非常激烈的。这时候，环境非政府组织会发挥重要的作用，组织民众积极捍卫自己的利益。借助司法的力量，非政府组织也有多个成功阻止利益集团破坏环境的案例。例如，1984 年印度发生严重的"西姆拉煤气泄漏事件"，次年 12 月 4 日，著名的环境律师梅塔将之起诉到最高法院，最后最高法院下令关闭这家化工厂；1987 年，北方邦的一个志愿组织起诉德拉顿采石场破坏环境，最高法院首次在环境领域运用了"书信管辖权"①，并明确认可了志愿组织的起诉资格。这些案例在相当程度上鼓舞了民众维护自身的环境权。

总体上看，虽然印度实行的是中央和地方两级环境管理体系，但在环境方面，基本上是"弱中央，强地方"的格局，地方政府对环境问题的发言权更大。另外，印度实行的是所谓的"议会民主制"，政党代表往往是由工业集团自主推举出来的，代表们常常代表利益集团"发声"，对一些环境问题"睁一只眼，闭一只眼"。

（二）环保政策体系

1. 环境保护法律法规

（1）综合性法律法规

1947 年独立时，印度宪法中并无关于环境保护的条款。1976 年，印度通过了第 42 次宪法修正案，增加了环境保护等内容，将环境保护纳入国家政策的指导原则及基本权利和义务，并首次把保护环境作为政府和公民的责任写入宪法。1980 年，联邦议会修改刑事诉讼法和民事诉讼法，补充了有利于环境诉讼的内容。1986 年，印度出台的《环境保护法》是首部环境保护领域的综合性法律。同年，还出台了《环境保护规则》。1997 年，通过了《国家环境上诉受理当局法案》，建立了受理国家环境问题上诉的专门部门。除法律外，印度还颁布了《国家林业政策》（1988年）、《国家环境与发展保护战略与政策声明》（1992 年）、《污染减排政策声明》（1992 年）和《国家环境政策》（2006 年）等文件，用以指导环境保护领域的工作。

在政府的政策方面，印度对环境问题的关注度逐渐上升，经历了由笼

---

① 书信管辖权：印度公益诉讼的启动模式，由 B. N. Bhagwati 法官所创设，指的是在印度公益诉讼中，公民可以给最高法院写信，陈述侵害公共利益的事实，最高法院经审查后，认为可以转化为权利请求的，启动公益诉讼程序。信件中诉讼内容的依据十分广泛，可以是新闻报道、调查报告或者所见所闻。

统到细化，由局部到全面的过程。印度第一至第三个五年规划中都没有提及环境问题。直到 1971 年，对环境问题格外关注的英迪拉政府上台后，在印度的第四个五年规划中才首次提到环境问题，并在以后的五年规划中不断提升对环境问题的关注度。在第六个五年规划中，印度首次单列了"环境与发展"一章，规定了一系列环境和生态的管理原则，这成为印度环境管理计划发展的一个分水岭。在"十一五"规划中，辛格政府单列了"环境与气候变化"一章，目标是到 2011～2012 年度，使所有主要城市的空气质量达到世界卫生组织的标准。在 2012～2017 年的"十二五"规划中，副标题更是定为"更具包容性和可持续性的增长"。

（2）专门领域的法案

水资源领域。1974 年，印度通过了《水（污染防治）法》，禁止向水体排放超出规定标准的污染物，并规定了相应的处罚措施。1988 年，对《水（污染防治）法》进行修改，以符合 1986 年《环境保护法》的规定。修正案规定设立中央污染控制管理局（CPCB），为水污染防治推荐标准。1977 年，推出《水（污染防治）税法》，该法案规定向工业企业的地方当局消耗的水征税。

大气领域。1981 年，出台《空气（污染防治）法》，规定了减轻和控制空气污染的手段，中央污染控制委员会按照该法案颁布了主要污染物的《国家环境空气质量标准》（NAAQS）；1987 年，对该法案进行了修正。1988 年，出台了《机动车法案》。1990 年，颁布了交通工具排放标准，之后于 1996 年和 2000 年两次进行修订，标准日趋严格。

森林保护领域。1927 年，印度通过了《森林法案》；1980 年，出台《森林（保护）法》，该法案限制了各邦在砍伐森林和作为非森林目的使用林地方面的权利。2006 年，出台《林权法》，通过为部落和其他森林居民提供土地和森林管理权、所有权，允许他们收集、使用和处置少量林产品，再生和保护社区森林资源，为部落和其他森林居民提供发展机会。另外，印度在其《国家环境政策》及 2012～2017 年"十二五"规划中提出了提高森林覆盖率的目标。

生物多样性方面。1972 年，印度出台《野生动植物保护法》，用于保护所列的动植物物种，建立生态意义保护区网络；1991 年，进行了修订。2002 年，通过了《生物多样性法案》，为生物多样性管理建立了三级结构——中央一级的国家生物多样性管理局、邦一级的生物多样性管理委员会、地方生物多样性管理委员会。

废物处置领域。1989 年，通过了《危险废弃物（管理和处理）规则》，对危险化学品的生产、贮存和进口以及危险废弃物的处置提出了要求。1998 年，通过了《生物医学废弃物（管理和处理）规则》，对传染性废弃物的适当处置、分离和运输做了规定。2000 年，出台《城市垃圾（管理与处理）规则》，使城市管理部门能够以科学方式处理城市固体废弃物，同年通过了《危险废弃物（管理和处理）规则修正案》。

2. 环保政策制度

根据《国家环境政策》及《印度第十二个五年规划期间环境战略规划》，印度基本环境政策如下。

协调发展原则。印度要努力实现与环境相协调的包容性发展，保护环境及自然资源，为这一代及下几代人谋福祉。印度计划在"十二五"规划结束时，将全国森林覆盖率提升到 33%；努力保护现有森林、野生动植物及水资源，仔细调查和甄别不同地区的新物种；更好地控制大气、水体、噪声及工业污染，走环境友好型的发展道路。

实行环境评价制度。根据《环境保护法》，对《环境保护法》中环境影响评价计划 I 中所列的活动、位于敏感地区的项目及需要大量投资的项目进行环境影响评估，并举行公开听证会，同时要对项目实施过程和项目运行进行监督。

通过经济杠杆减少污染。政府鼓励个人和企业采取各种措施，实现绿色生产。印度政府于 1991 年推出了"生态标签自愿计划"①，鼓励使用环境友好型的产品。提供各种财政和货币政策来刺激人们安装减少污染的设备，同时采取各种惩罚措施（包括法律的）来处理拒不安装或拖沓安装的单位。

专项治理与综合治理相结合。印度环境问题最突出的是水污染，而典型案例是恒河污染。印度政府制订了"清洁恒河计划"，力争到 2020 年停止向恒河排放未处理的生活污水和工业废水。印度政府成立了"国家恒河流域管理局"（NGRBA），利用政府资金和世界银行等的免息、低息贷款，全面清理及维护恒河水资源。政府还同时实施"国家河流保护计划"（NRCP）和"主要湖泊计划"（NCCP）。通过国家综合治理计划和专项治理措施，对民众反映强烈的问题优先处理。

---

① 印度生态标签自愿计划：为了改进环境质量，提高企业和消费者的环保意识，1991 年 2 月，印度议会通过了一项自愿性质的生态标签项目——生态标志（ECO-Mark），http://www.tbtmap.cn/mbsc_106/ydsc/hjbh_473/200911/t20091109_173775.html。

环保标准趋于严格，公开透明。政府有义务通告空气、水、噪音、散发物和排放物的标准。实施规范监控，并加大强制遵守的力度，督促未达标的工业在规定时间内安装必要的控制污染的设备。制定更加严格的汽车尾气排放标准，加强对行驶车辆、公路网、公共运输系统及管理的检查和维护。

二 印度环保产业发展概况

1. 行业发展规模

印度正在努力应对空气、水和废物管理方面的重大挑战。立法框架完善，执法力度较弱。印度定义为"污染"的河流数量在过去五年中翻了一番多。2018 年，世界排名前 30 位的空气污染最严重的城市中有 22 个在印度①。印度超过 10 万人的 468 个城市，每年产生约 6200 万吨城市固体废物；只收集了 82%，且只有 22% 被处理。虽然 94% 的印度人可获得饮用水，但只有不到 40% 的人口可以获得经过处理的干净的饮用水。这种差距增强了对废水处理系统的需求。印度也是最大和增长最快的温室气体排放国之一。在工业污染方面，30%～40% 的工业单位产生了大量污染物。全国约有 300 万家小型企业，其中绝大部分不使用任何污染控制设备。印度政府将 17 个工业部门列为高度污染行业；这些行业都受到严格的标准制约。印度议会于 2010 年通过了《国家绿色法庭法》，设立了国家绿色法庭，其目的是有效和迅速地处置与环境有关的案件。绿色法庭的命令正在推动许多环境管理举措的实施。

印度污染控制行业包括大量专业设备供应商，化学品供应商，工程总承包商，咨询机构，自主经营和转让（BOOT）/自主经营（BOO）运营商，分析设备和服务公司。设备市场由中小型单位主导。污染控制设备的当地生产主要限于标准，尤其是技术含量较低的设备。主要供应商包括美国、英国、德国、日本、加拿大、澳大利亚、荷兰、意大利。大多数领先的国际公司在印度经营此类业务。

2017 年，印度的环境技术市场（包括货物和服务）规模约为 163 亿美元（见表 1、表 2）。印度环保行业中值得注重的行业包括：供水和废水

---

① 胡博峰、王逸：《全球空气质量报告：空气最差 30 城，22 个来自印度》，上观网，2019 年 3 月 6 日，https://www.jfdaily.com/news/detail? id = 136875。

处理；固体废物管理；空气污染；监测设备和服务；可再生能源和碳减排技术。

表 1　2015 年印度环境技术市场规模

单位：百万美元

	2015 年
总市场规模	14264
本地生产总值	10413
出口总额	2291
进口总额	6142

注：总市场规模 =（本地生产总值 + 进口总额）－ 出口总额；汇率 1 美元 = 67 卢比。
资料来源：美国商务部国际贸易署。

表 2　2017 年印度环境技术市场规模

单位：百万美元

	2017 年
总市场规模	16301
本地生产总值	11900
出口总额	2618
进口总额	7019

注：总市场规模 =（本地生产总值 + 进口总额）－ 出口总额；汇率 1 美元 = 67 卢比。
资料来源：美国商务部国际贸易署。

2. 投资准入政策

印度允许外商 100% 直接投资环保行业。

3. 行业投资壁垒

向印度出口环境技术和服务的市场壁垒包括以下几个方面。

第一，高关税。向印度出口环境技术和服务需要支付高额的关税，特别是在监测和仪器、仪表领域。

第二，区域市场分散。印度环保行业区域市场分散，难以找到服务范围覆盖整个国家的代理人或代表。

第三，投标价格敏感性。投标者心态较低，对成本/质量取舍的评估很少。

第四，当地合作伙伴的经验有限。这个行业对许多印度公司来说比较新，印度公司可能没有足够的经验来开发和实施项目。

三　印度污水处理行业投资潜力

（一）污水处理情况

水污染有 3 个主要来源：生活污水、工业废水和农业活动等。印度的主要工业污染源包括化肥厂、炼油厂、纸浆和造纸厂、皮革厂、金属电镀等化工行业。工业造成的水污染问题是因为污水处理措施不足，而不是工业活动的强度。造成水污染的主要工业共有 13 个行业，都受到中央污染控制委员会的密切监测。

（二）市场需求分析

2015 年，印度城市污水日排放量约为 619.48 亿升，日均污水净化量为 232.77 亿升，污水处理率仅约为 37.6%。

如今，印度城市基础设施建设侧重提供优质居民服务，加强市场互联互通，提升市场基础设施水平，从而提升居民经济实力。因此，中央政府提出"智慧城市"计划、"清洁印度"（Swachh Bharat）计划和"人人都有房子住"政策等。在"人人都有房子住"这一政策指导下，印度政府计划到 2022 年建造 2000 万套居民住房。为完成这一目标，需要考虑诸多因素，其中城市污水处理至关重要，值得关注。在莫迪提出的"清洁印度"计划中，智能水处理的市场规模将达到 234 亿美元。

印度城市发展和减贫部表示，将促进 100 个智慧城市在资产、资源和基础设施的有效利用和可获取程度方面采用智慧解决方案，目标是提高城市生活质量并提供清洁和可持续发展的环境。

2015 年，政府启动了"阿塔尔复兴与城市转型计划"（Atal Mission for Rejuvenation and Urban Transformation，AMRUT），印度城市发展和减贫部将通过项目的方式，确保包括供水、排污、排水等在内的城市基础设施的发展。

印度政府为供水及污水处理的基础设施投入大开"绿灯"，已有超过 12 家跨国公司在孟买和普纳建立了技术开发中心。在 2020 年以前，印度水资源领域有望收到 1800 亿卢比的投入。

（三）投资模式分析

1. 混合年金 PPP 模式

印度政府鼓励私营企业参与恒河的清理工作，并鼓励对该项目进行投资，以混合年金 PPP（Hybrid-Annuity PPP）模式为污水回用项目提供资金。这意味着，将会有越来越多的私营企业的先进知识被引入印度当地的市政和工业基础设施的运营中。

这一市场上的发展趋势是，更多的工厂将进行招标，而合同形式将以包含 O&M 模式①的 EPC 总承包模式为主（即 EPC&OM，设计 - 采购 - 施工 - 运营 - 维护）。这种趋势所造成的结果就是，当地的水处理技术和管理模式将可能变得更加具有灵活性。

2. 合同模式

作为一个对价格特别敏感的市场，印度的水务项目将控制在低成本的基础上进行投标。预审阶段会对技术进行审核，无法达到政府要求的水处理标准的公司将失去资格，尤其是在大型项目的招标上。

新的趋势在于，由于越来越多的项目合同中包含了 O&M 模式，生命周期成本也被更多地考虑在内。此外，如果一个项目的合同中包含运营和维护部分，那么技术层面的选择会被弱化。所以技术主要在招标阶段发挥一定的筛选作用。有时，一些有意向的投标企业在特定细分的领域有丰富的项目经验，使资格预审更具限制性和针对性。

进入印度水务市场的企业需要对采购过程中一些"非正式的做法"有所了解，人脉和联络网有时会发挥很大作用。有时，不一定是采购部门地位最高的负责人来敲定最终的方案，其他人（比如秘书），也会产生很大的影响力。可能从全球的视角而言，与市场决策者建立很好的关系和联络只是一个被建议的举措，但在印度，这一举措是必须遵守的。

（四）投资机遇分析

1. 污水处理

印度政府致力于加强对甘加河及其支流的清理，并投入巨额的资金。为了改善印度恒河流域的水质，就要建立分散式污水处理系统和引入比印度当地更先进的处理技术，从而来满足更严格的排放标准，并提高水的再利用率。

而随着政府对恒河流域治理的愈加重视，法规标准的加强也越来越重要。印度已经对关键的水质参数标准有了更加严格的要求，如 BOD、COD

---

① O&M 模式：Operation & Maintenance，即委托运营，指政府保留存量公共资产的所有权，而仅将公共资产的运营维护职责委托给社会资本或项目公司，并向社会资本或项目公司支付委托运营费用。

和 TSS 等。此外，印度政府首次在水质标准中引入大肠杆菌和总磷的标准，这一举措将推动当地水处理市场对生物处理系统进一步的升级和改进，并增设三级处理和消毒系统设施对水进行深度处理。

当地新建的污水处理厂（WWTP）需符合新规定的水质标准，而现有的工厂有五年的时间来进行优化和改进。

2. 城市供水和污水处理系统

随着印度城市化进程的加快，许多城镇和城市的水处理基础设施面临设施旧并且数量不足的问题。2015 年，政府启动了 AMRUT，抽调资金用于市政府水务基础设施的建设，对 500 个城市的基础设施进行改造和升级。

在这 500 个城市中，有 100 个城市将肩负"智慧城市"的使命，并将同时由 AMRUT 和"智慧城市"基金提供资本支持（五年内约 150 亿美元）。关于"智慧城市"的建设，计划将智能技术应用于现有的水和废水处理网络，其中包含自动抄表方案和零液体排放计划（ZLD）。

3. 回用水和零排放

除恒河流域治理的长期回用水计划之外，智能技术还将在发电、炼油、工业园区等领域得到更为直接的应用。这些水密集的行业在淡水使用上受到越来越多的限制；同时，国家对炼油厂和石油化工厂的兴建依然有很大需求。这两方面的因素，不仅推动了反渗透（RO）及其他过滤技术的应用，也使回用水和零排放渐成趋势。

4. 工业走廊

工业走廊的发展模式在印度由来已久。沿印度五大工业走廊兴建的新工业园区和综合商业城市，都为国际承包商和经营者开辟了绝佳的投资机会。印度五大工业走廊：德里—孟买工业走廊、清奈—班加罗尔工业走廊、东海岸工业走廊、阿姆利则—加尔各答工业走廊及班加罗尔—孟买工业走廊。

德里—孟买工业走廊所采取的长期运营合同模式和 100% 污水再利用的技术，都可能给那些比国内企业拥有更加丰富经验的跨国企业带来优势。此外，在环境或非环境领域的水和污水管理体系的综合基础设施建设和运营服务方面，也存在很大的市场机会。

5. 行业扶持政策

2015 年 6 月，印度总理莫迪提出阿塔尔复兴与城市转型计划。该计划旨在通过更新城市已有设施，确保构建强劲的污水处理网络与自来水供应系统，满足城市交通需要。2022 年，"人人都有房子住"政策将与阿塔尔复兴与城市转型计划同一天启动。实施这些项目离不开政府与民间双方合作。

Swachh Bharat 计划、"人人都有房子住"政策及其他与水资源供给和污水处理有关的地方性计划都是为了实现阿塔尔复兴与城市转型计划。

早年，城市发展和减贫部实施逐一项目批准管理。实施阿塔尔复兴与城市转型计划项目时，城市发展和减贫部只需要每年通过年度行动计划。此外，各邦政府也需要提供资金，并享有批准权。阿塔尔复兴与城市转型计划使得各邦政府在计划与实施各项项目时与城市发展和减贫部处于平等合作关系。

阿塔尔复兴与城市转型计划重点关注如下领域：自来水供应；污水处理设施与排泄物管理；城市内涝防汛；人行道；非机动车与公共交通设施；停车场；新修升级绿化区域；公园；儿童娱乐园。计划的目的是创建宜居城市。

阿塔尔复兴与城市转型计划涉及 500 个印度城市，主要设计如下方面：能力建设、改革推行、自来水供应、污水处理、排泄物管理、城市内涝防汛、城市交通建设、增加绿地覆盖面积与修建公园。实施项目规划时，城市地方局会细化基础设施建设内容。

（1）自来水供应

自来水供应项目包括扩大现有自来水厂、净水厂及统一测量标准；

修复老旧自来水处理系统，包括净水厂；

提升饮用水水质，保障地下水补给；

为贫困地区、山区、沿海城市提供特殊供水设施，包括水质有问题（如水中含砷、氟化物）的地区。

（2）污水处理

地下污水处理系统分散化、网络化，扩大现有排污系统和污水处理厂；

修复老旧排污系统和污水处理系统；

废水回收再利用。

阿塔尔复兴与城市转型计划还包括能力建设和其他一系列改革措施。改革会促进政府提供优质服务、调动资源、提高行政透明度，同时也有利于增强政府工作人员的责任感；能力建设会授权给地方官员，促进项目按时完工。

四 印度固废处理行业投资潜力

（一）固废处理概况

城市固体废物（MSW）是家庭、商业机构、市场和道路清洁活动产生的纸、塑料、布、金属、玻璃、有机物、建筑和拆除垃圾、灰尘等。如果目前每年 6200 万吨城市固体废物继续被倾倒而未经处理，那么印度每天将需要 340 万立方米垃圾填埋场。预计 2031 年废物产生量将会增加 1.65 万吨，要求建设垃圾填埋场 20 年（考虑 10 米高废料堆），可能需要高达 66000 公顷的珍贵土地。即使只含有未经处理的固体废物，每年也需要 1240 公顷额外的宝贵土地。

印度几乎没有城市科学处置过固体废物，在这种情况下，城市固体废物的能源发电提高了废物管理项目的可行性，采用城市固体废物回收技术的主要优点是除生成大量的能源之外，还能减少废物的数量和减轻对环境的污染。

根据印度中央污染控制委员会 2015 年 2 月发布的报告，该国的废物总量估计约为每天 14.3 万吨。其中收集 11.8 万吨（82%），其余 18% 散落。在总收集废物中，仅处理了 3.3 万吨（约占 28%）的废物。

（二）垃圾发电项目

印度新能源和可再生能源部开展了 5 个垃圾发电站试点项目，总容量达 57MW。位于新德里奥卡哈的发电站正在运行，位于加济布尔的发电站正在调试，剩下的 3 个项目由于资金或者技术的原因无法完成。

印度目前有 7 座正在运行的垃圾发电站，总发电量为 92.4MW；4 座未运行的容量为 40.6MW 的垃圾发电站；31 座正在建设的总容量达 241.8MW 的垃圾发电站和 21 座处于招标阶段的容量为 163.5MW 的垃圾发电站。印度所有的垃圾发电站发电总量为 538.3MW。

（三）行业投资政策

妨碍垃圾发电项目实施的原因，一是垃圾数量供应不足和不规律以及运送失败；二是垃圾处理产品包括电力的不可销售性。印度政府为了应对这些问题，采取了以下措施：一是根据发电站负荷情况向城市有规律地供应垃圾；二是修订过的《中央电力法》强制国家配电公司购买垃圾发电站的电力；三是根据 Swachh Bharat Mission（SBM），城市固体废物管理项目成本的 20% 由适应性缺口补偿基金 VGF 提供作为中央援助，最高可达人均 240 卢比；四是鼓励各州和城市地方机构（ULBs）根据上述各项援助计划开展城市固体废物管理项目，希望通过每年的城市调查和排名来促进城市建设。

目前，只有少数几家私营企业以有限的方式参与固体废物处理。私营企业是 PPP 模式的合作伙伴，PPP 项目的完成需要当地政府和私营企业共同努力。为了提高私营部门在固废处理上的参与程度，印度政府拟采取以下措施：额外的财政补助，如 VGF；确保城市垃圾的供应；废物回收产品的可销售性和设施设备的免税、退税、免税期政策等。

电力部（MOP）已于 2016 年 1 月 28 日通知了修订后的关税政策，其中包括以下几个方面。

州分销被许可人应该根据可用资源，根据委员会确定的成本加上关税从州垃圾发电站获取电力。

火电厂包括坐落在市/区域/类似组织结构的污水处理厂半径 50 公里范围内的现有工厂，应该根据他们和污水处理厂的距离，强制使用污水处理厂处理过的水，并且允许相关费用作为关税的通行证。这样在污水处理厂供应不足的情况下，火电厂也能够确保备用水源符合相关要求。这个项目的相关费用应该计入固定成本以免扰乱发电厂的优先次序。污水处理厂的关闭需要与电力开发商协商。

（四）市场需求分析

为了确保"清洁印度"计划的成功，印度政府将大力解决城市垃圾问题，市场机会也在其中：印度大量的城市垃圾亟须处理。印度目前每年所产生的城市垃圾大约 6200 万吨。随着 GDP 增长，每年的垃圾数量还会逐渐增加。而印度处理垃圾的能力有限，大量垃圾收集起来后实际依旧被堆放在城市里。

"清洁印度"计划中固体垃圾处理的重要环节，包括垃圾集中回收、运输、处理。中央政府提供的可行性缺口补助，占整个项目费用的 35%。

同时，中央政府的"阿塔尔复兴与城市转型计划"以及"智慧城市"计划都将排污处理纳入管理议程。预计实现城市基础设施建设需要资金 39.2 万亿卢比，其中 17.3 万亿卢比用于城市道路建设，8 万亿卢比用于自来水供应、污水处理、固体垃圾处理、城市内涝防汛等基础服务建设。印度政府投入巨大，固体垃圾处理市场潜力也巨大。目前，印度只有 32% 的城市有适当的垃圾处理设施。在城市里有 75.8% 的家庭能够使用垃圾处理设施。建设改善固体垃圾处理的设施，除了需要政府的投入，也为私营企业提供了机会。

目前，印度城镇产生的固废量可以发电接近 500MW，预计到 2031 年则提升到 1075MW，2050 年可以达到 2780MW。

五 印度大气污染防治行业投资潜力

（一）大气污染情况

印度大气环境呈恶化趋势。大气环境问题主要表现为：可吸入颗粒物增加，污染不断加重。可吸入颗粒物是印度当前首要的污染物，但随着机动车数量的迅速增多，氮氧化物的排放量也日渐增多，氮氧化物成为新的污染源。

2018 年，世界排名前 30 位的空气污染最严重的城市中有 22 个在印度。在全球空气污染最严重的前 10 个城市里，印度的古尔冈和加济阿巴德 PM2.5 浓度分别为 135.8μg/m³ 和 135.2μg/m³（见图 1）。

排名	城市	2018 AVG
1	古尔冈，印度	135.8
2	加济阿巴德，印度	135.2
3	费萨拉巴德，巴基斯坦	130.4
4	法里达巴德，印度	129.1
5	比瓦迪，印度	125.4
6	诺伊达，印度	123.6
7	巴特那，印度	119.7
8	勒克瑙，印度	115.7
9	拉合尔，巴基斯坦	114.9
10	德里，印度	113.5
11	久德普尔，印度	113.4
12	穆扎夫法尔普尔，印度	110.3
13	瓦拉纳希，印度	105.3
14	莫拉达巴德，印度	104.9
15	阿格拉，印度	104.8

图 1 2018 年世界空气污染最严重的城市

资料来源：《2018 年世界空气质量报告》。

印度造成空气污染的主要原因有：经济快速发展，特别是重型工业，如化工、钢铁等工业造成的污染增多，由于配套的治理设施和技术跟不上，污染日益严重；人口增长快，对电力、化石等能源的需求不断增加，而以煤电为主导的电力生产发展迅速，又给大气环境带来持续的压力；由于时常停电，印度中产阶层及以上群体多备有柴油发电机，而燃烧不充分使得污染进一步加剧；机动车数量迅速增加，尾气排放标准低；城市建设步伐加快，道路和建筑施工扬尘，使悬浮颗粒物增多；目前，印度约2/3的人口以固体燃料作为做饭的首要燃料，而农村地区更是有91%的家庭以薪柴、粪便为燃料，这是造成室内污染的重要原因。

排放二氧化硫的能源行业中，电力行业占了一半，在印度电力系统中，煤炭是核心燃料，提供了近3/4的电力供应。印度的煤炭硫含量相对较低，但灰分含量较高，目前产出的煤种，灰分含量达到了30%以上，有的甚至接近50%，印度国内煤炭的成分构成加重了颗粒物的排放问题，如果不加以适当控制，高灰分煤将继续增加粉尘排放量。

（二）大气治理措施

1. 法律法规

空气污染治理方面的法规主要有1981年公布的《空气（污染防治）法》和1986年颁布的《环境保护法》，另外，2003年印度还出台了《企业环境保护责任法》，从约束企业的角度治理大气污染。采取的主要标准有1982年颁布的《国家环境空气质量标准》和2006年颁布的《国家环境政策》。印度在《2012~2017年国家战略规划》中提出了单位GDP温室气体排放以2005年为基数下降20%~25%以及能源使用效率提高20%的目标。

2015年，印度开始发布10个城市的空气质量指数（AQI），并在网上提供实时数据。印度的空气质量分为好（0~50）、舒适（51~100）、中度污染（101~200）、差（201~300）、非常差（301~400）、严重（401~500）六类。

为控制空气质量，印度中央政府还推出了空气污染分级响应防控计划，将空气污染分为"严重+/紧急""严重""非常差""差-良好"四个级别，并根据不同级别执行相应的防控手段。对于"严重+/紧急"一级的情况，将禁止除装载核心重要物资外的卡车进入德里地区，停止建筑施工，采取汽车单双号限行，相关部门将有权采取如学校停课等额外措施。对于"严重"一级的污染，将责令砖窑、碎石场停工，关闭巴达普尔热电站并增加天然气的产量，强化城市公共交通能力，实行差别化收费制度，提高道路清理与洒水的频率。对于"非常差"级别的空气污染情况,将禁止使用柴油发电机,上调停车费至当前水平的 3 至 4 倍,增加公交与地铁服务,禁止酒店与餐厅燃烧炭与木材,居民停止使用电暖气。对于"差 - 良"级别的情况,将停止一切垃圾焚烧并对违反者处以重罚,对砖窑等相关产业执行严格的管控,每隔两日在拥挤路段实行路面清理与洒水,禁止高污染排放机动车上路并对违规者处以重罚,在交通拥挤地段派驻交警执勤以维持道路顺畅通行。

2. 具体措施

(1) 工业领域

出台重点污染行业和区域污染物排放标准;实施工业环境审计制度;规划工业布局,实施分区管理,防止污染转移;实施环境影响评估制度,推行清洁生产计划等。

(2) 能源领域

加强对电煤发电的管理,降低灰分含量;降低电力能源中煤的使用比例,增加对石油、天然气的使用。

(3) 交通领域

提高汽车排放标准,加大对老旧车辆的淘汰力度,2010 年 4 月 1 日起,实施类似欧 IV 标准;推广清洁净化技术,提高燃油质量,推广无铅汽油;大力推广公共交通,加大尾气检测等。

(4) 新能源领域

积极采取节能措施,采用更多的可再生能源和清洁能源。具体包括:发展水电;提高电力转换、输送的效率;研发和采用更多可再生能源技术,包括开发和推广生物燃料等。

(5) 农村地区

努力降低以薪柴为能源的比例,增加可再生能源的比重。印度政府还启动了国家沼气开发计划,支持使用沼气。另外,鼓励使用太阳能等新能源,包括太阳灶。

3. 市场需求分析

印度严重的大气污染导致的健康成本约占印度 GDP 的 3%,因环境质量下降每年所造成的经济损失总计达 3.75 万亿卢比。

为控制空气质量,印度中央政府推出了空气污染分级响应防控计划。作为印度中央政府治理空气污染行动的一部分,在 2018 年冬季来临之前,首都新德里将增设 20 个监测站,加大对首都地区空气污染的监控。未来在新德里每个区至少要新增 3 个监测站。这些监测站将有助于政府全面了解新德里空气污染情况，特别是冬季城市空气质量恶化的时候。哈里亚纳邦也将设立 34 个监测站，北方邦 16 个，拉贾斯坦邦 9 个。这些监测站能自动检测 SO_2、PM2.5 和 PM10 等污染物。

　　印度大气污染严重，随着政府对大气污染防治投入力度的加大，印度对于大气污染监测设备的需求也逐渐增大。按照我国投入 20 多亿元新建 1500 个 PM2.5 监测站点，平均每个监测点投入 150 万元来测算，印度新增 80 个监测站需要投入 1.2 亿元。

六　中印环保领域投资合作状况

（一）中印环境合作现状

　　中印环境合作具有政治基础、经济基础和机制基础，这些基础将使中印环境合作成为可能。

　　中印环境合作具有政治基础。中国将周边外交作为首要，强调深化南南合作。印度是南盟和南亚的重要成员，中国非常重视同印度开展战略合作。印度也重视南南合作，印度各党派对发展中印战略合作拥有基本共识。

　　中印环境合作具有经济基础。莫迪在边境问题上对华态度极为强硬，然而却对中国的经济发展模式极为推崇。在第二次中印战略经济对话节能环保工作组会议上，印度曾耗资 5 亿美元向中国节能环保企业购买燃煤电厂除尘设备和共同投资建设生活垃圾处理设施。

　　中印环境合作具有机制基础。中印曾经于 1993 年签署《中印政府环境合作协定》。2006 年 11 月，双方发表了《中印联合声明》，专门探讨了两国未来在环境领域的合作，并先后于 2007 年和 2010 年建立了中印战略对话和中印战略经济对话机制，这些机制下都设有环境工作组。第四次中印战略经济对话节能环保工作组会议于 2016 年 10 月 6 日上午在印度新德里召开。会议商定了下一步中印节能环保领域的工作重点：一是积极促进中印双方政府、企业进一步交流，明确相关政策及合作空间；二是积极推进中印垃圾发电商务合作；三是积极扩大节能环保合作领域，包括海水淡化、节能节水标准等。会议期间，达成了中国大唐集团科技工程有限公司（以下简称"大唐科技"）与印度 ESSAP 集团公司 SALAYA 二期 $2 \times 660MW$ 机组总承包项目、北京博奇电力科技有限公司（以下简称"北京博奇"）与印度 MBPL 公司战略合作协议两项务实成果。其中北京博奇与印度 MBPL 公司在小组会上成功签约，大唐科技与印度 ESSAP 集团公司在主会上成功签约。

中印战略经济对话机制启动以来，中印双方在生活垃圾处理、火电厂烟气脱硫脱硝、海水淡化、节水产品认证、节能环保材料等方面进行了深入坦诚的交流与沟通。双方一致同意，进一步在节能环保领域加强交流，积极推进两国企业务实合作。

尽管中印两国环境合作有坚实基础及重大意义，但是目前的环境合作仍然与两国地位、国情等不相称，有较大潜力可挖。

首先，两国环境部门的机制合作存在较长的"空窗期"，合作缺乏实质内容。1993 年，两国签署《中印政府环境合作协定》，但并未开展实质性合作。而且实施 5 年后并未续签或重签合作协定或备忘录。

其次，已有环境合作重点关注能源合作，环保部门参与的环境合作相对较少。尽管中印战略经济对话项下有环保分组或对话，也具体开展了环境技术领域的交流与合作，但是，分组会的中国代表团由商务部与国家能源局等相关部门组成，生态环境部的官员没有参与其中。关注重点也主要是能源合作。

最后，已有环境合作层次较浅。在中印战略对话和中印战略经济对话两个机制下，主要开展的是政府层面，重点是中央政府层面的交流与对话。

（二）中印环境合作路径

中印环境合作目前仍处于摸索与初步接触阶段，多限于环境政策研究层面的交流，尚未建立官方常规渠道的政策对话与合作体系，这与亚洲两个最重要的大国间应有的战略合作地位并不相符，也成为中国周边与大国环境合作战略的潜在短板。为加强中印两国环保部门的高层交流与务实合作，需积极探索未来中印环境合作模式与路径。

1. 建立中印环境合作对话渠道

中国与印度开展区域合作，应首先选择印度和中国共同关心的全球与区域环境问题开展政策对话与交流，如可首先加强生物多样性、气候变化、化学品、绿色经济等领域的政策对话与经验交流。在接触加深、条件逐渐成熟后，可进一步推动建立相关环境合作机制。

2. 推动中印环境智库对话、构建中国—南亚环境智库网络

探讨建立起中国和印度多元开放的环境合作网络，促进政府、企业、研究机构、公民社会等多主体的积极参与，重点推动政府间环境政策对话的同时，着力推动中印环境智库对话。以中印环境智库对话为基础，建设

中国—南亚环境智库网络，进行学术会议交流，开展电子刊物交换，开展学术观点讨论，发布统计数据等。

3. 重点推动中印大气污染治理和水污染治理方面的合作

中印在大气污染和水污染方面面临类似的问题，有良好的合作前景和切入点。印度的"印度制造"计划势必会使印度的污染治理形势更加严峻，而中国目前已进入产业升级阶段，且近年在大气和水污染治理方面重拳频出，也积累了一定的经验，两国可以在大气和水污染治理方面加强交流合作。

两国可以从大气污染、水污染相关实验室、技术及标准入手开展合作，逐步建立合作网络，之后再进行政策、法律法规方面的合作。

4. 推动农村生态治理与环境合作

印度农业作为一个特别领域，对其国民经济的发展具有重要意义。印度十分重视并支持农业与农村发展，并与自然资源管理、区域合作和一体化活动形成互补。现阶段，印度农村地区范围广，聚集贫困人口众多，环境污染与生态退化严重，对居民健康形成了极其不利的影响，迫切需要进行生态治理。中国也有着相似的农村生态治理需求，可通过选择印度一些典型农村地区开展农村生态治理试点与相关环境合作。

（三）中印环保合作项目

2017年4月，锦江环境在印度成功收购首个垃圾处理项目——勒克瑙市项目，由此成为首个投资、运营印度垃圾焚烧发电项目的中国企业。

勒克瑙市项目位于印度北方邦勒克瑙市（Lucknow），由锦江环境旗下印度子公司 Ecogreen Energy Private Limited（Ecogreen Energy）建设、运营。Ecogreen Energy 将以 BOT 的形式对勒克瑙市项目进行运营和管理，特许经营权期限为 30 年。

北方邦是印度人口最多的邦，GDP 名列印度第二。勒克瑙市是北方邦的省会城市，城市面积约 247.7 平方公里，分为 6 个大区域，拥有常住人口450 万，每年人口增加 12.5 万人。目前勒克瑙市处理生活垃圾以填埋为主，污染相对严重，垃圾围城现象成为政府亟须解决的问题。

锦江环境将对勒克瑙市项目进行升级改造，全面采用锦江环境的循环流化床技术，该项目将建成印度首个使用中国流化床技术的垃圾焚烧发电厂。项目改造后的业务包括：处理有机质垃圾（如混合堆肥等）、回收和销售废品；生产和销售垃圾衍生燃料；衍生燃料焚烧发电；灰渣填埋等。勒克瑙市项目中的垃圾发电部分预计从 2019 年 4 月开始营运，每天将清洁焚烧处理 1500 吨的城市垃圾。

勒克瑙市固废管理项目是锦江环境首个境外运营项目,此举将锦江环境在 WTE 方面的专业技术带出国内市场,对其业务扩张计划具有标志性的重大意义。锦江环境通过在人口最多的北方邦启动的第一个项目,为发展印度业务取得良好的立足点。

七 印度环保产业前景展望

(一) 市场发展潜力

截至 2016 年 1 月,印度在招标管道中有 68 个水处理和输送、以及海水淡化和工业再利用项目,累计估计值达 65 亿美元。升级印度水务基础设施的资本投资总额将在未来 20 年内达到 1260 亿美元。印度的城市固体废物管理部门需要投资 34 亿美元,其中 40% 将来自印度政府,21% 来自州政府,39% 来自私营部门。为满足这些需求,印度政府于 2015 年 4 月推出了"智慧城市"计划——未来 5 年内,创造 100 个"智慧城市",并重建 500 个其他城镇。清洁供水,卫生和废物管理,高效的流动和公共交通是这一新举措的重要组成部分。未来 5 年,将每年平均为首批通过"智慧城市"挑战的 20 个城市提供 1500 万美元,其他资金将由私营部门投资。中国企业应把握好这个机会,定位精准并发展当地合作伙伴。印度政府在 2020 年将拨出近 30 亿美元来清理河流的 Namami Gange 项目也为中国企业提供了机会。

工业部门的机遇主要在 17 个污染最严重的行业,包括水泥、钢铁、电力等行业。这些大型终端用户都是空气、水和危险工业废物处理解决方案的买家,并且一直在大力投资环保生产工艺。监测设备和服务也为公共和私营部门提供了机会。

建议中国企业留意联合国发展业务部门、世界银行、亚洲开发银行(ADB)、日本国际合作银行(JBIC)关于软贷款和资助项目的公告,这些公告在项目实施阶段提供了重要的前端咨询机会和供应设备的可能性。

(二) 未来前景展望

鉴于当前印度环境方面的问题,环保产业中,污水处理、固体废物管理和空气污染防治等行业在短期内具有较大的市场空间。

预计到 2020 年,印度水资源及污水管理行业年复合增长率可达 13% ~

15%；城市固体废物管理行业年复合增长率可达8%～10%；空气污染防治行业年复合增长率为6%～8%（见表3）。

表3　2015～2020年印度环保细分行业市场前景预测

细分行业	年复合增长率
水资源及污水管理	13%～15%
城市固体废物管理	8%～10%
空气污染防治	6%～8%

资料来源：Ministry of Water Resources，River Development & Ganga Rejuvenation Government of India。

1. 污水处理行业前景

印度环保部门在非能源类别中，水资源及污水管理是最有前景的细分行业。该行业占印度环保技术行业的26%，预计未来5年每年将增长13%～15%。政府和私营部门项目之间的采购规模几乎相同。然而，对工业部门的销售增长较快。政府主要从事原水处理、水的运输和分配及污水处理业务。电力、食品饮料、制药、炼油和纺织行业正在为水和污水处理设备带来巨大的机遇。这些行业喜欢用先进的处理技术系统，如反渗透膜来处理废水。水处理市场正在逐渐从化学处理和脱盐设备转向膜技术。污水循环利用和零排放系统的概念越来越被广泛接受，如按序批量反应器（SBR）和膜生物反应器（MBR）等处理方法的普及。

城市污水处理部门需要增加容量，因为装机容量只能满足30%的需要。2015～2020年，该部门容量预计将增长15%以上，市场规模从2015年的33亿美元增长到2020年的68亿美元。2020年，饮用水处理和供应部门市场规模预计将从2015年的55亿美元达到94亿美元。到2020年，工业处理和废水处理部门的收入估计将达到20亿美元，增长20%以上。

2. 固体废物管理行业前景

在城市固体废物行业，城市固体废物收集和运输以及建立约500个工程卫生填埋场设施的成本约为17亿美元。这包括在超过100万个城市提供机械化清扫设备，费用为3400万美元。有关该项目的新立法包括新标准于2016年生效，包括堆肥、浸出液处理、焚烧排放以及废物处理设施和服务。它应该会为废物管理设备和服务公司带来机会。

3. 空气污染防治行业前景

对于空气质量部门，印度政府于2015年发布了首个空气质量指标，初步覆盖 10 个城市，最终将扩大到 60 多个城市。每个城市将有 6~7 个连续监测系统，包括空气质量指标显示板。

4. 环境监测服务行业前景

在印度废物产量的减少中，洁净技术和工艺过程的改变都发挥了很大作用。为了治理环境，重点污染企业均被明确规定必须对洁净技术加以采用。印度政府为了鼓励和支持企业绿色环保发展，向世界银行进行贷款，推动使用洁净技术的环保扶持计划加速展开，提供一定量的资金扶持及优惠贷款给采用洁净技术的企业，以促进企业推广洁净生产技术。

但当前印度对洁净技术进行经营服务的专业公司仍然不多，很多企业依靠自己的力量对洁净技术加以寻求和引进，洁净技术市场需求空间仍然较大。

相比实际需求，印度政府和企业基于滤备条件的环境监测工作不足 50%，不断增加的工业企业环境监测和服务需求，推动着环境监测、测试设备与咨询服务的发展。不过，印度当前提供环境监测、测试设备与咨询服务的公司还不多。尤其一些大型企业，对烟囱排放物及周围空气的监测技术设备需求日益迫切，印度环境保护部门对人可吸入尘埃的监测技术设备也比较急需，除此之外，pH 值连续测定仪等都是印度需求较多的环境监测设备。在环境咨询服务业上，伴随印度出台和实施的各项环境法规，该业务也随之迅速发展。其中，比较热门的咨询服务项目除环境污染防治、环境政策与法规研究以及环境审计外，还包括环境影响评估、环境管理体系等。目前，印度环境咨询服务潜藏着 4000 万美元左右的市场需求。

参考文献

《印度公益诉讼制度》，印度法律研究中心官网，2015 年 3 月 30 日，http://www.hindust-anlaw.com/xw_view.asp? id=319。

胡博峰、王逸：《全球空气质量报告：空气最差 30 城，22 个来自印度》，上观网，2019 年 3 月 6 日，https://www.jfdaily.com/news/detail? id=136875。

《市场观察｜"一带一路"节能环保产业报告之印度卷》，北极星大气网，2018 年 10 月 12 日，http://huanbao.bjx.com.cn/news/20181012/933490.shtml。

IQAir AirVisual, *2018 World Air Quality Report*, 2018, https://www.airvisual.com/world-most-polluted-cities/world-air-quality-report – 2018 – en.pdf.

Ministry of Water Resources, River Development & Ganga Rejuvenation Government of India, *Forecast of Indian Environmental Protection Industry Segmentation Market from 2015 to 2020*.

巴基斯坦环保行业市场研究

何宇通[*]

摘　要　巴基斯坦环境污染问题严重，面临的主要问题包括：空气污染，水污染，工业废水污染和农业水土流失，森林砍伐、土壤侵蚀和土地荒漠化，缺乏适当的垃圾收集系统等。本文通过梳理巴基斯坦生态环境状况、环境管理体系、环境保护政策法规、巴国各环保行业发展现状等，分析巴国环保行业的需求及市场投资潜力。

关键词　巴基斯坦生态环境　环保行业　投资潜力

一　巴基斯坦环保发展概况

（一）巴基斯坦生态环境简介

巴基斯坦位于南亚次大陆的西北部，东、北、西三面与印度、中国、阿富汗和伊朗相邻，南面濒临阿拉伯海。巴地形主要由山地和平原构成，耕地主要集中在印度河平原。巴全国大部分地区属于热带干旱和半干旱气候，降水稀少。生物多样性丰富，但森林覆盖率极低。

巴基斯坦环境污染问题严重，面临的主要问题有：未经污水处理导致的水污染，工业废水污染和农业水土流失；有限的自然水资源；多数人口没有用上经处理的水；森林砍伐、土壤侵蚀和土地荒漠化等。

固态和液态排泄物为水污染的主要原因，因为仅有一半的城市人口具备基本的卫生设施，农村地区大量的排泄物堆放在路旁和排入水道，或与固体废物混在一起。而巴基斯坦全国仅有三处污水处理厂，其中两处只是维持间歇性生产作业，由此导致大部分污水直接排入溪水和河流，而且这些污水流动性很差，用这些污水浇灌蔬菜，再次导致蔬菜的污染。位置较低的地方用

---

*　何宇通，中国－上海合作组织环境保护合作中心。

于填埋固体垃圾，没有采取对健康有益的垃圾填埋方式。工业有毒废物被倾倒在城市垃圾堆放区，直接将废物堆放于地面，导致了浅表层地下水的污染。

此外，在绝大多数城市，空气污染渐渐成为重要问题。汽车污染没有得到有效控制，总计 90% 的空气污染来自汽车。有 25% 的一氧化碳来自汽车排放，是其他碳氧化物的 20 倍；和美国相比，汽车每千米氮氧化物的排放量高出 3.5 倍。

（二）巴基斯坦环保机构设置

目前，巴基斯坦气候变化部下设的主要部门有：行政司（Administration Wing）、发展司（Development Wing）、环境司（Environment Wing）、林业司（Forestry Wing）、国际合作司（International Cooperation Wing）和气候融资办公室（Climate Finance Unit，Pakistan；该部门为特设办公室，受气候变化部秘书长直接监督）。组织结构如图 1 所示。其他挂靠在专部的部门有：巴基斯坦环境保护署（Pak. EPA）、全球变化影响研究中心（GCISC）、巴基斯坦动物调查局（ZSP）。

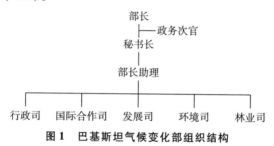

图 1 巴基斯坦气候变化部组织结构

省级环保事务主管部门分别为：旁遮普省环保厅；信德省环境与替代能源厅；开伯尔－普什图省环境厅；俾路支省环保厅。

（三）主要环保法规及政策制度

巴基斯坦建立了以《巴基斯坦环境保护法》（以下简称《环保法》）为核心的较为完善的环保法规体系，主要包括《国家环境质量标准》（包括工业自我监督和报告制、环境实验室证书、环境空气、饮用水、汽车尾气和噪音等一系列标准），省级可持续发展基金委员会制度，工业污染费（计算与征收）制度，国家饮用水、环境、拆迁、污水政策，清洁发展机制国家战略，清洁空气项目，环境影响评估程序，各具体行业环境指导项目和检查清单等。

1. 环保法律法规

1983 年，巴基斯坦颁布了首个环保方面的法律框架——《巴基斯坦环境保护条例》（以下简称《条例》），成为亚太地区最早进行环保立法的国家之一。

1997 年生效的《巴基斯坦环境保护法》是当前巴基斯坦环境立法的基石。1997 年《环保法》沿用了 1983 年《条例》所创设的制度框架，并对《条例》进行了改进和补充。《环保法》规定：环保委是最高环境决策机构，有权制定全国性的环境政策，环保署对其负责；各省设立省级可持续发展基金，为合适的项目提供资金援助等。对于违反《环保法》的行为，环保署及各省环保局有权发布环境保护令（EPO）以应对其对环境所造成的实际的及潜在的损害。根据《环保法》，法院拥有对重大环境违法案件的专属管辖权。轻微的环境损害案件，如机动车引起的空气污染、乱丢垃圾、废物处理不当及其他违反规章制度的行为，由地方环境法院审理。

2. 环保政策制度

巴基斯坦于 2005 年通过了《国家环境政策》。该政策的附属文件、战略和计划为解决一系列环境问题提供了一个适当的框架。但是，该政策并没有优先列出特定任务，也没有明确有关机构的责任。主要依赖于联邦政府、省政府和地方政府的自愿执行。它也不是一个重要的规划性或发展性文件。

巴基斯坦环境政策包括《国家重新安置政策》（1999 年 12 月）、《国家环境政策》（2005 年 8 月）、《清洁发展机制国家行动战略》（2006 年 1 月）、《饮用水政策》（2009 年 9 月）、《国家牧场政策》（2010 年 1 月）、《国家森林政策》（2010 年 5 月）、《国家可持续发展战略》（2012 年 5 月）、《国家卫生政策》（2012 年 8 月）、《国家气候变化政策》（2012 年 9 月）等。

二　巴基斯坦投资环境

（一）经济环境

根据世界银行的数据，2016 年巴基斯坦 GDP 达到 2786.55 亿美元，同比增长 4.65%。

与全球的 GDP 走势对比来看，1970～2000 年这 30 年间，巴基斯坦经济增速滞后于全球增长幅度。而近 10 余年间巴基斯坦经济增长速度显然快于全球平均水平，尤其是在近 5 年，在全球经济出现衰退的大环境下，巴基斯坦依旧保持着高速增长。

（二）法律环境

巴基斯坦法制健全。历史上作为英国殖民地，巴基斯坦在宪法和法制上继承了西方法律体系。巴基斯坦在财政税收、贸易促进、外资管理、资源开发、劳工保护等方面的法律体系完善。

巴基斯坦实行三权分立，司法独立性较好，军政当局普遍尊重司法。不过，巴基斯坦立法和司法判决需经联邦宗教法院审查，以确保其与伊斯兰教义不冲突。除受伊斯兰教法约束之外，巴基斯坦涉及宗教的相关法律细节也不甚确切。此外，在联邦直辖部落区和吉尔吉特－巴尔蒂斯坦等地区存在以伊斯兰教义和部落习俗为准绳的非官方司法体系，官方司法体系往往不完善。鉴于此，外国投资者需聘请专门人士咨询相关法律问题。

（三）税收环境

巴基斯坦存在税收制度不健全和税收政策体系不稳定等问题。巴基斯坦政府征税能力不强，税收制度存在诸多问题，包括税基窄、监管执行不力、缺乏透明度等，导致政府税收不足，税收收入占 GDP 比重低——仅为 10% 左右，难以完成既定税收计划。根据 IMF（国际货币基金组织）要求，政府力推税制改革，将一般销售税税率提至 16%，但总体而言税制改革目前仍进展缓慢。此外，巴税收政策体系不稳定。目前，巴财税收入占 GDP 的比重长期较低，为增加财政收入和满足外部援助方对财税改革的要求，巴政府一直在酝酿税制体系改革，然而由于国内阻力过大始终未取得实质性进展，只能采取"零敲碎打"方式不断出台临时加征或取消税费的特别法令（SRO），这给企业经营带来不稳定政策风险。

（四）政策环境

巴基斯坦的地区优惠政策较多，在旁遮普省，允许外资 100% 持有股权；提供预约税务指示制度，即纳税人详细陈述所有交易事项，税务机关根据纳税人提供的资料，给出特定的税务意见；对无法在本省生产或购得的零部件征收 5% 关税；机械进口零销售税；工厂、机械和设备成本 50% 的首次折旧率；用于出口加工的原材料零税率。在信德省，信德省工业促进委员会、信德省投资委员会、投资咨询部门等机构专门负责解决投资者投资建厂所面临的问题；该省设有较多的工业区、工业园区和出口加工区等，提供相应的优惠政策；信德小企业发展促进机构（Sindh Small Industries Corporation）能够提供各种融资方式，如信贷计划、个体经营融资计划等，满足中小企业的融资需求。

三 中国在巴基斯坦投资情况

（一）中国对巴基斯坦投资总体情况

巴基斯坦 2016~2017 财年外国直接投资最终录得 24.1 亿美元，较上一财年 23 亿美元约增长 5%。其中，中国对巴直接投资达 11.86 亿美元，较上年 10.64 亿美元约增长 11%，约占巴基斯坦外国直接投资的 49%，牢牢占据巴外国直接投资来源国首位（见表 1）。

表 1　中巴双边贸易投资及经济合作情况

来华投资（实际投资）	1805 万美元（2015 年）
中国直接投资	11.86 亿美元（2016~2017 财年）
对外承包工程	2016 年中企在巴基斯坦新签合同额 115.8 亿美元，营业额 72.68 亿美元
重要双边经贸协议/协定	《中巴联合声明》《中巴关于深化两国全面战略合作的联合声明》《关于新时期深化中巴战略合作伙伴关系的共同展望》《中华人民共和国和巴基斯坦伊斯兰共和国建立全天候战略合作伙伴关系的联合声明》

资料来源：中国外交部、商务部、国家海关总署。

从巴基斯坦吸引外资的行业分布看，能源行业、食品行业、建筑行业、电子行业为巴吸引投资的主要领域。2016~2017 财年分别吸引外资 11.59 亿美元、4.93 亿美元、4.68 亿美元和 1.43 亿美元，占比分别约为 48.09%、20.46%、19.42% 以及 5.93%。

巴基斯坦是中国对外承包工程重点市场之一。越来越多的中国企业进入巴基斯坦，积极参与巴基斯坦的通信、油气勘探、电力、水利、交通、机场、港口、房建、资源开发、环保等领域的项目实施。

（二）中国企业在巴投资领域

根据巴基斯坦《1976 年外国私人投资（促进与保护）法案》《1992 年经济改革促进和保护法案》以及巴基斯坦投资优惠政策规定，巴基斯坦几乎所有经济领域均向外资开放，外国和当地投资者享有同等待遇，允许外商拥有 100% 的股权，允许外商自由汇出资金。

巴基斯坦投资政策规定限制投资的五个领域是：武器、高强炸药、放射性物质、证券印制和造币、酒类生产（工业酒精除外）。此外，由于巴基斯坦是伊斯兰国家，外国企业不得在当地从事夜总会、歌舞厅、电影院、按摩、洗浴等娱乐休闲业。

因此，中国企业前往巴基斯坦投资环保及新能源领域并无太多限制，可实现 100% 控股，并享受税收及政策优惠。

（三）中国企业投资优惠政策

1989 年 2 月，中巴双方签署《双边投资保护协定》；2006 年 11 月，双方签署的《中国 - 巴基斯坦自由贸易协定》也对双边投资保护做出了明确规定；2008 年 10 月，双方签署《中国 - 巴基斯坦自由贸易协定补充议定书》，巴方专门给予中巴投资区 12 条优惠政策。

（四）中巴经济走廊建设

中巴经济走廊建设自 2013 年启动，北起新疆喀什，南至巴基斯坦境内印度洋出海口瓜达尔港，作为"一带一路"的六条国际经济合作走廊之一，"中巴经济走廊"对中巴两国产生了巨大影响。

中巴经济走廊是"一带一路"的重要组成部分，帕米尔高原地理、气候和环境特殊，生态系统独特，生物多样性丰富，研究气候变化和人类活动对当地生态系统的影响和可持续管理将对"丝绸之路经济带"和中巴经济走廊建设发挥重要的科技支撑作用。

现阶段，中巴经济走廊生态保护合作十分密切。中国和巴基斯坦的科研人员已就生态环境保护启动多项联合研究，以便为中巴经济走廊建设提供科技支撑。

目前正在推进的合作项目主要包括中巴山地流域径流组成预估及归因研究、中巴经济走廊地表变形动态监测与地质灾害危险性评价研究和中巴气候变化合作研究等，其将为"一带一路"合作提供科技支撑，共同造福"一带一路"沿线人民。

四　巴基斯坦环保行业投资潜力

（一）污水处理行业投资潜力

1. 行业发展概况

（1）水资源概况

巴基斯坦可再生水资源总量为 246.8 立方千米（2011 年数据），淡水资源年消耗总量为183.5立方千米，其中，生活用水、工业用水和农业用水分别占5%、1%和94%。人均年消耗淡水资源总量为1038立方米（2008年数据）。

巴基斯坦降水稀少，全国大部分地区属于干旱和半干旱气候地区，其中3/5的地区年降水量不足250毫米，自北向南降水量递减。由于气候干燥，巴农业属于灌溉农业。

巴地表水资源主要来自印度河及其支流。印度河发源于中国西藏，全长3180公里（在巴境内长约2300公里），流域面积为96.6万平方公里，平均年径流量达2080亿立方米。印巴分治后，印度河河水归两国共同使用。根据两国签订的《印度河水条约》，印度从东三河分水后，巴基斯坦可用的地表径流量将降至1736亿立方米。除印度河外，俾路支高原和西北部山地也有一些内流河，但流量不大，在西南沿海也有一些独流入海的小河。

巴地下水主要集中在印度河平原。地下水年补给为570亿至660亿立方米，其中有490亿至520亿立方米已被管井泵出或使用。

（2）水环境问题

巴基斯坦面临的水环境问题主要如下。

一是水资源短缺。巴基斯坦人均水资源量已经从1947年的5650立方米降至2013年的1000立方米。巴已被联合国列为"水稀缺"国家。水资源短缺的原因包括：气候炎热干燥，降水少而蒸发量大；人口基数大且增长速度快；水库泥沙淤积增多；灌溉体系不合理，等等。值得一提的是，巴仅农业用水就占去了淡水资源消耗的94%左右。这一方面是由于巴农业需要养活快速增加的人口，另一方面是灌溉系统不合理等因素导致的用水效率低下。水资源匮乏不仅大大制约了巴经济的发展，还常常导致国内各部落、地区之间的冲突，危害社会的稳定。

二是水污染。巴基斯坦水污染主要来自工业废水排放和农业活动，尤其是工业废水排放。主要的水质问题包括细菌污染、砷污染、硝酸盐污染、氟化物污染等。水污染使60%的民众难以获得清洁水源。尤其是在缺乏管道输水系统的农村地区和城市贫民窟，居民用水的水源通常是受到污染的河流、湖泊和人工浅水井，这引发了许多健康问题。通过水源传播的痢疾是农村婴儿和儿童死亡的首要原因。水污染导致的群体性中毒甚至死亡事件也时常发生。水污染还对巴农业发展造成影响，耕地盐度的上升大大降低了土壤肥力。此外，巴还存在地下水超采、水浸等问题。

（3）相关政策法规

巴涉及水资源管理的法律、政策有《巴基斯坦环境保护法》（1997年）、《国家环境质量标准》、《国家卫生政策》（2006年）、《国家饮用水政策》（2009年）等。巴水利电力部2006年起草的《国家水政策》草案至今仍未获得联邦政府批准。巴没有类似国家水委员会这样的部门来监管水资源的综合规划、开发与管理，协调相关的政府部门，甚至还没有建立起饮用水质量的监控和监督体系。

2. 投资潜力

综合来看，巴基斯坦水资源匮乏而水资源利用效率低下、水污染严重、废水排放增长较快且污水处理技术较为落后等，导致了巴基斯坦境内几乎所有城市缺水。在巴基斯坦城镇地区，只有85%的水经过加工处理并投入使用，农村地区水资源的利用率则更低。因此污水处理刻不容缓，污水处理市场需求较大。

此外，巴基斯坦水资源匮乏及污染严重已经引起了政府的重视，巴政府出台了"国家饮用水政策"。政府的重视及市场的巨大缺口，给投资带来了机会。

而中国在污水处理技术和规章制度方面远远领先于其他发展中国家，同时，巴基斯坦期待与中国合作，来帮助解决本国污水处理的问题，提高水资源利用率。因此，未来在巴基斯坦投资水污染处理厂、自来水厂、瓶装水饮料工厂都有巨大的商业机会。

3. 案例介绍

（1）安徽建工

2015年12月18日，安徽建工集团驻巴基斯坦分公司与巴基斯坦地震灾后重建委员会签署了为期10个月的中国援巴基斯坦地震灾区医院学校项目污水处理工程实施合同。

（2）碧水源

2016年7月26日，碧水源在巴基斯坦驻华大使馆与巴基斯坦旁遮普省签订谅解备忘录，根据备忘录，碧水源将通过自主研发的膜技术，提升旁遮普省的水处理技术，并推动供水工程建设、市政基础设施建设，此外，双方还将开展相关领域的投融资合作，旁遮普省将为碧水源在巴基斯坦的投资和业务发展提供相关支持。

（3）中电环保

2016年9月，中电环保与中国机械设备工程股份有限公司签署了巴基斯坦信德省塔尔煤田 II 区块 2×330MW 燃煤电站项目疏干水处理系统和凝结水精处理系统采购合同，金额合计人民币 6431.85 万元，占公司 2015 年度营业收入的 10.58%，业主方为巴基斯坦安格鲁电力塔尔有限公司（CMEC）。

（二）固废处理行业投资潜力

1. 行业发展概况

（1）固废管理领域政策法规

在巴基斯坦，涉及固体废物管理的法律、政策、标准有《巴基斯坦环境保护法》（1997 年）、《国家卫生政策》（2006 年）、《危险物质规定》（2007 年）、《国家环境质量标准》等。

2005 年 6 月，巴环保署在日本国际协力机构和联合国开发计划署的协助下，起草了《固体废物指导原则》（GSWM）。该指导原则提出：所有市政当局应每年监测废物的产量、组成和堆积密度，并至少每年监测一次废物的收集/倾倒量；所有人口超过 50 万人的城市的市政当局应每年监测废物的含水量和碳氮比，并在每一个排放/处理站安装称重台，以便对废物量进行每日监测；所有人口超过 200 万人的城市，其市政当局应每年监测废物的热值。

（2）主要固体废物来源

巴基斯坦的固体废物大致可分为以下三类。

一是生活废物。巴基斯坦只有 42% 的人能用上环卫设施，45% 的人没有卫生间，51% 的家庭没有排水系统。占全国总人口 1/3 的城市居民每天产生约 5.5 万吨固体废物。在伊斯兰堡、卡拉奇等大城市，固体废物管理的情况相对较好，有一定的垃圾收集设施，但也仅仅是把垃圾倾倒或填埋在垃圾场，这些地点往往成为啮齿类动物的天堂和疾病的传染源。而在城市郊区和广大农村地区，露天倾倒的现象更为普遍。

二是农业废物。作为一个农业大国，巴每年产生的农业废物（生物质）约为 1400 万吨。这些生物质垃圾是大气中甲烷和二氧化碳的主要来源。在收获季节，农民处理秸秆的方式往往是将其一烧了之，这加重了对空气的污染。

三是工业废物。巴基斯坦主要的工业废物包括制糖业的滤泥、造纸业产生的石灰渣、化肥业产生的石膏和石灰、热电厂产生的煤灰等。这些废物常常被投入本就濒临瘫痪的地下排水设施。

总体而言，巴在处理固体废物方面效率不高，还存在很多问题，例如，收集系统不够完善，仅能收集产生垃圾总量的 51% ~69%。大部分的固体废物并没有得到适当的处置，更不用说对危险废物的管理了。人们还常常采用焚烧的方式来处理垃圾，露天和低温焚烧产生了大量粉尘，释放致癌污染物，不仅危害居民的身体健康，也加剧了污染和温室效应。巴在垃圾的分类和回收方面做得也非常有限，目前仍未形成产业。因此垃圾回收行业潜力巨大。

　　造成以上状况的原因是多方面的，首先，巴缺乏垃圾收集、处理和回收的资金、设备和技术。其次，在固体废物管理方面缺乏专门的、综合性的法律或规定，也没有对固体废物进行统一管理的全国性机构。虽然固体废物管理的具体事务由地方政府负责，但这一问题远远超出了地方政府的能力范围。

　　2. 投资潜力

　　巴基斯坦每年产生大约 2000 万吨固体废物，且年增长率达到 2.4%。所有大城市，基本上都面临解决城市垃圾问题的巨大挑战（见表 2）。巴基斯坦的固体废物污染已经是一个严重的问题。

表 2　巴基斯坦主要城市固体废物产生量

城市	人口（百万）	垃圾产生量（吨/日）
卡拉奇/Karachi	14	8000
木尔坦/Multan	2.06	1102
费萨拉巴德/Faisalabad	2.7	1359 ~ 1500
拉合尔/Lahore	9.2	1388.89
拉瓦尔品第/Rawalpindi	2.5	500 ~ 550
古杰兰瓦拉/Gujranwala	1.85	2000
Khariyan	0.035	90
Lala Musa	1	27

　　资料来源：TMA and relative solid waste management department。

　　在巴基斯坦，固体废物污染问题具体表现为：缺乏适当的垃圾收集系统；垃圾被倾倒在大街上；缺乏垃圾分类回收体系；没有完善的垃圾填埋场以及市民没有意识到垃圾处理与环境和公共卫生问题之间的关系。

　　巴基斯坦大多数城市垃圾均采用露天处理方式，不仅带来诸多管理问题，还对城市造成严重污染。囿于成本过高和技术原因，巴至今没有一座城市将垃圾用于发电或供热。

　　由此可见，巴基斯坦固废处理需求旺盛。巴基斯坦工业固废处理技术和能力仍有待提高；生活垃圾处理需求尚有缺口，同时将加速发展垃圾焚烧发电，加快对传统填埋方式的替代。

3. 案例介绍

（1）上海神工环保有限公司

2008 年 1 月 11 日，卡拉奇市政府和上海神工环保有限公司签署了关于城市固体垃圾处理厂的最终协议，协议规定期限是 20 年。

上海神工环保有限公司此次确立的卡拉奇市固废管理项目的技术方案以无害化、减量化和资源化为目标，体现当今环保技术的综合优势。具体内容包括：建立垃圾收运、垃圾中转和垃圾卫生填埋三大系统；实施资源化垃圾处理，对有用物质进行回收利用，对可生物降解的有机物进行生物发酵，获得生物质能并产生肥料，在整个处理过程中可以产生沼气并用于发电。

（2）中国北京环卫集团环境研究发展有限公司

中国北京环卫集团环境研究发展有限公司于 2009 年 1 月 14 日在巴基斯坦旁遮普省首府拉合尔同该省政府签署了垃圾处理咨询协议。这也是该公司第一个咨询服务方面的对外合作项目，开创了中国环卫技术对外输出的先河。

根据双方达成的协议，北京环卫集团环境研究发展有限公司将就拉合尔的垃圾处理向巴方提供咨询方案。公司在 4 个月后向巴方提交有关垃圾收集和转用等方面的正式咨询报告，为双方在垃圾处理方面进一步合作打下良好基础。

（3）兴蓉环境股份有限公司就巴基斯坦垃圾焚烧项目组建合资公司

兴蓉环境股份有限公司公告称，公司为了实现境外项目成功落地，奠定境外市场拓展基石，于 2016 年 12 月 5 日第七届董事会第四十一次会议审议通过了《关于与中国恩菲工程技术有限公司及中冶集团铜锌有限公司就巴基斯坦拉合尔市 40MW 垃圾焚烧发电项目组建项目公司的议案》，会议同意公司与中国恩菲工程技术有限公司（中冶恩菲）及中冶集团铜锌有限公司（中冶铜锌）共同出资，依法在巴基斯坦设立合资公司，利用双方的资金、资源和技术优势，以合资公司为主体推进该项目。

（三）巴基斯坦其他环保行业投资潜力

1. 大气污染治理

（1）大气环境状况

近年来，由于快速的城市化和工业化，巴基斯坦城市地区的室外空气质量严重恶化。根据世界卫生组织发布的数据，巴基斯坦 2010 年的平均

PM10 和 PM2.5 浓度分别为 $282\mu g/m^3$ 和 $101\mu g/m^3$，在参与排名的 91 个国家中垫底。其中，卡拉奇、拉合尔、白沙瓦和拉瓦尔品第这 4 个城市的颗粒物浓度也在参与排名的全球 1622 个城市中落后，大大超出了世界卫生组织提出的标准（见表 3、表 4）。

表 3　巴基斯坦全国及部分城市 PM2.5 及 PM10 浓度

单位：$\mu g/m^3$

全国/城市	PM10	PM2.5
全国	282	101
卡拉奇	273	117
拉合尔	198	68
白沙瓦	540	111
拉瓦尔品第	448	107

资料来源：世界卫生组织（2010 年）。

**表 4　巴基斯坦部分城市 PM2.5、二氧化硫、二氧化氮、臭氧及
一氧化碳浓度极值**

单位：$\mu g/m^3$

城市	PM2.5	二氧化硫	二氧化氮	臭氧	一氧化碳
伊斯兰堡	157	32	196	148	5000
奎达	96	136	83	72	4000
卡拉奇	201	173	122	86	2000
白沙瓦	146	147	141	90	6000
拉合尔	433	309	129	139	7000

资料来源：世界银行（2012 年）。

巴基斯坦大气污染物主要来自以下几个方面。

一是工业。大型工厂，尤其是使用含硫量高的石化燃料的工厂，如热电厂、水泥厂、化肥厂、炼钢厂、糖厂等，是造成空气质量恶化的主因。很多中小型工业企业，如砖窑、塑胶厂、轧钢厂等，也常常使用旧轮胎、纸、木头、织物等作为燃料。

二是机动车。从 1991 年到 2012 年，巴国内摩托车的数量增长了 450%，汽车数量则增长了近 650%，很多机动车疏于保养、车况不佳，车辆尾气排放造成大量污染。

三是焚烧垃圾和秸秆。在城市地区，巴对固体垃圾缺乏适当处理，通

常的做法是倾倒或焚烧，低温焚烧会产生大量的一氧化碳、致癌的有毒细颗粒物和挥发性有机化合物。农村地区常常焚烧秸秆，尤其是在甘蔗收获季节，这造成农村地区 PM10 的浓度大大升高，在信德省和旁遮普省尤为严重。由于夏季高温，细粉尘随着热空气上升而形成粉尘云。

另外，由于能源匮乏，86% 的农村家庭和 32% 的城市家庭使用生物质燃料烹饪。由于电力极度短缺，小型柴油发电机在商业区和住宅区被广泛使用，这些都加剧了空气的污染。

空气污染严重危害居民的健康，增加了其患呼吸道疾病和早逝的风险，尤其是城市居民，因为城市地区也是巴人口、机动车和工业集中的地区。在 2005 年，室外空气污染给巴基斯坦所造成的直接损失约为 10 亿美元，占到了巴 GDP 的 1.1%，非直接损失更是难以估量。每年有超过 22600 人直接或间接死于空气污染，其中 800 多人为 5 岁以下的儿童。

空气污染也对农业生产造成很大影响。受空气中的硫氧化物、氮氧化物、臭氧的影响，巴主要作物——小麦减产。

（2）治理措施

2005 年，巴政府通过了"巴基斯坦清洁空气项目"（PCAP），该项目针对治理城市空气污染提出了一系列的建议。自实施该项目以来，含铅汽油已经完全从巴正规零售市场中淘汰，这有助于降低空气中的乙基铅水平。另外，通过推动国内机动车由使用汽油发动机过渡为使用压缩天然气发动机，2008 年，巴基斯坦成为南亚地区拥有、使用压缩天然气机动车最多的国家，在全世界也仅次于阿根廷和巴西。

2010 年，巴环保署起草了有关室外空气质量的国家环境标准，该标准涵盖了二氧化硫、氮氧化物、臭氧、悬浮颗粒物、可入肺颗粒物、铅、一氧化碳等主要污染物，该标准随后获得通过。然而，巴空气质量标准仍远低于世界卫生组织相关标准（见表5）。

表5　巴基斯坦室外空气质量标准与世界卫生组织空气质量标准比较

单位：$\mu g/m^3$

污染物	时间	巴基斯坦室外空气质量标准		世界卫生组织空气质量标准
		2010 年生效	2013 年生效	
悬浮颗粒物（SPM）	年均	400	360	不适用
	24 小时	550	500	不适用

续表

污染物	时间	巴基斯坦室外空气质量标准		世界卫生组织空气质量标准
		2010 年生效	2013 年生效	
可吸入颗粒物（PM10）	年均	200	120	20
	24 小时	250	150	50
可入肺颗粒物（PM2.5）	年均	25	15	10
	24 小时	40	35	25
	1 小时	15	15	1
铅	年均	1.5	1	0.5
	24 小时	2	1.5	不适用
二氧化硫	年均	80	80	不适用
	24 小时	120	120	20
二氧化氮	年均	40	40	40
	24 小时	80	80	不适用
一氧化氮	年均	40	40	不适用
	24 小时	40	40	不适用
一氧化碳	8 小时	5	5	不适用
	1 小时	10	10	不适用

资料来源：世界银行。

巴基斯坦在大气环境管理方面，还存在一些问题。

第一，由于缺乏技术和资金，巴几乎没有对空气质量进行持续性、系统性检测。早在 2006～2009 年，日本国际协力机构（JICA）就曾协助巴政府设计和建立了一个空气质量监测的测量站网络。该网络包括：在 5 个主要城市（伊斯兰堡、卡拉奇、拉合尔、白沙瓦和奎达）设立固定和移动的空气监测站，设立 1 个数据中心和 1 个中央实验室。位于各省的监测装置由省环保局管理和运作，最初的实际操作则由日方雇佣和培训的顾问来完成。然而，2012 年中期，日方的支持逐渐停止，各省环保局也没有负担起该监测网络的运营和维护成本，只有旁遮普省在之前日方援助的基础上制定了一个继续进行空气质量监测的项目。

第二，相关法律政策的执行也遇到很大的问题。虽然《环保法》规定了污染者付费原则（PPP），政府也于 2001 年出台了《征收排污费规定》（PCR），然而由于一些电力集团的抵制，《征收排污费规定》未能实施。除了企业的抵触，政府各部门之间缺乏协调，以及中央和地方之间的分权也给法律的执行和政策的实施造成困难。

（3）案例介绍

2016年，武汉和尔环保科技有限公司与巴基斯坦50MW（2×25MW）燃煤电厂烟气脱硝（SNCR）项目已成功签约。该项目是该公司在海外的首个工程项目，也将成为该公司开拓海外市场的一个起点。

2. 土壤污染治理

（1）土壤环境概况

巴基斯坦耕地面积约占国土总面积的26.02%（2011年数据），灌溉农田面积为19.99万平方千米（2008年数据），产能水平低。北方高寒山区、南部沙漠和西部高原农业作物稀少；肥沃的土地主要分布在旁遮普省和信德省北部。

（2）土壤环境问题

巴基斯坦土壤退化和污染问题非常严重，主要表现在如下几个方面。

一是森林砍伐和荒漠化。由于人口不断增长，家用木柴的消耗也随之增长。另外，过度放牧、商业砍伐也加速了森林的消耗。目前，巴森林覆盖率仅为5%左右。森林砍伐使得荒漠化情况不断恶化。

二是土壤侵蚀。在巴基斯坦，受到水力侵蚀和风力侵蚀的土地面积分别为1305万公顷和617万公顷。土壤侵蚀主要是由北方森林的砍伐引起的。记录在案的最高水力侵蚀率为150~165吨/（公顷·年）。1990年，印度河的沉淀率高达4.49吨/小时，居世界第5位。风力侵蚀在巴沙漠地区较为常见，约有300万~500万公顷的土地受到影响。风力侵蚀所造成的水土流失约占水土流失总量的28%。在水力和风力侵蚀的共同影响下，农田生产率每年降低1.5%~7.5%。

三是土壤水浸。当前，巴基斯坦遭受水浸的地区总面积约为156.99万公顷。造成耕地浸水的主要原因是沟渠系统的渗流。人类活动，如修建道路和房屋阻断了天然排水渠，对多余的雨水处理不力等也加剧了水浸问题。

四是土壤盐碱化。巴全国范围内共有628万公顷的土地受到了盐碱化的影响，导致土地生产能力的下降。巴基斯坦的大部分地区降水少而蒸发量大，这是土壤盐碱化的主要原因之一。

五是土壤肥力下降和养分失衡。巴国内很多地区的土地缺乏氮、磷、钾、硫、锌、铜、铁、锰等元素。土地营养流失的主要原因是：灌溉和雨水造成营养成分流失；长时间地持续耕种，以及几乎不变的耕种方式；全国大部分地区炎热而干旱的气候导致了较高的有机质分解率和土壤中有机成分的净损失；有机肥料和绿肥使用不足造成土壤中有机质含量不断减少；持续使用单一肥料（如尿素）导致土壤中营养元素单一。

六是土壤污染。污染物中的重金属和合成有机化学品主要来自工业固体废物和废水。此外，农业生产中杀虫剂和化肥的使用也造成了土壤污染。

（3）治理措施

巴基斯坦参与了联合国开发计划署的"可持续土地治理项目"（SLMP）。该项目旨在防治土地退化和荒漠化，执行方为巴气候变化专部（CCD）、内阁秘书处、各省级部门等。目前，SLMP已在巴全国63个村庄实施了9个试点项目，重点在于对土地资源实施一体化管理来防治土地退化和荒漠化。

主要措施包括再造林、牧场恢复、雨水收集、水土保持、雨养农业、建立防护林和林地、建立微灌系统、提高林果种植率等。另外，该项目还包括推动将可持续土地管理纳入部门政策与规划，为巴全国性和村级土地使用规划起草进行指导等内容。

3. 生态环境治理

（1）生态环境概况

巴基斯坦地形多样，海拔差异大，拥有大量的野生动物栖息地和植物群落。

由于巴地处世界六大主要动物地区中古北界和东洋界的交界区，生物多样性较为丰富，特别是印度河三角洲地带的红树林是世界上生物量与生物多样性最为丰富的湿地之一。巴动物种类多，在北部高山区有很多珍稀动物，鸟类种类多达100余种。平原和沿海地区水产资源丰富。

巴基斯坦是个少林国家，但森林在巴基斯坦经济发展中起着重要的作用。巴主要森林类型包括高山灌丛、亚高山林、喜马拉雅干旱温带林、喜马拉雅湿润温带林、亚热带松林、亚热带常绿阔叶林、热带旱生林、热带干旱落叶林、海岸沼泽林（红树林）。巴是一个大部分国土处于干旱地区的农业国家，森林除提供木材和薪炭材外，还对流域保护起了重要作用。

（2）生态环境问题

由于人口的不断增长和经济的快速发展，巴基斯坦的生态环境面临巨大的压力，不合理地开发利用自然资源对生态环境造成破坏。盲目开垦、滥伐森林、过度放牧等，引起水土流失、牧场退化、土壤沙化和盐碱化及生物多样性丧失。出于商业利益而忽视环境保护的事件屡屡发生：2004年5月，旁遮普省政府不顾林业局的强烈反对，开发建设Murree新城，此举不仅破坏森林，还使居民面临土地退化、水土流失与山体崩塌的风险；信德省政府决定将卡拉奇红树林地区约52.6万平方米（130英亩）的土地出售用于房地产开发。另外，由于自然栖息地的退化和非法偷猎，巴境内31种哺乳动物、20种鸟类和5种爬行动物被列为濒危动物。

（3）治理措施

第一，造林。为控制森林资源的减少，巴基斯坦政府鼓励植树造林，参加了联合国"减少发展中国家毁林和森林退化造成的排放"项目（REDD＋），取得一定成效。

第二，生物多样性保护。巴已建立10个国家公园，总面积达95.42万公顷；82个野生动物保护区，总面积为274.91万公顷；82个禁猎区，面积为353.53万公顷，然而这些地区并没有得到充分的保护和科学的管理。国家生物多样性保护计划正在制订中，该计划将优先保护所有受威胁的动植物种类。

（四）巴基斯坦环保产业前景展望

1. 行业发展趋势

从环保产业发展趋势看，环保装备将向成套化、尖端化、系列化方向发展，环保产业由终端向源流控制发展，其发展重点包括大气污染防治、水污染防治、固体废物处理与防治、噪声与振动控制等方面。

2. 市场发展潜力

"一带一路"的环保产业投资主要来自两个方面。一方面是还旧账，改变在能源矿产投资实践中的"破坏性投资"方式，开展更为环境友好型的"生态性投资"方式，在获取资源收益、经济收益的同时，对当地环境或项目进行生态补偿性投资。另一方面是做增量，"一带一路"沿线的大多数国家都是发展中国家，同样面临"先发展、后治理"的环境问题。根据"环境库兹涅茨曲线假说理论"，大多数工业化国家在人均GDP达到6000～8000美元时会出现环境治理的临界点，即国家开始在环保方面加大投入以解决环境压力问题。巴基斯坦作为"一带一路"沿线发展中国家现在面临"先发展、后治理"的环境问题，严重的环境污染给巴基斯坦环保产业带来巨大的投资潜力。

此外，"一带一路"沿线大多数国家也都面临城镇化的问题，大量人口向城市集中，也带来了污水处理设施兴建和改造、垃圾处理设施兴建和改造、饮用水厂提标改造等大量投资机会。据有关权威机构统计，城镇化率每提高一个百分点，就会带动新增投资需求 6.6 万亿元，其中潜藏的环保产业投资市场非常可观。1990 年，巴基斯坦城镇化率约为 31%，25 年以来增长了 8 个百分点达到 2015 年的 39%，而同期中国的城镇化率则由 26% 提高至 56%，可见巴基斯坦城镇化率还有很大的提升空间，其中蕴藏的环保产业投资潜力可观。

五　政策建议

（一）积极参与绿色"一带一路"建设

我国生态环境部调查显示，"一带一路"沿线多是发展中国家，水资源和水环境的压力高于世界平均水平，排放相当于世界 55% 以上的温室气体，单位 GDP 钢材消耗、水泥消耗、有色金属消耗、水耗、臭氧层消耗物质是世界平均水平的 2 倍或 2 倍以上。"一带一路"沿线不少国家和地区环境管理基础薄弱，环保能力普遍不强。因此，开展环保合作、建设绿色"一带一路"，是沿线国家经济社会可持续发展的需要，也是我国环保企业"走出去"的战略机遇。2015 年 3 月，经国务院授权，国家发改委、外交部和商务部联合发布的《推动共建丝绸之路经济带和 21 世纪海上丝绸之路的愿景与行动》明确指出，共建"绿色丝绸之路"，积极推进环保产业等领域的跨区域合作。

在"一带一路"背景下，我国环保企业应积极响应"一带一路"倡议，积极谋划和深度参与，有效借鉴先行企业的成功经验，切实提升我国环保企业和环保产业的国际竞争力。

（二）不断开拓国际市场的区位优势

区位优势是跨国企业投资目的地所具有的区域位置优势。一个地区的区位优势主要由自然资源、劳动力、产业聚集、地理位置、交通等决定。区位优势是一个综合性概念，单项优势往往难以形成区位优势。跨国投资进行区位选择时要重视几条原则：一是要充分考虑东道国自身生产要素、运输成本、营商环境和投资政策等诸因素的影响，应着眼于有效利用当地资源，能够较快适应东道国市场环境；二是要能够较快熟悉客户需求，为境外的服务需求者提供低成本和高水平服务；三是能够有助于进一步拓展和运营海外业务。

（三）有效分散企业"走出去"的风险

随着国际市场竞争复杂化、环保项目规模大型化、技术高端化，许多国家都允许承包单位与其他单位联合，以一个投标人的身份进行投标和运营。北控水务集团通过与境内外企业特别是与东道国当地组织组建联合体或联营体进行投标和承揽海外项目，着眼于弥补自身技术和资源的不足，充分发挥当地企业的特殊作用，分散和降低了企业经营风险。这一成功经验，在我国许多企业中也有体现。如2016年8月北京碧水源公司与比利时WATERLEAU公司组成联合体，中标"澳门跨境工业区污水处置惩罚站的升级、营运及调养"项目，中标金额约1.09亿澳门元；2016年1月中国电建所属水电顾问集团、越南UDIC投资公司、中国光大国际有限公司、越南河内市环卫公司签署协议建设越南最大的河内南山垃圾发电项目等。组建联合体有诸多优势，但跨国企业联合体或联营体，通常会存在文化差异、相互信任和责任利益分配等方面的冲突，如果处理不好则往往又造成两败俱伤的结果。因此，在选择合作伙伴时，要根据项目情况综合考虑资质、业绩、经验、能力等各方面因素，充分了解合作成员的财务状况、经营状况、技术实力，消除隐患，实现合作共赢。

（四）充分利用和拓展国际融资渠道

各种类型的国际投融资机构的多样化的融资方式，如东道国投资公司、区域开发银行、国际金融公司、国内外商业银行等金融机构的直接贷款、过桥贷款、股权投资等都可以成为我国环保企业开展国际融资的重要通路。亚投行、丝路基金的成立更是为"一带一路"区域金融合作提供了坚实支撑。其中，丝路基金是2014年12月由中国外汇储备、中国投资有限责任公司、中国进出口银行、国家开发银行共同出资，依照《中华人民共和国公司法》，按照市场化、国际化、专业化原则设立的中长期开发投资基金，秉承"互利互赢、开放包容"的投资理念，致力于为"一带一路"区域经贸合作提供投融资支持，帮助企业提高融资能力，加强企业对项目的经营管控能力，支持企业更好、更高质量地"走出去"。基金成立以来在支持共建"绿色丝绸之路"，促进沿线国家和地区实现绿色、可持续发展等方面取得显著进展。

（五）主动参与培育多元化的国际合作平台

官方的和民间的各种论坛、博览会、协会、联盟、园区等为我国环保企业特别是中小环保企业搭建了多种类型的国际合作平台，在解决信息不对称、知识不充足、技术不全面、融资不畅通等方面具有重要的作用。这里特别强调培育四个平台。

一是充分利用"一带一路"沿线相关国家和组织的各类国际论坛、博览会等合作平台提供的信息、机会和条件,如中国－东盟博览会、中国－南亚博览会、中国－阿拉伯博览会、中国－亚欧博览会、欧亚经济论坛等,都是十分重要的合作平台。

二是有效发挥行业协会等组织的沟通协调和引领带动作用。

三是通过组建环保产业联盟推进环保合作,如2016年11月16日中国科学院－发展中国家科学院水与环境卓越中心(CAS-TWAS CEWE)联合国内8个省市的16家环保企业发起成立"一带一路环境科技与产业联盟",旨在为我国水务企业实施"走出去"战略牵线搭桥,促进我国水务企业开拓"一带一路"沿线国家水务市场。

四是发挥环保产业园区作用,如中国宜兴环保科技工业园与国家环保部、东盟中心开展战略合作,成立中国－东盟环保技术与产业交流合作示范基地(宜兴),举办中国东盟可持续发展和高级研讨班、中国环保技术与产业发展推进会等。

各国应通过展会、协会、联盟、园区的共同作用,在"一带一路"大框架下分享市场环保商机,谋求绿色发展,实现共同繁荣。

参考文献

Mudassar,M.:《巴基斯坦产业结构升级研究》,博士学位论文,武汉理工大学,2013。

李朝朝:《中国企业投资巴基斯坦的风险及防范研究》,硕士学位论文,河北经贸大学,2018。

蒙英华、喻晓平:《巴基斯坦外国投资现状分析与中国对策》,《市场论坛》2003年第11期。

闫海龙:《中国与巴基斯坦贸易发展走向》,《开放导报》2015年第3期。

王绍锋、陶自成:《巴基斯坦BOT水电投资项目SWOT分析及投资策略》,《国际经济合作》2017年第5期。

周国梅:《"一带一路"战略背景下环保产业"走出去"的机遇与路径探讨》,《环境保护》2015年第8期。

朱旭峰:《乘"一带一路"东风,加快环保企业走出去》,《环境经济》2016年第Z4期。

中国－东盟环境保护合作中心、中国－上海合作组织环境保护合作中心编著《"一带一路"生态环境蓝皮书——沿线重点国家生态环境状况报告》,中国环境出版社,2015。

图书在版编目（CIP）数据

上海合作组织环保合作构想与展望／周国梅等编著
. -- 北京：社会科学文献出版社，2020.5
（上海合作组织环境保护研究丛书）
ISBN 978 - 7 - 5201 - 6548 - 8

Ⅰ.①上… Ⅱ.①周… Ⅲ.①上海合作组织 - 环境保
护 - 国际合作 - 研究 Ⅳ.①X

中国版本图书馆 CIP 数据核字（2020）第 062676 号

上海合作组织环境保护研究丛书
上海合作组织环保合作构想与展望

编 著／周国梅 李 菲 谢 静 王语懿

出 版 人／谢寿光
组稿编辑／周 丽
责任编辑／王楠楠
文稿编辑／王 娇

出 版／社会科学文献出版社·城市和绿色发展分社（010）59367143
　　　　地址：北京市北三环中路甲 29 号院华龙大厦 邮编：100029
　　　　网址：www. ssap. com. cn
发 行／市场营销中心（010）59367081　59367083
印 装／三河市东方印刷有限公司

规 格／开 本：787mm × 1092mm　1/16
　　　　印 张：18.5 字 数：318 千字
版 次／2020 年 5 月第 1 版　2020 年 5 月第 1 次印刷
书 号／ISBN 978 - 7 - 5201 - 6548 - 8
定 价／148.00 元